再生水利用
安全性、经济性、适应性分析

水利部综合事业局

非常规水源工程技术研究中心　编著

科学出版社

北京

内 容 简 介

本书介绍了再生水利用技术，对混凝沉淀过滤工艺、生物处理工艺、膜处理等再生水处理工艺进行了比较分析，并通过案例分析处理效果，分析了确定再生水水质的关键指标及水质检测方法。研究了生产输配使用环节的再生水安全性问题，从再生水厂投资、再生水管网、区域特点等方面分析了经济性，从水资源赋存条件、社会经济指标、技术发展水平等方面分析再生水利用的适应性。全书系统地阐述了再生水利用安全性、经济性、适用性等方面涉及的问题。

本书可供从事再生水利用及相关专业的管理、科研人员，以及相关专业的高等院校师生阅读参考。

图书在版编目（CIP）数据

再生水利用安全性、经济性、适应性分析/水利部综合事业局非常规水源工程技术研究中心编著. —北京：科学出版社，2017.1

ISBN 978-7-03-051573-5

Ⅰ. ①再… Ⅱ. ①水… Ⅲ. ①再生水–水资源利用–研究 Ⅳ. ①TV213

中国版本图书馆 CIP 数据核字（2017）第 014454 号

责任编辑：朱海燕 丁传标 白 丹 / 责任校对：贾娜娜
责任印制：肖 兴 / 封面设计：图阅社

科学出版社出版
北京东黄城根北街 16 号
邮政编码：100717
http: //www.sciencep.com
中国科学院印刷厂印刷
科学出版社发行 各地新华书店经销
*
2017 年 1 月第 一 版 开本：787×1092 1/16
2017 年 1 月第一次印刷 印张：16 3/4
字数：395 000

定价：128.00 元

（如有印装质量问题，我社负责调换）

前 言

特殊的国情、水情和经济社会发展要求，使中国的水资源、水环境问题越来越复杂，国家水安全问题越来越严峻。解决水资源不足需要开源节流并举，在解决水资源危机的众多举措中，再生水，即把城市污水处理厂的处理排水进一步处理，达到一定水质标准，满足某种使用要求，可以进行有益使用的水。再生水利用一方面可以减少取用地表水、地下水等常规水源的数量，有利于缓解水资源供需矛盾，提高水资源的承载能力；另一方面，可以减少污染物的入河排放量，提高水环境的承载能力，缓解城市发展对自然水循环的负面影响，从源头上控制水污染物的排放，改善水环境、恢复水生态。再生水作为城市第二水源，越来越受到社会各界的广泛关注，已经被越来越多的城市和公众所接受和认可。

中国再生水利用从20世纪80年代开始，至今已经取得了长足的进步，但仍然面临很多挑战。如再生水利用的安全性问题，导致用户对健康的担忧和心理障碍；再生水的价格与成本还需要进一步降低，不同工艺之间的投资和运行成本各异；管理制度和标准不完善等问题影响了再生水利用的推广。

《再生水利用安全性、经济性、适应性分析》是水利部综合事业局非常规水源工程技术研究中心组织再生水领域的专家、学者和行政管理人员编写的一本书籍。本书由7章构成：第1章介绍中国水资源开发利用现状，重点介绍再生水利用现状；第2章介绍再生水利用技术；第3章介绍再生水处理工艺分类；第4章介绍再生水水质关键指标及指标检测方法；第5章介绍生产输配使用环节的再生水安全性问题；第6章介绍再生水厂投资、再生水管网、不同区域再生水厂经济性分析；第7章介绍再生水利用的适应性需从水资源赋存条件、社会经济指标、技术发展水平等方面分析，按照进水水质的不同、按照不同利用途径推荐再生水处理工艺、工艺前景分析。全书系统地阐述了再生水利用安全性、经济性、适用性问题，本书可为再生水利用领域的专家、学者、科研人员提供参考，同时可为水行政主管部门提供工作参考，也可为相关专业的学生阅读提供参考。

全书由曹淑敏、陈莹、赵辉统稿，各章节的主要编写人员如下：第1章，聂汉江、陈莹；第2章，陈莹、杨健、赵辉；第3章，赵辉、李亚娟；第4章，曲炜、范文渊；第5章，范文渊、李亚娟、曲炜；第6章，陈莹、李亚娟；第7章，陈莹。参考文献由张攀攀、王婷婷整理。本书的撰写工作得到了刘静、李爱华的大力帮助，在此表示感谢！

随着技术的进步，水资源短缺和水污染形势逐渐加剧，再生水利用已经引起了越来越广泛的关注，在此背景下，出版本书将促进中国再生水利用的发展。由于本书内容涉及面广，加之编写者能力和知识水平有限，不妥之处在所难免，欢迎读者批评指正。

水利部综合事业局非常规水源工程技术研究中心

2015年12月

目　　录

第1章　绪　　论

1.1　水资源开发利用现状

水资源作为基础自然资源，是人类和一切生物赖以生存的基本要素，也是保障经济社会发展的战略性资源，它已经成为一个国家综合国力的有机组成部分。地球上的水资源处于不断循环转变中，水资源总量在长时间范围内保持不变，处于动态平衡状态。水资源存在时空分布不均、水污染等问题，导致区域的水源型缺水或水质型缺水。

1.1.1　水资源量

1. 地表水

地表水资源是指地表水中可以逐年更新的淡水量，是水资源的重要组成部分。地表水资源量存在年际变化，由图 1-1 可以看出，2001～2012 年，中国多年平均地表水资源量为 25668.6 亿 m^3，2011 年地表水资源量最少，为 22213.6 亿 m^3；2010 年地表水资源量最大，为 29797.6 亿 m^3，总体来看变幅不大，局部看有部分年份前后地表水资源量变化较大。例如，2009～2012 年，2009 年和 2011 年水量较小，分别为 23125.2 亿 m^3 和 22213.6 亿 m^3，而 2010 年和 2012 年水量较大，分别为 29797.6 亿 m^3 和 28373.3 亿 m^3。年际间水量的变化体现了水资源年际分布的不均匀性（王树谦和陈南祥，1996）。

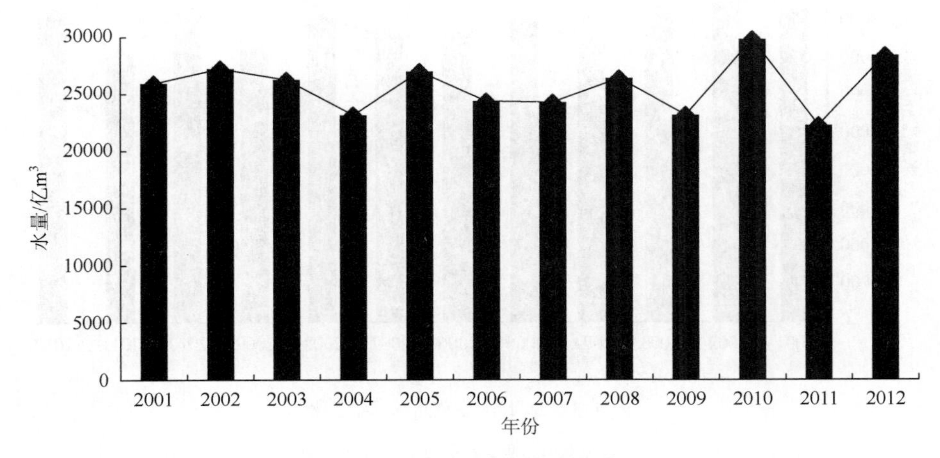

图 1-1　地表水资源量的年际变化

数据来源：《中国水资源公报》

中国地表水资源分布极不均匀，如图 1-2 所示，2012 年中国水资源一级分区地表水资源量分布中，长江流域地表水资源量最大，为 10679.1 亿 m^3，其次为西南诸河 5256.2 亿 m^3、珠江 5063.1 亿 m^3，海河、淮河、辽河和黄河地表水资源量较少，介于 235.5 亿～660.4 亿 m^3。

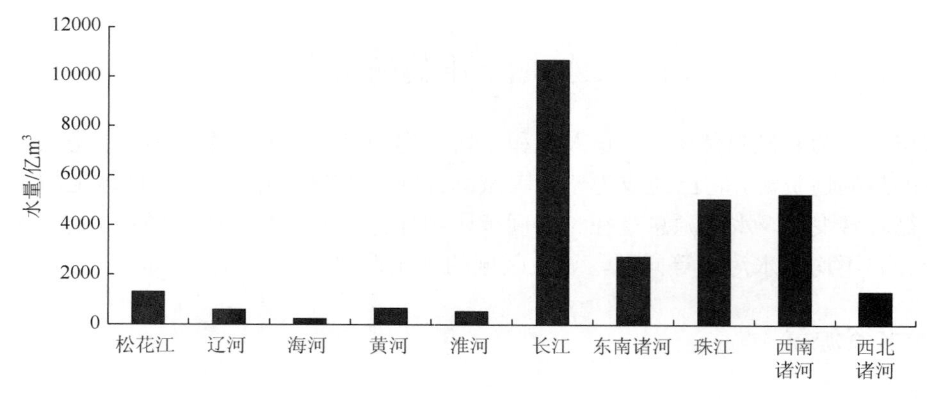

图 1-2　2012 年中国水资源一级分区地表水资源量分布

2. 地下水

地下水资源是指在一定期限内，能提供给人类使用的，且能逐年得到恢复的地下淡水量，是水资源的重要组成部分。地下水资源量存在年际变化，由图 1-3 可以看出，2001～2012 年，中国多年平均地下水资源量为 7957.5 亿 m^3，2011 年水量最小，为 7214.5 亿 m^3；2002 年水量最大，为 8697 亿 m^3，总体变幅不大。

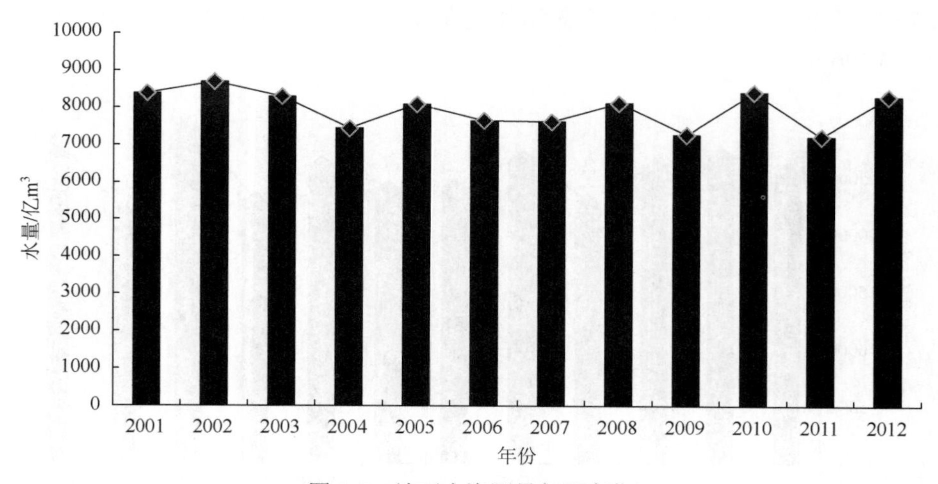

图 1-3　地下水资源量年际变化

与地表水资源相同，地下水资源的空间分布也极为不均。如图 1-4 所示，2012 年中国水资源一级分区地下水资源量分布中，长江流域地下水资源量最大，为 2536.2 亿 m^3，其次为西南诸河 1292.1 亿 m^3、珠江 1208.1 亿 m^3，辽河、海河地下水资源量较少，为 236.3 亿 m^3 和 288.7 亿 m^3。

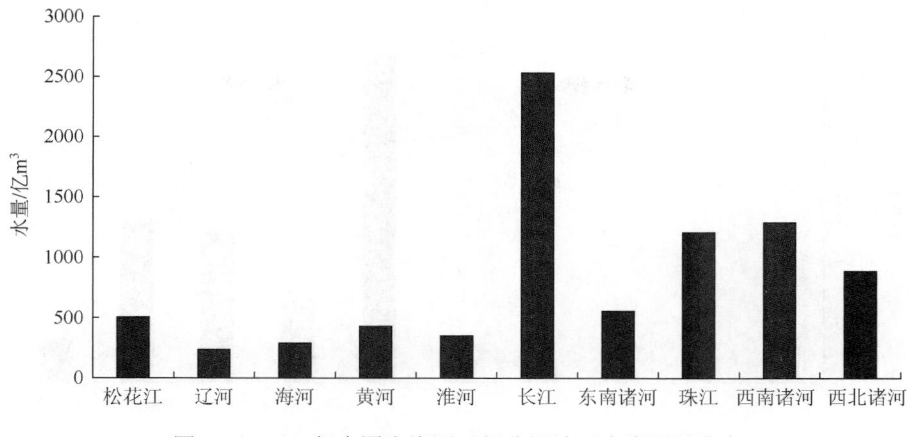

图 1-4 2012 年中国水资源一级分区地下水资源量分布

3. 水资源总量

水资源总量是指地表水资源量与地下水资源量（扣除两者之间重复计算量）之和，从总量上看中国的水资源丰富，2001～2012 年中国多年平均水资源总量为 26721.5 亿 m³。呈现出总量大、人均占有量少的特点。由于中国人口基数大，人均水资源占有量不到世界人均占有量的 1/4，是全球 13 个水资源极度缺乏的国家之一，以《中国水资源公报》数据为依据，绘制了中国 2001～2012 年水资源总量和 2012 年水资源一级分区水资源总量变化情况，如图 1-5 和图 1-6 所示。

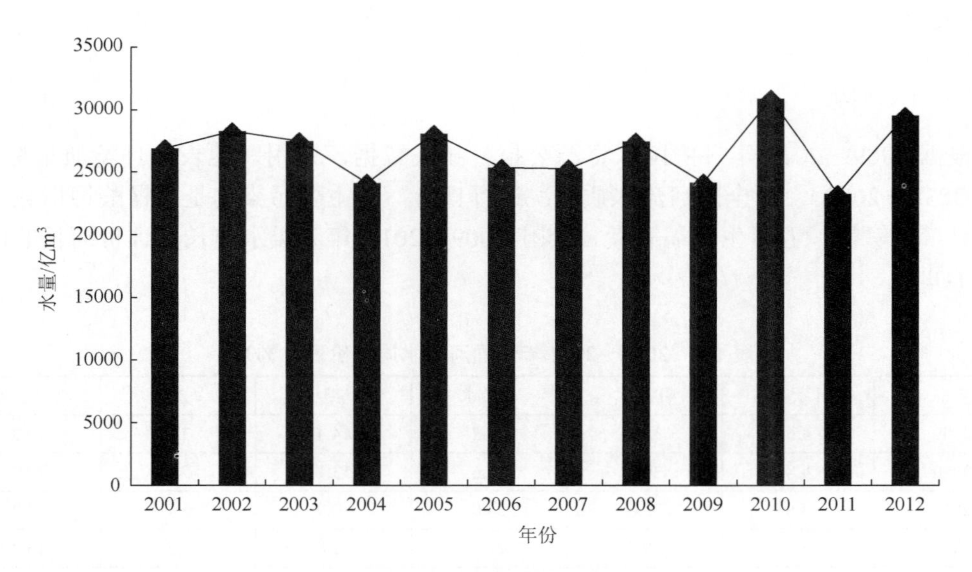

图 1-5 水资源总量年际变化

图 1-5 体现了中国水资源的时程分布特点，如果从长序列的历史资料看，中国水资源量呈周期性变化规律，每个周期包含丰水年、平水年、枯水年，并存在着不重复性的

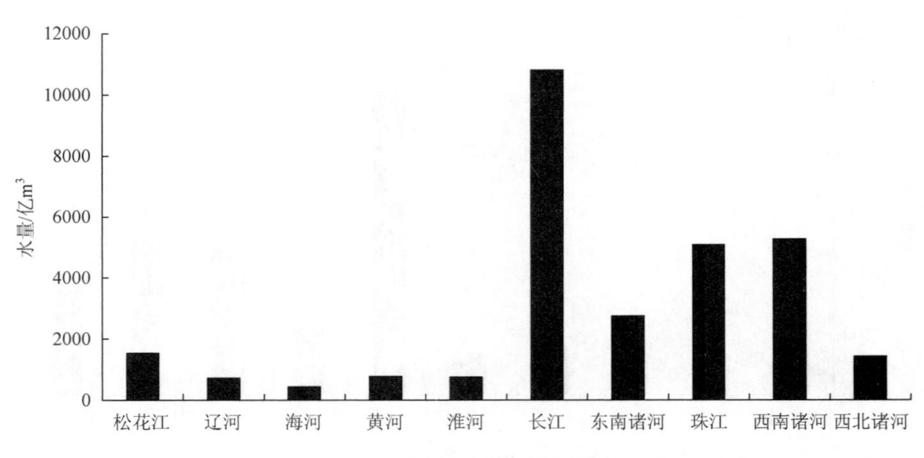

图 1-6 2012 年中国水资源一级分区水资源总量分布

特点。图 1-6 体现了中国水资源空间分布的不均匀性，由图 1-6 可以看出北方 6 区（黄河、松花江、辽河、海河、淮河和西北诸河）水资源量为 4637.8 亿 m^3，南方 4 区（长江、珠江、东南诸河和西南诸河）为 23735.5 亿 m^3，中国南北水资源量分布的不均匀性，制约了北方地区经济社会的发展。总之，时空分布的不均匀性加剧了中国部分区域水资源供需矛盾。

1.1.2 水质情况

1. 地表水

1）河流水质

根据 2009～2012 年《中国水资源公报》相关数据，采用《地表水环境质量标准》（GB 3838—2002），对全国河流水质状况进行评价，其主要污染物是高锰酸钾指数、化学需氧量、氨氮、五日生化需氧量。全国 2009～2012 年分类水河长占评价河长的比例见表 1-1。

表 1-1 2009～2012 年全国河流水质评价表（%）

年份	I 类水	II 类水	III类水	IV类水	V 类水	劣 V 类水
2009	4.6	32.1	23.2	14.4	7.4	19.3
2010	4.8	30.0	26.6	13.1	7.8	17.7
2011	4.6	35.6	24.0	12.9	5.7	17.2
2012	5.5	39.7	21.8	11.8	5.5	15.7

全国全年 I 类水河长占评价河长的比例从 2009 年的 4.6%增长到 2012 年的 5.5%；II 类水河长从 2009 年的 32.1%增长到 2012 年的 39.7%；III类、IV类水河长占评价河长的比例分别由 2009 年的 23.2%、14.4%下降到 2012 年的 21.8%、11.8%。2009～2012 年，全国

全年Ⅰ～Ⅲ类水河长占评价河长的比例分别是58.9%、61.4%、64.2%、67.1%，比例逐渐增大，河流污染逐年减轻。

2）湖泊水质

根据《中国水资源公报》相关数据，中国湖泊水质主要污染物是高锰酸钾指数、化学需氧量、氨氮、五日生化需氧量。全国2009～2012年湖泊分类水质与评价面积的比重见表1-2。

从表1-2中的数据可以看出，中国湖泊水质优于Ⅲ类水质标准的比例逐年增加，2011年已达到58.8%，Ⅳ类和Ⅴ类水质标准的比例逐年减少，2011年已降低到16.5%。

表1-2　湖泊水质评价表

年份	优于Ⅲ类/%	Ⅳ和Ⅴ类/%	劣Ⅴ类/%	评价个数	贫营养湖/个	中营养湖/个	轻度富营养湖/个	中度富营养湖/个
2009	54.8	27.6	14.8	71	1	24	27	19
2010	58.9	27.9	13.2	99	1	33	37	28
2011	58.8	16.5	24.7	103	—	32	—	29
2012	—	—	—	112	1	38	45	28

3）水库水质

根据《中国水资源公报》相关数据，中国水库水质主要污染物是总磷、总氮、高锰酸钾指数、化学需氧量、五日生化需氧量。全国2009～2012年水库分类水质占评价水库比例见表1-3。

表1-3　水库水质评价表

年份	检测评价水库个数	优于Ⅲ类/%	Ⅳ和Ⅴ类/%	劣Ⅴ类/%	营养状态评价个数	中营养/个	轻度富营养/个	中度富营养/个	重度富营养/个
2009	411	81.2	13.9	4.9	394	283	91	19	1
2010	437	78.0	13.5	8.5	420	291	102	25	2
2011	471	81.1	14.4	4.5	455	324	110	20	1
2012	540	88.7	8.7	2.6	521	351	144	25	1

由表1-3可知，2009～2012年，监测评价的水库个数不断增加，水质优良（优于和符合Ⅲ类水）的水库所占比例分别为81.2%、78.0%、81.1%、88.7%；Ⅳ类和Ⅴ类水的水库所占比例分别为13.9%、13.5%、14.4%、8.7%；劣Ⅴ类水的水库所占比例分别为4.9%、8.5%、4.5%、2.6%。

2009～2012年，对水库的营养状态进行评价，中营养水库分别是283个、291个、324个、351个；轻度富营养水库分别是91个、102个、131个、144个；中度富营养水库分别是19个、25个、20个、25个；重度富营养水库分别是1个、2个、1个、1个。总体来看，2009～2012年，中营养、轻度富营养、中度富营养以及重度富营养水库占评价水库的比例基本维持不变，约为 69.7%、25%、5%以及 0.3%。

从以上分析可知，中国水库的水质得到不断优化，水质优良的水库所占比例逐年升高，而Ⅳ类、Ⅴ类以及劣Ⅴ类水库的所占比例越来越小。从历年水库的营养状态评价来看，中国水库的营养状态在评价个数增加的情况下，基本维持不变，这也足以说明中国水库的营养状态得到了有效控制。

2. 地下水

采用《地下水质量标准》（GB/T 14848—1993）对部分省市的地下水质进行检测，2009 年检测范围是北京、辽宁、吉林、上海、江苏、海南、宁夏、广东 8 个省（自治区、直辖市）；2010 年和 2011 年增加了黑龙江省，检测范围达到 9 个省（自治区、直辖市）；2012 年增加了河南省，检测范围达到 10 个省（自治区、直辖市）。2009～2012 年Ⅰ～Ⅱ类水质的监测井占评价监测井总数的比例分别为 5.0%、11.8%、2.0%、3.4%；适合集中式生活饮用水水源及工农业用水的Ⅲ类监测井占的比例分别是 22.9%、26.2%、21.2%、20.6%，适合除饮用外其他用途的Ⅳ～Ⅴ类监测井分别占 72.1%、62.0%、76.8%、76.0%（表 1-4）。

表 1-4　地下水水质评价表

年份	Ⅰ、Ⅱ类/%	Ⅲ类水/%	Ⅳ、Ⅴ类/%	观测个数	观测范围
2009	5.0	22.9	72.1	562	北京、辽宁、吉林、上海、江苏、海南、宁夏、广东
2010	11.8	26.2	62.0	763	北京、辽宁、吉林、黑龙江、上海、江苏、海南、宁夏、广东
2011	2.0	21.2	76.8	857	北京、辽宁、吉林、黑龙江、上海、江苏、海南、宁夏、广东
2012	3.4	20.6	76.0	1040	北京、辽宁、吉林、黑龙江、河南、上海、江苏、安徽、海南、广东

3. 水功能区

2009～2012 年，全国检测评价水功能区的个数逐年增加，从 2009 年的 3411 个增加到 2012 年的 4870 个，检测范围逐年扩大；全国水功能区的达标率分别是 47.4%、46.0%、46.4%、47.4%，达标率变化不大；一级水功能区达标率分别是 56.3%、54.7%、55.7%、55.9%；二级水功能区达标率分别是 42.8%、41.3%、41.2%、42.3%（表 1-5）。

表 1-5　水功能区水质评价表

年份	检测评价水功能区	全年水功能区达标率/%	一级水功能区达标率/%	二级水功能区达标率/%
2009	3411	47.4	56.3	42.8
2010	3902	46.0	54.7	41.3
2011	4128	46.4	55.7	41.2
2012	4870	47.4	55.9	42.3

1.1.3 水资源供用水量情况

1. 供水量

供水量指各种水源为用水户提供的包括输水损失在内的毛水量之和，按水源类型分地表水源、地下水源和其他水源。地表水源供水量指地表水工程的取水量，按蓄水工程、引水工程、提水工程、调水工程四种形式统计；地下水源供水量指水井工程的开采量，按浅层淡水、深层承压水和微咸水分别统计；其他水源供水量包括污水处理回用、集雨工程、海水淡化等水源工程的供水量。

2009～2012 年，全国总供水量逐年增加，从 2009 年的 5965.2 亿 m^3 增加到 2012 年的 6131.2 亿 m^3；地表水的供水量分别是 4839.5 亿 m^3、4883.8 亿 m^3、4953.3 亿 m^3、4954.0 亿 m^3；地下水供水量分别是 1094.5 亿 m^3、1108.1 亿 m^3、1109.1 亿 m^3、1134.3 亿 m^3（表 1-6）。从以上历史数据来看，地表水还是中国主要的供水水源，占全国总供水量的 80%以上。

表 1-6 供水情况

年份	地表水源		地下水源		其他水源		总供水量/亿 m^3
	水量/亿 m^3	比重/%	水量/亿 m^3	比重/%	水量/亿 m^3	比重/%	
2009	4839.5	81.1	1094.5	18.4	31.2	0.5	5965.2
2010	4883.8	81.1	1108.1	18.4	30.1	0.5	6022.0
2011	4953.3	81.1	1109.1	18.2	44.8	0.7	6107.2
2012	4954.0	80.8	1134.3	18.5	42.9	0.7	6131.2

2. 用水量

用水量是指各类用水户取用的包括输水损失在内的毛水量之和，按生活用水、工业用水、农业用水和生态环境四大类用户统计，不包括海水直接利用量。生活用水包括城镇生活用水和农村生活用水，其中，城镇生活用水由居民用水和公共用水（含第三产业及建筑业等用水）组成；农村生活用水除居民生活用水外，还包括牲畜用水在内。工业用水指工矿企业在生产过程中用于制造、加工、冷却、空调、净化、洗涤等方面的用水，按新水取用量计，不包括企业内部的重复利用水量。农业用水包括农田灌溉和林、果、草地灌溉及鱼塘补水。生态用水仅包括人为措施供给的城镇环境用水和部分河湖、湿地补水，而不包括降水、径流自然满足的水量。

2009～2012 年，总供水量与总用水量相同，生活用水量分别为 751.6 亿 m^3、764.8 亿 m^3、789.9 亿 m^3、741.9 亿 m^3；工业用水量分别为 1389.9 亿 m^3、1445.3 亿 m^3、

1461.8 亿 m^3、1379.5 亿 m^3；生态用水量分别是 101.4 亿 m^3、120.4 亿 m^3、111.9 亿 m^3、110.4 亿 m^3（表 1-7）。生活用水、工业用水、农业用水和生态用水所占的比重基本保持不变。

表 1-7 总用水情况 单位：亿 m^3

年份	生活用水	工业用水	农业用水	生态用水	总用水量
2009	751.6	1389.9	3722.3	101.4	5965.2
2010	764.8	1445.3	3691.5	120.4	6022.0
2011	789.9	1461.8	3743.6	111.9	6107.2
2012	741.9	1379.5	3899.4	110.4	6131.2

1.1.4 存在的问题

1. 水资源短缺

人多水少、水资源时空分布不均、与生产力布局不匹配，不仅是中国现阶段的突出水情，也是中国现代化建设进程中需要长期应对的基本国情，特别是在全球气候变化影响日益明显和工业化、城镇化进程不断加快的情况下，中国的水资源条件正在发生新的变化。

在中国许多地方，尤其是大部分北方地区，由于人口、工业、商贸经济、旅游娱乐等发展需水超过了水资源及其环境的承载能力，表现出水资源绝对数量有限，不能满足人类生产生活的需水要求，水资源缺乏表现为物质稀缺性，即水资源匮乏。

2. 水污染严重

20 世纪 90 年代以来，国家累计投入 600 亿元治理江河污染，相关部门也大力采取防污治污的措施，使得河流、湖泊、水库的水质基本保持稳定，局部有所改善。

虽然中国地表水、地下水以及水功能区的水质得到了不同程度的改善，但是整体水污染形势依然严峻。

随着中国越来越重视水污染问题，不断加强水污染治理工作，已经取得了良好的成效，但就目前而言，中国水污染问题还很严峻。

3. 水资源利用方式粗放

水资源利用效率和效益低于发达国家，有些指标甚至低于世界平均水平。表 1-8 列举了中国主要用水效率指标。

表 1-8 2012 年主要用水效率指标对比

用水指标	中国	发达国家
万元 GDP 用水量/m^3	118	55
万元工业增加值用水量/m^3	69	低于 50
农业灌溉用水有效利用系数	0.516	0.7～0.8
城市自来水管网漏失率/%	20	5～10

1.2 再生水利用现状

再生水利用领域有几个概念十分相似，但又有区别，如中水、再生水、污水处理回用等，为便于读者理解，在这里对几个概念的定义进行分析，明确本书的研究对象。

1）中水

中水的概念最早由日本提出，专指建筑物或建筑群内的生活污水经处理后水质指标介于新鲜水和污水之间的水。在《建筑中水设计规范》（GB 50336—2002）中，中水是指各种排水经处理后，达到规定的水质标准，可在生活、市政、环境等范围内杂用的非饮用水。

2）再生水

美国国家环境保护局（USEPA）制定的《污水再生利用指南》对再生水的定义为“市政污水通过各种处理工艺使其满足特定的水标准，可以被有益利用的水”（美国环保局，2008）。

《再生水水质标准》（SL 368—2006）中规定再生水是指对污水处理厂出水、工业排水、生活污水等非传统水源进行回收，经适当处理后达到一定水质标准，并在一定范围内重复利用的水资源。在《污水再生利用工程设计规范》（GB 50335—2002）中，再生水是指污水经适当处理后，达到一定的水质指标，满足某种使用要求，可以进行有益使用的水。

3）污水处理回用

污水处理回用一般称为“污水再生”，是指为满足生产或生活的某种需要而使用外排污水的全过程，一般包括提高外排污水水质进行的污水深度处理过程和深度处理水的回用过程。在《城市污水再生利用分类》（GB/T 18919—2002）中规定，污水处理回用是以城市污水为再生水源，经处理工艺净化处理后，达到可用的水质标准，通过管道输送或现场使用方式予以利用的全过程。污水再生利用为污水回收、再生和利用的统称，包括污水净化再用、实现水循环的全过程。

总之，无论中水、再生水、污水处理回用在外延和内涵上有多大差异，其本质都是利用技术手段对受到污染被废弃的水进行处理，达到一定的水质标准，重新恢复一定的使用功能的水。“恢复一定的使用功能”是污水处理的最终目的，是污水的核心价值所在。“再生水”一词体现了污水这一核心价值，因此，本书在叙述过程中统一将其称为再生水。

1.2.1　再生水利用设施

1. 再生水厂建设

据水利部《水务管理年报》统计，截至2012年年底，中国有至少28个省（自治区、直辖市）有再生水利用。全国建成再生水厂数量从2009年的239座增加到2012年的503座，再生水厂处理能力也从1850万m^3/d上升到2166万m^3/d（图1-7和图1-8）。但在全国36个重点城市中，只有北京、南京和哈尔滨三个城市的再生水生产能力在100万t/d以上，超过3/4的重点城市再生水生产能力不足10万t/d。

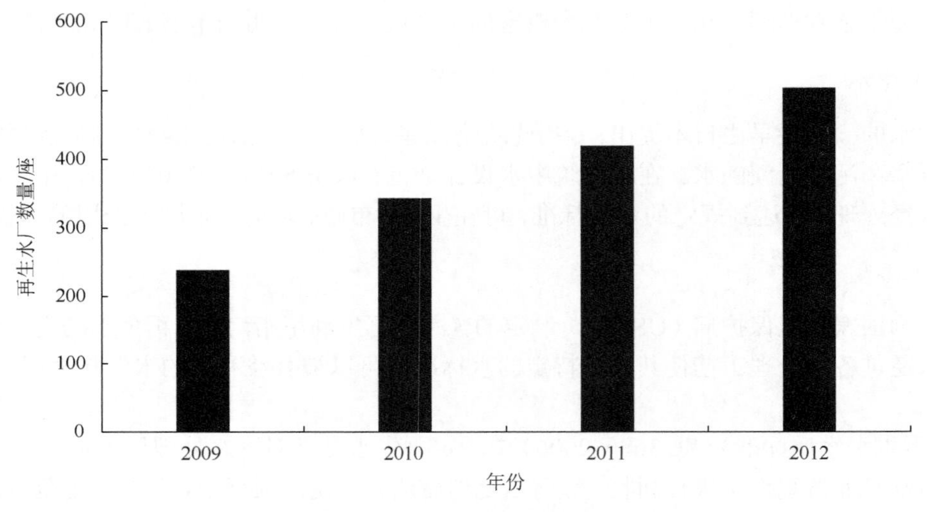

图1-7　全国再生水厂的数量

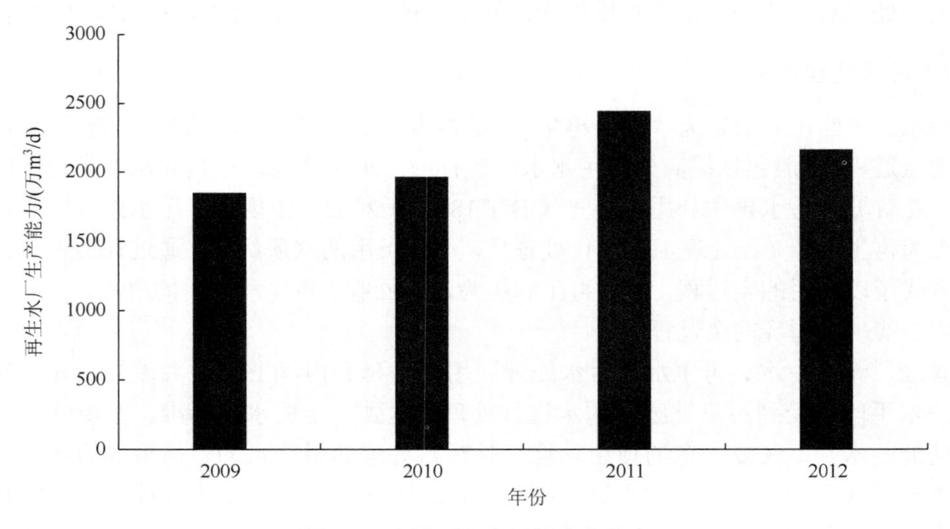

图1-8　全国再生水厂的生产能力

2009～2012年，按不同分区来看，华北地区的再生水厂由78座增长到168座，到2012年占全国城市再生水厂的33.4%，华东地区、华中地区、东北地区、西北地区、华南地区、西南地区依次为23.3%、12.5%、11.7%、9.3%、6.0%和3.8%（图1-9）。

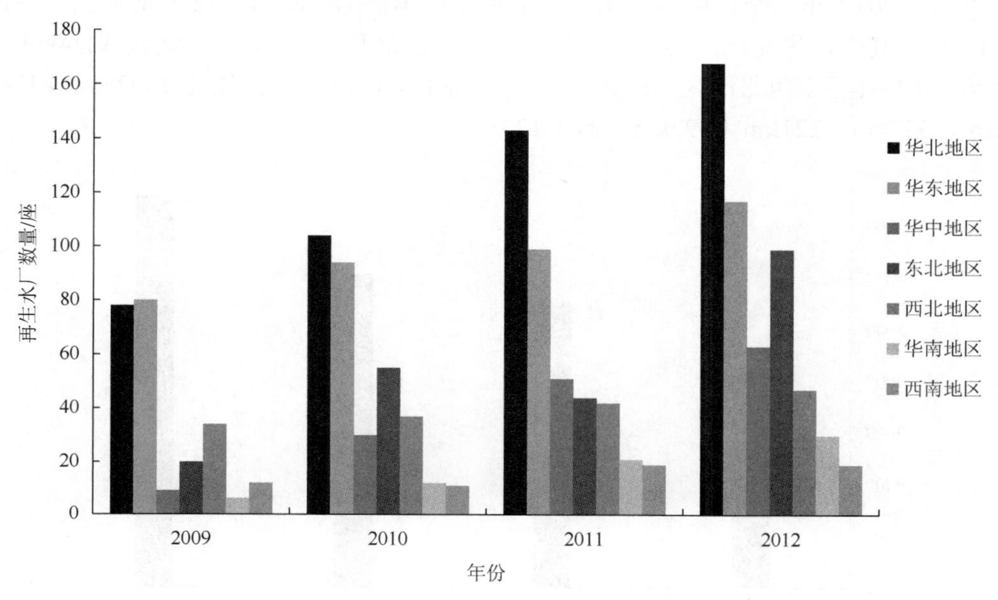

图1-9　各分区再生水厂的数量

2012年，北京、河北、山西、内蒙古、辽宁、山东和河南等地区的再生水厂超过30座，合计317座，占全国城市再生水厂的63%（图1-10）。

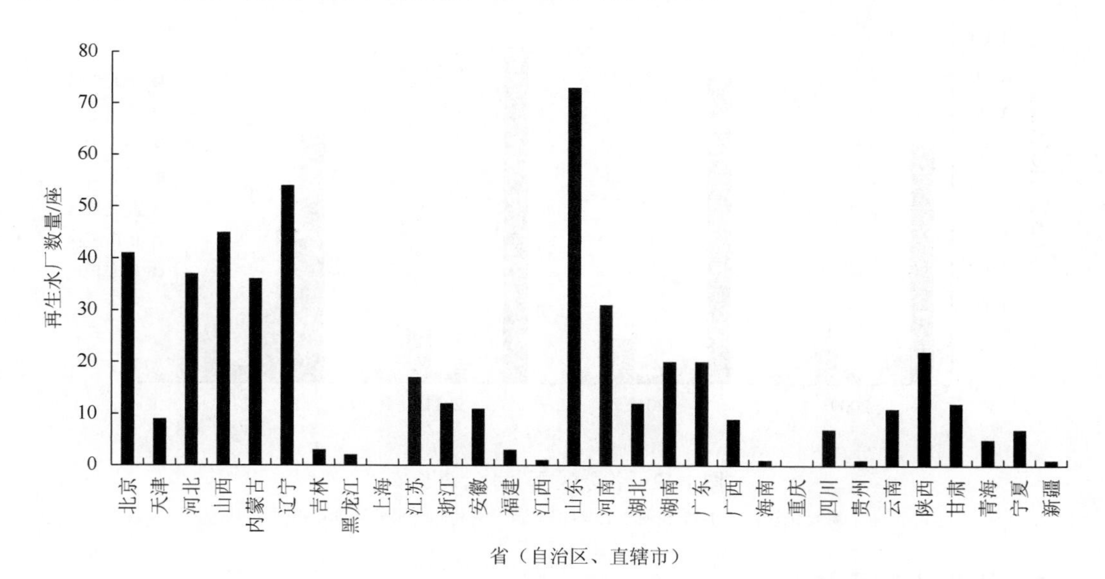

图1-10　2012年各省（自治区、直辖市）再生水厂的数量

数据来源：图1-7～图1-10数据来源于水利部《水务管理年报》

2. 再生水管网建设

2009～2012 年，全国的再生水厂管道长度逐年增加，从 4277km 增加到 7557km（图 1-11）。其中，华北地区再生水厂管道铺设长度最长，到 2012 年达到 3224km；华东地区、华中地区、西北地区、华南地区、东北地区、西南地区依次为 1992km、942km、756km、327km、221km 和 97km（图 1-12）。

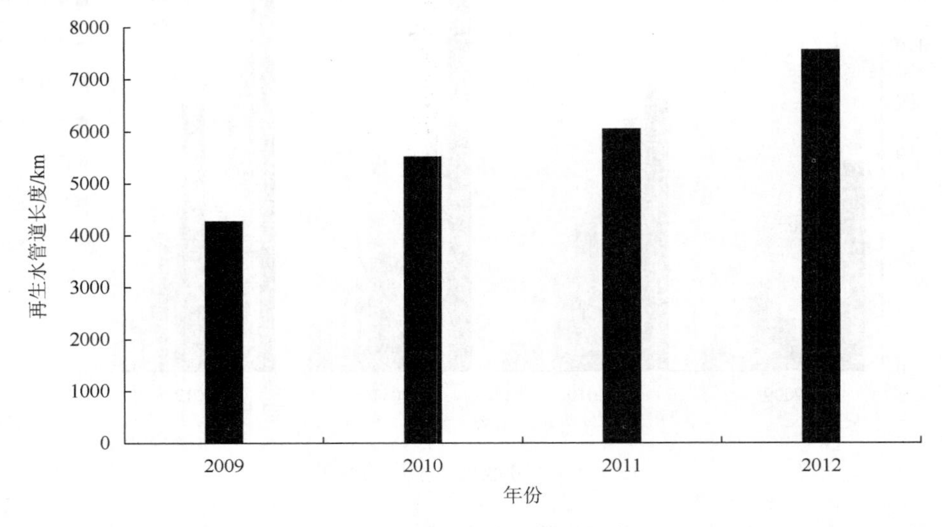

图 1-11　全国再生水管道长度

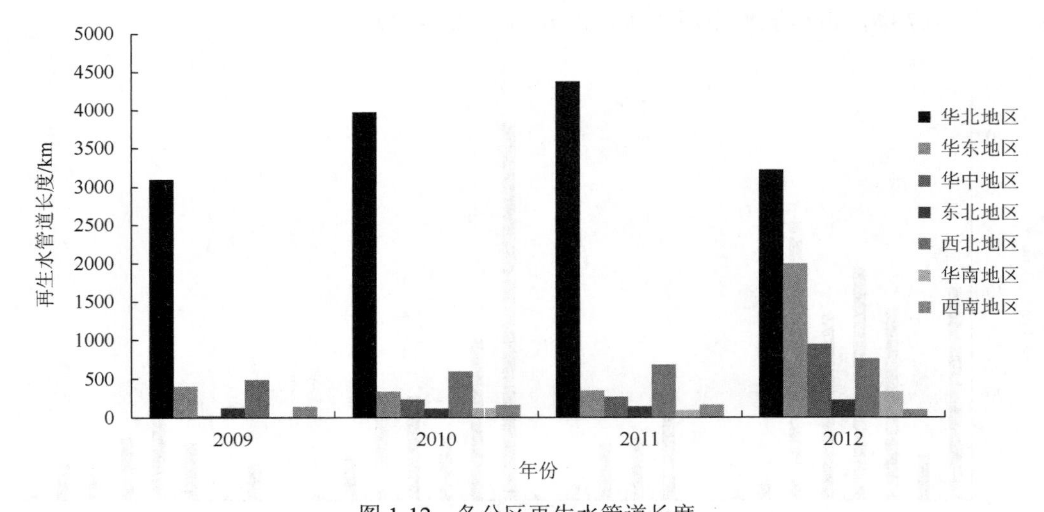

图 1-12　各分区再生水管道长度

数据来源：图 1-11 和图 1-12 数据来源于水利部《水务管理年报》

1.2.2　再生水利用量

据水利部《水务管理年报》统计，2009～2012 年，全国再生水利用量逐年增加，从

2009 年的 21.5 亿 m^3 增加到 2012 年的 44.3 亿 m^3。再生水利用率（再生水利用量与污水处理量的比例）从 2009 年的 16.6%增加到 2012 年的 19.2%（图 1-13）。

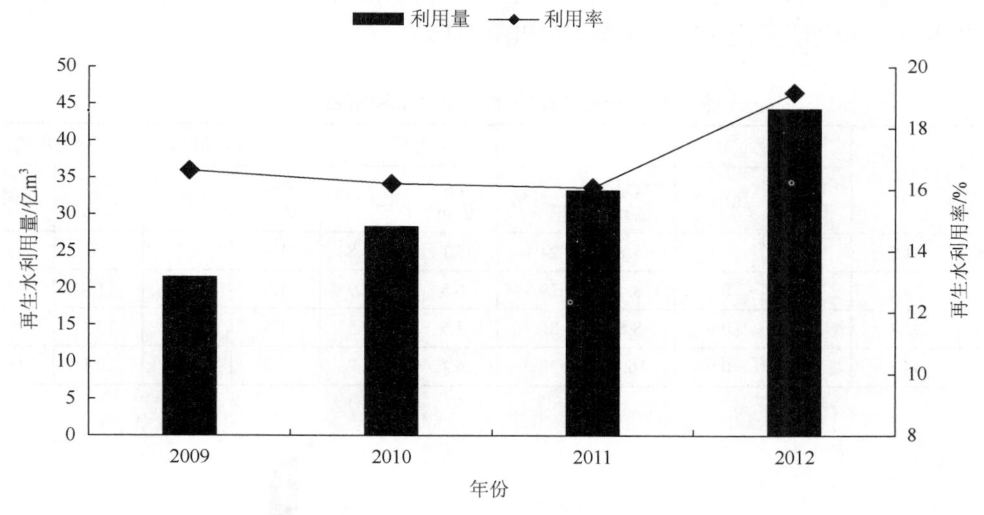

图 1-13 全国再生水利用量和再生水利用率

数据来源：再生水利用量数据来源于水利部《水务管理年报》，污水处理量来源于住建部

其中，2012 年华北地区再生水利用量最大，超过 12.24 亿 m^3，占全国再生水利用量的 28.2%，东北地区、华中地区、华东地区、华南地区、西南地区、西北地区依次为 25.6%、19.2%、9.8%、8.4%、8.4%和 0.5%（图 1-14）。

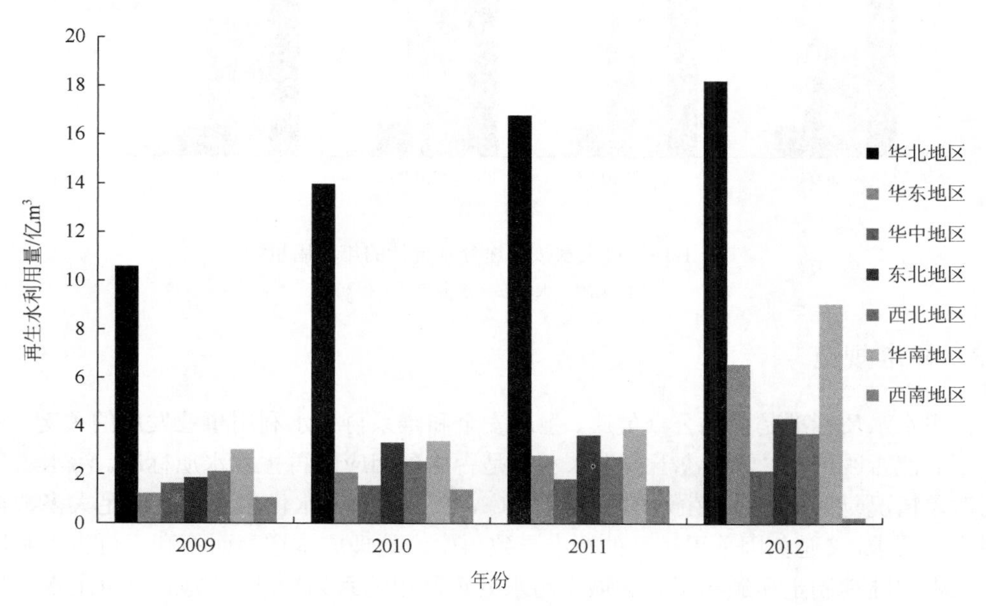

图 1-14 各分区再生水年利用量

数据来源：水利部《水务管理年报》

2009～2012 年，再生水用于工业和景观环境的水量逐年增加，增长了近三倍，地下水回灌的水量基本稳定，农林牧业的比例逐年减少。2012 年，工业和景观环境的水量占再生水利用量的 82.4%，是再生水的主要用户；地下水回灌、农林牧业和城市非饮用水的水量共占再生水利用量的 17.6%（表 1-9 和图 1-15）。

表 1-9　再生水各用途年利用量和所占比例

年份	合计/亿 m^3	地下水回灌		工业		农林牧业		城市非饮用水		景观环境	
		数量/亿 m^3	比例/%	数量/亿 m^3	比例/%	数量/亿 m^3	比例/%	数量/亿 m^3	比例/%	数量/亿 m^3	比例/%
2009	21.5	0.2	0.8	5.2	24.1	5.1	23.8	1.4	6.7	9.6	44.7
2010	28.3	0.2	0.7	8.4	29.8	6.5	22.9	1.3	4.5	11.9	42.1
2011	33.2	0.3	0.9	8.5	25.7	7.5	22.5	1.5	4.6	15.4	46.3
2012	44.3	0.4	0.9	16.4	37.0	6.1	13.7	1.3	3.0	20.1	45.4

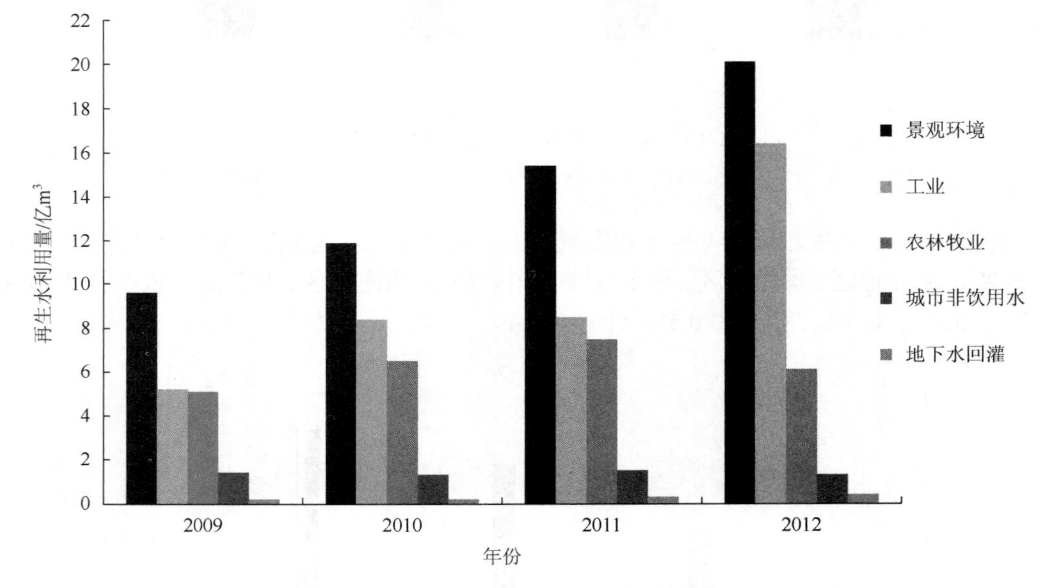

图 1-15　再生水按用途分别统计的年利用量

数据来源：水利部《水务管理年报》

1.2.3　标准规范

再生水水质标准是关系公众健康、生产安全和维系再生水利用事业发展的关键。污水经处理后能否回用，主要取决于再生水水质是否达到相应的再生水水质标准。污水水质和回用对象情况复杂，使用再生水的范围非常广，为了使再生水供水水质既满足大多数再生水用户的要求，又避免因采用过高的标准导致再生水处理成本增高而不利于再生水利用的推广，中国陆续制定和颁布了有关城市污水处理回用的系列标准。例如，《再生水水质标准》（SL 368—2006）、《城市污水再生利用分类》（GB/T 18919—2002）、《城市污水再生利用城市杂用水水质》（GB/T 18920—2002）、《城市污水再生利用景观环境用水水质》

（GB/T 18921—2002）、《城市污水再生利用工业用水水质》（GB/T 19923—2005）、《城市污水再生利用地下水回灌水质》（GB/T 19772—2005）、《城市污水再生利用农田灌溉用水水质》（GB 20922—2007）。

这些关于污水再生利用的水质标准，组成了较为完整的标准系列。在污水再生利用的实际工程中，要根据再生水目标用户的相关水质要求，参照城市污水再生利用系列标准的各类水质指标进行。

1.2.4　影响因素

1. 首要因素

1）水源水质

再生水利用中，水源可以是市政污水处理厂的二级处理或强化二级处理后的出水、生活污水或市政排水、处理达标的工业排水。重金属、有毒有害物质超标的污水不得排入污水收集系统，不得作为再生水水源。严禁放射性废水、医院污水等安全性较差的污废水作为再生水水源。

市政污水处理厂的出水水质，即回用工艺的进水水源水质比较复杂。许多污水处理厂的部分出水指标存在不同程度的超标现象，使得回用工艺水源水质变化更加难以预测，增加了工艺的选择和适用性分析的难度。

城市污水处理厂出水水质达到的标准不一致以及存在不达标现象等复杂程度增加了再生水利用的难度。此外，再生水工艺的进水水源水量有所变化，将增加再生水利用设施日常运行的操作难度。因此，在再生水利用工艺及单元技术选择前应详细分析进水水源水质水量状况，以保证处理工艺及单元技术选择的合理性、适用性和稳定性。

2）用水途径

目前中国已制定了再生水利用的系列标准，为再生水利用于不同对象提供了处理工艺及单元技术的选择依据。再生水利用工艺及单元技术的选择、推荐和适应性分析应在国内现有工艺运行效果进行对比分析评价的基础上，借鉴国外再生水利用的经验，找出再生水水源水质满足的国家相关水质标准和再生利用标准之间的差异，同时考虑再生水量的变化性和回用途径的多重性，选择和推荐相适应的处理工艺和单元技术。

（1）景观环境用水

根据《城市污水再生利用景观环境用水水质》（GB/T 18921—2002）标准和《再生水水质标准》（SL 368—2006），景观环境用水包括观赏性和娱乐性景观环境用水，水体分为河道、湖泊和水景三类。景观环境用水水质标准与国家《城镇污水处理厂污染物排放标准》（GB 18918—2002）主要水质指标差异为BOD、SS、氨氮、TN、TP、浊度、粪大肠菌群等。

景观环境用水的关键是控制富营养化，为此，需尽可能降低再生水中的氮、磷含量，同时必须保持水体的流速。景观环境用水标准中要求，对于完全使用再生水作为景观河道类水体水力停留时间在5d之内，湖泊类水体水温＞25℃时水体静止停留时间不宜超过3d。污水回用于景观环境水体在资源缺乏型地表水供用的不足地区需求量大，同时河道和湖泊一次换水量大，使得从控制水体富营养化角度考虑提出的上述水体流动要求难以实现，因此，目前部分地区提出高品质再生水的要求，北京市要求所有的再生水厂于2010年年底将再生水水质提高到类似地表水Ⅳ类标准。污水回用于景观环境水体在水质缺乏型地区也有较大的需求量，其回用最终的目的为改善水体环境，提高水体环境容量，创造良好的环境效益。如成都，虽然现在还没有一个完全意义上的再生水厂，但是本着改善水体环境，节约水资源的角度，在“十二五”期间，在污水处理厂周围建立环体绿化带，采用地表快速渗滤+土地处理等自然生态处理系统，就近承纳污水处理厂的出水，绿化景观，补充河道用水。

（2）工业用水

根据《城市污水再生利用工业用水水质》（GB/T 19923—2005）标准和《再生水水质标准》（SL 368—2006），工业用水包括冷却用水、洗涤用水、锅炉补给水和工艺与生产用水。比较工业用水水质标准与《城镇污水处理厂污染物排放标准》（GB 18918—2002），可以得出以下结论。

主要水质指标如COD_{Cr}、BOD、氨氮和总磷等：污水处理厂一级A排放标准可满足工业用水水质要求。一级B排放标准中BOD指标不满足敞开式循环冷却水系统补水、锅炉补给水、工业与产品用水，尚需后续回用处理去除BOD约50%；水温≤12℃时，不满足敞开式循环冷却水系统补水、锅炉补给水、工业与产品用水中的氨氮要求，尚需后续回用处理去除氨氮20%以上。二级排放标准中COD_{Cr}、BOD、氨氮和TP等指标明显不满足回用于工业用水的水质要求，需要回用工艺中对其进行去除。

再生水利用于冷却用水和锅炉补水时，若水质不能满足需要，将会影响系统的运行，导致结垢、腐蚀、生物增长等。结垢是由残余的有机物、钙及镁盐的沉积造成的。再生水中的高 TDS、溶解性气体及高氧化态金属会导致锅炉和冷却系统腐蚀。此时，为防止结垢和腐蚀，还应对铁、锰、氯、二氧化硅含量，及硬度、碱度、硫盐、TDS 和粪大肠菌群数进行控制。

（3）农业、林业、牧业用水

根据《城市污水再生利用农田灌溉用水水质》（GB 20922—2007）和《再生水水质标准》（SL 368—2006），农田灌溉用水包括纤维作物、旱地谷物、油料作物、水田作物和露地蔬菜等灌溉用水。选择适用的回用工艺遵循的原则如下。

第一，将污水回用于农业灌溉，应确保卫生安全，并防止土壤退化或盐碱化等。含盐量是污水回用于农业灌溉的最重要的水质指标之一，针对于纤维作物、旱地谷物、油料作物、水田作物，标准中规定了非盐碱土地区及盐碱土地区的含盐量标准值（非盐碱地区：1000mg/L；盐碱地区：2000mg/L）；针对于露地蔬菜，含盐量标准值为1000mg/L。

第二，应防止重金属及有害物质在土壤中富集，并通过食物积累于农作物中。如果再生水采用喷灌，尚需要控制悬浮物，以防堵塞喷头。

第三，对纤维作物、旱地谷物和油料作物，污水经二级处理再加消毒即可满足要求。

第四，对于水田作物、露地蔬菜，需采用常规二级处理加混凝、沉淀、过滤等回用处理技术才能达标。

一些西部缺水型城市，如银川、西宁、兰州、乌鲁木齐等城市，很多污水处理厂二级出水加消毒处理直接进行农灌，以缓解缺水问题。但是，污水农灌带来的生态影响仍需深入研究。

（4）城市非饮用用水

根据《城市污水再生利用城市杂用水水质》（GB/T 18920—2002）标准和《再生水水质标准》（SL 368—2006），城市非饮用水包括城市绿化、建筑施工、洗车、道路清扫、消防、厕所冲洗用水等。城市非饮用水水质标准与国家《城镇污水处理厂污染物排放标准》（GB 18918—2002）主要水质指标差异为：BOD、氨氮、细菌学指标。

经过资料收集和实地调研，发现多数北方典型缺水型城市中建有城市非饮用水利用工程，如北京、天津、郑州等地方，其中，天津的纪庄子再生水厂 2003 年建成供梅江小区等地方城市杂用，使用的工艺为混凝（PAC，投量约 6mg/L）→沉淀→连续微滤膜过滤（孔径为 0.2μm）→氯消毒（液氯，投量 8～10mg/L），并在氯消毒之前辅以臭氧消毒技术（投量 1～3mg/L）。

总之，再生水利用于城市非饮用水时，首先应提高污水二级生物处理在低温条件下的硝化效果，然后在利用处理技术选择时采用过滤技术，包括砂滤、机械过滤、膜滤等，过滤前一般应投加混凝剂或助凝剂，如混凝沉淀过滤、微絮凝过滤等；最后对出水进行消毒技术处理，必要时进行臭氧脱色处理。

（5）用于地下水回灌

根据《城市污水再生利用地下水回灌水质》（GB/T 19772—2005）标准和《再生水水质标准》（SL 368—2006），地下水回灌包括地表回灌和井灌两种。井灌对水质的要求比地表回灌要高。污水回用于地下含水层，补充地下水，用以防止因过量开采地下水而造成的地面沉降和海水侵入，但回灌于地下的再生水可能将被重新提取用作农业灌溉用水或生活饮用水源。市政污水处理厂的二级出水仍可能含有有机微污染物、痕量重金属、粪大肠菌群、病菌或病毒等有害物质。

为防止对地下含水层的污染，提供清洁水源，对于地下水回灌的再生水水质要求较其他回用领域要严格和慎重。根据实地调研和资料收集，中国还没有将再生水利用于地下水回灌的回用工程实例，原因为很多回用工艺及单元技术的处理效果仍需要长时间深入研究和评价，才能确定其水质安全性。美国再生水利用的范围涉及农业、工业、地下水回灌和娱乐等方面，大致有 5%用于地下水回灌等，其处理技术多为多层滤料过滤、臭氧氧化、反渗透、氯化、硅藻土过滤、混凝沉淀、活炭吸附，消毒技术有臭氧消毒和氯消毒。

3）经济状况

再生水利用工艺及单元技术的选择、推荐和适用性分析需要考虑不同的进水水质水量，满足不同的回用目的之外，还与经济因素息息相关。经济因素涉及地方的经济发展程度、工艺投资费用、运营规模、运行成本、与自来水水价的价格差异大小等各个方面。

（1）吨水投资和运行成本

不同工艺之间的吨水投资、吨水运行成本不尽相同，最大相差近 10 倍。

城市污水处理厂出水采用直接过滤（砂滤、活性炭滤池、曝气生物滤池等）的处理工艺：出水达到一级 A 标准，主要用于河道补水，其吨水投资和运行成本最低。例如，溧阳市第二再生水厂，吨水投资为 350～400 元，吨水运行成本为 0.25～0.35 元。

城市污水处理厂出水采用“老三段”及其改进工艺（混凝—沉淀—过滤工艺，澄清过滤工艺，微絮凝过滤工艺）：吨水投资和成本也较低，其中，吨水投资为 700～1200 元，吨水运行成本为 0.68～1.2 元。

城市污水处理厂出水采用生物滤池工艺（曝气生物滤池、滤布滤池等）：出水满足不同用户的需求，主要回用于景观、工业、农业、生活杂用等，吨水投资为 1600～2500 元，吨水运行成本为 1.0～1.3 元。

城市污水处理厂出水采用膜滤（包括微滤、超滤、反渗透等）处理工艺：出水满足不同用户的需求，主要回用于景观、工业、农业、生活杂用等，吨水投资和运行成本较高，其中，吨水投资为 1600～2800 元，吨水运行成本为 1.4～2.5 元，投资和运行成本的顺序为微滤＜超滤＜反渗透工艺。

城市污水经过 MBR 工艺处理后的出水可回用于生活杂用、景观等，由于此处理工艺为污水和回用一体式工艺，投资和运行成本中包含了污水的处理费用，其吨水投资和运行成本很高，特别是吨水运行成本达到了 2.2～2.6 元。

不同工艺的吨水投资和运行成本与建设规模也有关系，通常情况下，随着规模的增加，相同或相近工艺的吨水投资和运行成本有所节省。此外，采用不同的消毒技术或投加不同的药剂等也影响吨水投资和运行成本。一般情况下，紫外、氯、二氧化氯、臭氧消毒的费用依次有所升高；石灰药剂的费用低于聚铝和聚铁的费用。

（2）其他经济因素

进行污水处理回用工艺及单元技术的经济适用性分析过程中，地方的经济发展程度、再生水价与吨水运行成本和自来水价之间的差值等因素也很重要。总而言之，再生水利用过程中工艺及单元技术的选择与工程实施要考虑国情、实际条件和用户需求，应综合考虑污水再生利用规模、处理程度、处理流程、使用用途等，既要满足要求，又要经济合理。

2. 辅助因素

进行再生水利用时，工艺及单元技术的选择、推荐和适应性分析时，还应考虑使用回用工艺的区域地理地域环境特点、人文因素及其水质安全保障性等辅助因素的影响。

北京：作为政治文化中心，人们接受新生事物能力强，对再生水的利用有认识。2005 年之前污水处理回用工艺采用“老三段”工艺居多，随着经济的逐步发展，对再生水需求和水质安全要求进一步提高，近期采用了曝气生物滤池工艺和膜工艺，利用组合消毒方式（臭氧、二氧化氯、氯等）消毒。

天津：华北沿海严重缺水型轻工业城市（有纺织、印染、电子工业等）。污水处理厂进水中含盐量高、工业废水占一定比例，致使污水处理厂出水及再生水厂进水水质复杂多变，会出现不能满足再生水用户的水质安全保障性需求的现象，现有再生水厂多用膜以组合膜（微滤+反渗透，微滤+超滤）工艺为主，以保障工业较大用户水质需求和满足居民生活杂用需求。另外，天津膜产业比较发达，政府也积极主导发展污水处理回用的膜工艺。

西安、郑州等中部内陆地区：地处内陆，经济发展程度不高，人们对再生水利用的认识还不够。城市污水处理回用工艺为“老三段”工艺或改进的微絮凝过滤工艺，工艺进水水质主要为生活污水处理厂（其进水中工业废水较少）的出水，工艺运行比较稳定、出水水质也比较稳定，只是还需要加强宣传，发展更多的再生水用户。

深圳：地处南部沿海，经济发达，公众的安全保障性意识比较强，虽然其污水处理回用工艺多采用生物过滤工艺，但是出于水质安全角度考虑，而且当地土地资源较少，需求发展运行稳定、水质良好、安全保障性高的膜以及组合膜工艺。

乌鲁木齐：地处大西北，沙漠占地大，冬季时间长，近半年时间处于0℃以下，而且昼夜温差大，污水处理回用工艺不适宜采用生物过滤工艺。而且地处新疆维吾尔自治区，维吾尔族的生活习惯与汉族不尽相同，进行污水回用工艺推荐时需要综合考虑少数民族的生活习惯、水质安全性等。

成都、武汉：长江以南，水资源客水资源丰富，而且武汉等地区湖泊水系比较发达。这些地方自来水等价格较低，再生水的用户缺乏，还没有真正意义上的再生水厂。但是，成都、武汉等地区冬季平均温度在0℃以上，适宜树木、草地等生长，从改善水质环境的角度出发，需要且必须加大再生水利用于景观环境用水，污水处理回用工艺及单元技术可以采用土地处理、人工湿地等生物生态处理工艺。

总之，进行污水处理回用工艺及单元技术的选择、推荐和适应性分析时，除考虑水源水质水量、经济因素、满足再生水水质标准外，还应特别注意所选回用工艺及单元技术的适应的地理地域特点、人文因素以及安全保障性要求等因素的要求。

3. 关联因素

在考虑水源水质水量、回用目的、经济因素、地理地域环境特点、人文因素及其水质安全保障性等因素对污水处理回用工艺及单元技术的选择、推荐和适应性分析的影响时，还应注意政策导向、公众意识等关联因素的影响。

根据调研，中国目前运行、已建或计划待建的再生水厂不少都是政府政策导向的结果，特别是中国早期建设的一些再生水利用工程与政府的积极引导密不可分。

另外，在调研的城市中乃至全国范围内，公众仍未完全接受城市污水处理回用，主要是由信息不充分，对健康的担忧、心理的障碍，以及出于成本上的考虑所造成的。由于缺乏相应的宣传和公众参与，公众意识不到水资源管理面临的严重问题，意识不到再生水利用对于保护水资源的重要性，对再生水利用产生了误解和对健康不必要的担忧，这些都会阻碍他们接受再生水。群众对城市污水处理回用的认识有一个逐步提高的过程，除去需要从科学上证明再生水的水质安全性外，政府部门还要加强对公众有关节约用水、再生水利用的宣传力度，增加社会对再生水的接受程度和使用再生水的自觉性。

总之，各级人民政府和水务部门应当充分考虑各种污水处理回用工艺及单元技术的稳定性、合理性、经济性和安全性，以及其产生的经济、社会、环境效益，加强群众宣传，提高群众意识，因地制宜，制定适宜的城市污水处理回用规划、再生水厂与管网同步建设规划、再生水与自来水合理比价关系等，合理引导市场参与，采取鼓励倡导、奖励惩罚以及强制等相结合的方式，选择、推荐和发展经济技术可行、工艺适宜的污水处理回用工艺及单元技术，并加强技术培训，提高再生水厂的运行管理水平。

1.3 再生水发展历程

“再生水”并不是一个新名词，早在公元前3000年希腊的克利特岛就将污水回用于农林牧业。之后，经过漫长的发展，人们逐渐发现了供水中病菌的危害，促使污水处理合法化，并发明污泥处置方法等，随着处理技术和法规体系的不断完善，再生水的开发利用逐渐得到重视和推广。

1.3.1 起步阶段

就国外而言，1960 年以前属于再生水开发利用的起步阶段。这一阶段，再生水主要回用于农业灌溉和工业，其处理技术也由最初的直接利用到后来的氯消毒后使用，由单系统供水到双系统供水。总体而言，1960 年之前国外再生水主要用于工业、景观环境、农林牧业，处理技术比较简单。1960 年之前国外再生水利用的标志性事件参见表 1-10。

表 1-10　1960 年之前国外再生水利用的标志性事件

时间（年）	国家或地区	事件
3000 BC	希腊、克利特岛	米诺斯文明：污水回用于农林牧业
97	意大利、罗马	罗马市有了供水委员：萨莱乌斯·弗朗提努
1500	德国	用污水处理厂进行污水处置
1700	英国	用污水处理厂进行污水处置
1800～1850	法、英、美	巴黎（1880）、伦敦（1815）和波士顿（1833）生活污水处置合法化
1875～1900	法、英	证实水中存在微生物污染；指出次氯酸钠消毒可以获得“纯净健康”水
1890	墨西哥墨西哥城	未处理或简单处理的污水运至墨西哥峡谷，用于 9 万 hm^2 的农林牧业
1906	美国新泽西城	供水氯消毒
1906	美国加利福尼亚州	加利福尼亚州健康局在 1906 年 2 月首次公布了污水回用水质的公众健康观
1908	英国	奇克对消毒动力学做了阐述
1913～1914	美、英	马萨诸塞州的劳伦斯试验站发展了活性污泥法
1926	美国	大峡谷国家公园处理后污水第一次采用双水系统
1929	美国	加利福尼亚州波莫纳市发起了一项利用再生水浇灌绿地和公园的工程
1932～1985	美国加利福尼亚州、佛州	处理后废水用于浇灌绿地和金门公园的人工湖供水
1955	日本	东京城市污水局将三河岛污水处理厂的污水供给工业用水

就中国而言，再生水利用工作在中国起步较晚，“六五”建设时期才刚刚起步，主要

在大连、青岛开展试点，其中，大连的试点于1983年通过建设部鉴定，认为是国内首次提出有关再生水利用的有效成果填补了国内空白。中国在“七五”“八五”“九五”的15年期间，再生水利用方面主要开展科技攻关，这期间以科技为先导，以示范工程为样板，摸索经验，总结不足，为再生水利用工作的开展奠定基础。

1.3.2 发展阶段

1960年后国外再生水利用发展迅速，再生水的用途增加了地下水回灌、城市非饮用水等，处理技术也由最初的“老三段”发展到膜处理以及各种工艺的集成等（表1-11）。其中，以美国再生水利用事业发展最为迅速，其发展速度超过起步较早的德、英、法等国家（表1-12）。主要原因是：美国作为文化多元化的移民国家，阻碍污水处理回用的传统观念少。1960年后，再生水利用的高速发展缓解了经济社会发展所带来的供需矛盾，尤其是新加坡、日本等缺水国家；科技的进步促使再生水利用技术逐渐成熟。

表1-11 1960年之后国外再生水利用的标志性事件

时间（年）	地区	事件
1962	突尼斯苏克拉	再生水用于柑橘厂；回灌地下以降低海水对海滨地下水倒灌
1965	以色列	污水处理厂二级出水用于农作物灌溉
1969	澳大利亚沃加沃加	再生水用于运动场、草地和墓地的景观灌溉
1968	纳米比亚温得和克	再生水用于直饮水及实施的研究
1977	以色列特拉维夫	回灌地下水
1984	日本东京	新宿地区将东京城市污水局管理的污水处理厂的再生水用于商业楼冲厕
1988	英国布莱顿	在第14届国际水协大会上专家组对污水再生、循环和回用进行讨论和研究
1989	西班牙赫罗纳	用德布拉瓦海岸污水处理厂的再生水浇灌高尔夫球场
1999	南澳大利亚阿德莱德	用玻利瓦尔污水处理厂（12万m^3/d）的再生水灌溉农田
2002	新加坡	经微滤、反渗透和超声波消毒的深度净化的再生水作为水源补给新加坡的供水

表1-12 1960年之后美国的再生水利用标志性事件

时间（年）	地区	事件
1960	加利福尼亚萨克拉曼多	加利福尼亚在国家水法中鼓励污水回用
1962	加利福尼亚洛杉矶	在惠蒂尔纽约湾海峡以地表渗水方式回灌地下水的工程
1965	加利福尼亚圣地亚哥	再生水用于桑汀游乐湖，对游泳和垂钓开放
1972	华盛顿	通过了恢复和保持水质的美国清洁水法
1975	加利福尼亚方廷瓦利	Orange郡卫生局启动了再生水直接回注至地下水含水层的措施
1977	加利福尼亚波莫纳	洛杉矶卫生局主持的波莫纳病毒研究出版
1977	加利福尼亚欧文	欧文农场供水管区通过双水系统运送再生水发起了景观灌溉工程

续表

时间（年）	地区	事件
1977	佛罗里达圣彼得堡	在佛罗里达圣彼得堡建立了城市污水处理回用系统
1978	加利福尼亚萨克拉曼多	颁布了加利福尼亚污水处理回用标准，为 9 个区域水质控制局所实施
1982	亚利桑那图森	强制污水处理回用于高尔夫球场、学校操场、墓地和公园
1984	加利福尼亚洛杉矶	公布洛杉矶卫生局所做的健康效应
1986	加利福尼亚蒙特雷	蒙特雷区域水污染控制局做的蒙特雷再生水利用于农业的研究公布
1987	加利福尼亚萨克拉曼多	机构间再生水协调委员会公布了关于再生水回灌地下水的报告
1992	华盛顿	美国环保局和国际发展机构公布回用水纲要
1993	科罗拉多丹佛	饮用水回用示范工程——总结报告（中试运行开始于 1984 年）公布
1996	加利福尼亚圣地亚哥	西部公共健康组织发布了圣地亚哥的城市总资源回收健康影响研究
2003	加利福尼亚萨克拉曼多	公布回用水特别工作组、水利部和加利福尼亚州水资源控制局建议
2004	华盛顿	美国环保局和国际发展机构公布了污水处理回用指南

中国在“十五”期间，把“水资源的可持续利用和污水处理回用”明确写入“十五发展纲要”中，并在北京、天津、青岛等城市建立一批示范工程，其中，纪庄子再生水厂是具有里程碑意义的再生水利用示范工程；“十一五”期间，首次制定再生水利用专项规划，并在“节水型社会建设”“十一五”水利发展规划中提出鼓励开发和利用再生水等非常规水源，对再生水利用示范项目给予必要的补助，合理确定再生水水价等。“十二五”期间，国家对于再生水利用更加重视，将再生水纳入到“十二五”规划中。再生水市场已成为“十二五”期间重点发展的水务市场之一。随着“十三五”的到来，再生水利用将得到越来越多的重视，“海绵城市”建设、“以奖代补”建设等方案，以及吸收民间资本参与公共基础设施建设的 PPP 项目的逐步实施，再生水利用将得到进一步的发展。

中国部分城市再生水厂处理工艺汇总见表 1-13。再生水厂建设时间主要集中在 2000 年之后，建设规模基本都在 10 万 m^3 以下。各处理工艺的选择具有明显的时间性、区域性和导向性。

（1）2000～2005 年期间修建的再生水厂，其处理工艺主要以“老三段”工艺（即混凝—沉淀—过滤工艺）为主，2005 年之后修建的再生水厂以膜处理工艺或生物处理工艺为主。

（2）工艺的选择具有地域性，例如，天津市再生水厂选用膜工艺的较多，这与天津市濒临渤海，是河北省和北京市的下游地区，水质中盐含量较高有关，脱盐是天津市再生水厂首先要考虑的问题。北京市再生水厂主要以“老三段”工艺为主，这与北京市处于水系的上游，工业废水少，水质中主要以悬浮物为主有关，采用混凝—沉淀—过滤工艺基本能够满足工业用户和景观环境用水要求。

（3）工艺的选择具有导向性。2005 年之后，北京市再生水处理工艺选择主要以膜处理工艺为主；而一些西北和东北的城市，营口、银川和乌鲁木齐选择了生物处理工艺，这些地方的冬季时间比较长而且温度较低，势必会影响生物处理工艺的效果。

表 1-13 部分城市再生水厂处理工艺

城市	厂名	规模/（万 m^3/d）	运营时间（年）	回用对象	工艺	备注
北京	水源六厂	17	2000	城市非饮用、工业	老三段	机械加速澄清池+砂滤+消毒
	酒仙桥	6	2004	城市非饮用、景观	老三段	机械加速澄清池+砂滤+消毒
	方庄	1	2004	城市非饮用	老三段	微絮凝+过滤+消毒
	华能热电厂	4	2005	工业、城市非饮用	老三段	机械搅拌加速澄清池+消毒
	密云	4.5	2006	农业、景观、工业、城市非饮用	膜	膜生物（MBR）+消毒
	卢沟桥	8	2007	景观、城市非饮用、工业	生物	曝气生物滤池+过滤+消毒
	北小河	6	2008	景观、城市非饮用	膜	膜生物反应器+反渗透+臭氧+消毒
	清河	8	2008	景观	膜	超滤+臭氧+消毒
天津	纪庄子	7	2002	工业、城市非饮用	膜	居住区段 CMF+臭氧+消毒；工业区段 SMF（淹没式超滤）+反渗透+消毒
	开发区	4	2003	景观、城市非饮用	膜	连续微滤膜+反渗透+消毒
	咸阳路	5	2005	城市非饮用、工业、景观	膜	混凝沉淀+SMF+部分反渗透+臭氧+消毒
西安	北石桥	13	2002	景观、农业、工业、城市非饮用	老三段	混凝沉淀+过滤+消毒
	纺织城	5	2006	工业、景观	老三段	微絮凝+过滤+消毒
郑州	五龙口	5	2005	景观、城市非饮用	老三段	混凝平流沉淀+V 型滤池过滤+消毒
乌鲁木齐	七道湾	5	2005	工业	生物	曝气生物滤池+高密度澄清+砂滤
银川	第一中水厂	2.2	2004	景观、城市非饮用	生物	两级生物滤池+微絮凝+过滤+消毒
	第三中水厂	3	2008	工业、城市非饮用	生物	两级上向流 BAF+高效纤维过滤+消毒
营口	华能热电厂	2	2009	工业	生物	BAF+过滤+消毒
	西厂	3	2010	工业	生物	曝气生物滤池+机械加速澄清池+变孔隙滤池+消毒
太原	太化	2.4	2010	城市非饮用	老三段	PAC 絮凝+沉淀池+过滤+消毒
大连	马栏河	2	2005	工业	老三段	机械混凝澄清池+浮床过滤器+消毒

1.4 再生水利用环节

1.4.1 生产环节

再生水生产环节包含再生水厂的进水、处理、出水的全过程3个环节。在进水环节，进水水质易受污水处理厂出水水质的影响，水质稳定性较差；在处理环节，由于再生水厂不是针对单一用户而是针对多用户生产，不同用户对出水水质中的指标要求不同；在出水环节，再生水的各种使用存在一定的水质安全风险，也可能会造成二次污染的问题，从而使出水水质不能满足用户的需求。再生水生产利用过程中的进水、处理、出水环节相互关联，分析进水水质与处理过程、处理过程与出水水质之间的关系，对规范再生水厂的生产和利用过程具有重要意义。

1.4.2 输配环节

再生水输配环节是指从再生水厂出水到用户前端的全过程，其输配水系统包括输、配水管道、泵站和储水设施。系统形式的选择取决于再生水用户、水源、自然地理条件、经济条件等自然或人为因素，通常综合考虑水源、地形（流域）与用户的关系和用户类型与分布的关系。总体要求是满足用户所需的水量、保证配水管网足够的水压、确保不间断供水、防止出现错误连接或者错误使用。再生水输配系统应依据规划单独设网，不能与自来水并网混合输送。为此，在建设再生水厂的同时，要配套建设专用输送再生水的管网。在城镇再生水管网能够覆盖的区域，如工厂、小区或公共建筑等的工业用水或景观环境用水应首先选用集中式供水系统；在城镇再生水管网不能覆盖的区域，可采用独立的分散式再生水供水系统。城镇再生水系统水力计算、管道布置和敷设、供水方式及水泵的选择等应按照有关规定执行，同时考虑再生水本身的特性进行管网的选择计算。

1.4.3 使用环节

再生水的使用环节是指从再生水管网末端到用户端的全过程。再生水使用环节按回用方式可分为间接回用和直接回用两种。一般所讲的回用方式是指直接回用。直接回用是指人们有意识、有计划地将经过适当处理的再生水直接回用于需水部门。目前在景观环境、地下水回灌、工业、农林牧业、城市非饮用水等方面都有采取直接回用。根据《再生水水质标准》（SL 368—2006），可将再生水使用环节分为以下几类：景观、环境用水、地下水回灌用水、工业用水、农林牧业用水、城市非饮用水。

1.5 再生水利用途径

1.5.1 景观环境用水

再生水用于景观环境用水，是根据缺水城市对于水环境的需要而发展起来的一种再生水利用的方式。景观水体包括人工湖泊、景观池塘、人工小溪、河流等。

景观环境用水可分为娱乐性环境用水、观赏性环境用水、湿地环境用水。观赏性景观环境用水指人体非直接接触的景观环境用水，包括不设娱乐设施的景观河道、景观湖泊及其他观赏性景观用水，可全部或部分由再生水补给；娱乐性景观环境用水指人体非全身性接触的景观环境用水，包括设有娱乐设施的景观河道、景观湖泊及其他娱乐性景观用水，可全部或部分由再生水补给；湿地环境用水主要用于恢复自然湿地、营造人工湿地。再生水利用于景观水体，首先要在感官上给人舒适的感觉，水体清澈、透明度高，不出现浑浊、富营养化以及黑臭现象；其次要考虑对人体及生态环境可能造成的影响，不能含有对皮肤有害的物质。

1.5.2 工业用水

在城市的发展过程中，工业相对于其他行业对水的需求量很大。发电、冶金、石油化工等大型企业大量用水，对城市整体供水有很大的影响。再生水利用于工业用水的主要对象是对水质要求较低的工业冷却用水和工艺低质用水。再生水利用于工业的水质标准分为两大类：一类是冷却用水和洗涤用水，水质达标后可以直接使用；另一类是锅炉补给水、工艺与产品用水。在现有的再生水处理工艺条件下，再生水用于冷却用水和洗涤用水已有大量的应用实践。

工业用水根据不同的工业生产工艺，主要包括冷却用水（包括直流式、循环式）、洗涤用水（包括冲渣、冲灰、消除烟尘、清洗等）、锅炉用水（包括低压、中压锅炉补给水）、工艺用水（包括溶料、蒸煮、漂洗、水力开采、水利输送、增湿、稀释、搅拌、选矿、油田回注等）、产品用水（包括浆料、化工制剂、涂料等）等。

按照用水方式，工业用水可分为直接用水和间接用水，原料和产品处理用水一般属于直接用水，锅炉用水和冷却水一般属于间接用水。直接用水和产品直接接触，对产品质量有很大的影响，水质要求较高；间接用水对产品质量一般无影响，水质要求主要考虑防腐和防垢的问题。

再生水利用于工业用水的理想对象是用水量较大且对水质要求不高的部门，如工艺间接冷却用水，工艺中用于洗涤、冲灰、除尘等的用水，再生水完全可以满足其要求。在工业用水中，循环冷却水可占到总用水量的60%～80%。因此，将再生水用于工业循环，冷却水可以为企业提供更加廉价、可靠且安全的水源，降低工业企业的用水成本。

1.5.3 农林牧业用水

农业是中国的用水大户，再生水用于农林牧业对于缓解中国农业用水紧张、保障农业生态健康和农产品质量安全、促进中国农业生产的可持续发展具有极其重要的意义。再生水中含有的氮磷等营养元素可为植物提供肥料，减少化肥的使用以及化肥污染；土壤中的微生物及土壤的特殊理化机构可以吸附降解部分污染物，减少污染物排放到水体中的量。再生水用于农业灌溉的用水中，90%用于种植业灌溉，其余用于林业、牧业、渔业以及农村牲畜饮水等。

中国农业采用再生水灌溉的农田主要集中在北方水资源严重缺乏的海、辽、黄、淮四大流域，约占全国再生水灌溉面积的 85%，再生水灌溉主要分布在中国北方大中城市的近郊区，如北京再生水灌溉区、天津武宝宁再生水灌溉区、辽宁抚顺再生水灌溉区、山西太原再生水灌溉区、新疆石河子再生水灌溉区等。

1.5.4　城市非饮用水

随着城市发展和人民生活水平不断提高，家庭卫生设备不断升级，绿化面积不断增加，使城市绿化用水、冲厕用水、道路清扫用水、车辆清洗用水、建筑施工用水、消防用水等城市非饮用水水量增加，加剧了城市水资源供需矛盾。城市非饮用水水量相对较大、水质要求较低，再生水利用于城市非饮用水可以替代大量的优质水，符合城市用水“优质优用，低质低用”的原则，对于开发第二水源缓解缺水城市水资源供需矛盾，促进城市可持续发展具有重要意义。

城市非饮用水需求量可占到城市生活总用水量的 10%以上，其主要应用方向有：①市政用水，即道路清扫、消防、城市绿化、消防等用水；②杂用水，即车辆冲洗、建筑施工，以及公共建筑和居民住宅的冲洗厕所用水等。

1.5.5　地下水回灌用水

地下水回灌是将多余的地表水、暴雨径流水或再生水通过地表渗滤或回灌井注水，或者通过人工系统人为改变天然渗透条件，将水从地面输送到地下含水层中，与地下水一起作为新的水源开发利用。

选择合适的地下水回灌地点和方法，依赖于当地的水文地质、地形、水文和土地利用情况等条件，对于确定地下水回灌的项目合理性和技术可行性是非常重要的。再生水地下水回灌方式有：含水层储存和回采，含水层储存、运移和回采，过滤池和补给堰，雨水集蓄，岸滤、沙丘过滤，渗水廊道等方式。

第 2 章　再生水利用技术

城市污水处理厂常规二级生化处理工艺主要去除城市污水中的悬浮固体物、可生物降解有机物、部分氮磷营养物等，一般城市污水处理厂二级出水中还残留有悬浮物及胶体物质、溶解性有机物、溶解性无机物、微生物等。再生水主要处理技术是在城市污水二级生物处理基础上，增加三级或深度处理流程，包括多种类型的过滤技术和现代消毒技术。具体的单元处理技术的主要功能及特点见表 2-1。

表 2-1　不同再生水单元处理技术的主要功能及特点

单元技术			主要功能及特点
混凝沉淀			去除 SS、胶体颗粒、有机物、色度和 TP，保障后续过滤单元处理效果
过滤	介质	砂滤	过滤去除 SS、TP，稳定、可靠，占地和水头损失较大
		滤布滤池	进一步过滤去除 SS、TP，占地和水头损失较小
	生物	生物过滤	进一步去除氨氮或总氮以及部分有机污染物
	膜过滤	膜生物反应器	传统生物处理工艺与膜分离相结合以提高出水水质，占地小，成本较高
		微滤/超滤膜	高效去除 SS 和胶体物质，占地小，成本较高
		反渗透	高效去除溶解性无机盐和有机物，水质好，但对进水水质要求高，能耗较高
氧化		臭氧氧化	作氧化剂，氧化去除色度、嗅味和部分有毒、有害有机物
		臭氧-过氧化氢	比臭氧具有更强的氧化能力，氧化去除色度、嗅味及有毒有害有机物
		紫外-过氧化氢	比臭氧具有更强的氧化能力，比臭氧-过氧化氢反应时间长，氧化去除色度、嗅味及有毒有害有机物进行
消毒		氯消毒	有效灭活细菌、病毒，具有持续杀菌作用。技术成熟，成本低，剂量控制灵活可变。易产生卤代消毒副产物
		二氧化氯	现场制备，有效灭活细菌、病毒，具有一定的持续杀菌作用。产生亚氯酸盐等消毒副产物
		紫外线	现场制备，有效灭活细菌、病毒和原虫。消毒效果受浊度的影响较大，无持续消毒效果
		臭氧	现场制备，作为消毒剂，臭氧可有效灭活细菌、病毒和原虫，同时兼有去除色度、嗅味和部分有毒有害有机物的作用。无持续消毒效果

从表 2-1 中可以看出，再生水单元处理技术主要有混凝沉淀、过滤、氧化、消毒，其中，混凝沉淀过滤技术主要去除 SS、TP、氨氮、TN、溶解性无机盐、有机物等物质；氧化技术主要去除色度、嗅味、有毒有害有机物；消毒技术主要去除活细菌、病毒和原虫。总之，各类单元技术具有各自特点，根据水中污染物的种类选择单元处理技术。

通过对全国各省（自治区、直辖市）的调研及相关文献的总结分析，将国内较为广泛的再生水处理技术分为三类：预处理技术、主体处理技术及深度处理技术。其中，预处理技术主要包括混凝技术、沉淀技术和微絮凝技术等；主体处理技术主要包括过滤技术、生物技术、膜技术及膜生物技术等；深度处理技术主要包括吸附技术、除盐技术、高级氧化技术等。再生水处理过程中会根据相应的进水水质及出水要求选取其中的一种或多种组合技术。

2.1 预处理技术

预处理技术主要是经过沉降处理去除可沉积的有机和无机固体颗粒、漂浮物等，也可以去除部分有机氮、有机磷和重金属，通常对胶体和溶解性物质的去除效果比较差。预处理技术主要包括混凝技术、沉淀技术和微絮凝技术等。

沉淀技术是利用重力作用去除混凝过程中产生的絮凝颗粒，有效去除污水中的色度、浊度以及磷。根据悬浮物的性质、浓度及絮凝性能，沉淀可分为四种类型：自由沉淀、絮凝沉淀、区域沉淀与压缩沉淀。沉淀技术主要有斜管沉淀技术；混凝沉淀组合技术主要有高密度澄清技术、机械加速澄清技术等。

2.1.1 混凝技术

混凝技术是通过向水中投加某种化学药剂。使水中的细分散颗粒和胶体物质脱稳凝聚，并进一步形成絮凝体的过程，其中包括凝聚和絮凝两个过程，常用的混凝技术主要有隔板混凝、折板混凝、机械混凝、微絮凝技术等。

1. 技术简介

由于胶体微粒及细微悬浮颗粒具有稳定性，所以微小粒径的悬浮物和胶体，能在水中长期保持分散悬浮状态（侯立安，2003），即使静置数十小时以上，也不会自然沉降。对于这类原水，必须首先投加化学药剂来破坏胶体和悬浮微粒在水中形成的稳定分散体系，使其聚集为具有明显沉降性能的絮凝体，然后才能用重力沉降法予以分离。这一过程包括凝聚和絮凝两个步骤，统称为混凝。通过混凝产生的较大絮体为后续的利用沉淀或者澄清、气浮、过滤等方式去除污染物提供了良好的条件。

为使胶体分散系脱稳和凝聚而投加的各种药剂称为混凝剂，在混凝处理中选择合适的混凝剂至关重要。合理选用混凝剂，不仅能提高出水水质，还能达到降低运行费用的目的。按在混凝过程中所起的作用又可进一步分为凝聚剂、絮凝剂和助凝剂。

混凝剂按化学成分可分为无机和有机两大类：有机混凝剂主要是高分子物质，品种较多，但由于价格较高，故在水处理中一般用作助凝剂；无机混凝剂的品种较少，目前主要是铁盐和铝盐及其水解聚合物，在水处理中的应用很多，特别是随着不同类型的无机高分子混凝剂的大量出现，它的应用将更加广泛。

无机高分子混凝剂是在 20 世纪 60 年代后期，在原来无机单分子混凝剂的基础上逐渐发展起来的（汤鸿霄，1990）。它是将两种或两种以上的同类或不同类的无机单分子混凝剂成分通过一定方式或在一定反应条件下优化组合而形成的新的具有多种混凝功效的无机高分子混凝剂，如聚合氯化铝、聚合硫酸铁等，或在聚合氯化铝的基础上复合硅、铁、钙、镁等。由于无机高分子混凝剂比过去的无机单分子混凝剂在絮体强度和沉降性能方面均优，且与单分子混凝剂相比，混凝效果要高得多，价格却不高，因而有逐步成为主流药剂的趋势。经过多年发展，中国在无机混凝剂开发和应用方面已初具规模，并形成了自己的系列产品。常见的混凝剂种类及其优缺点见表 2-2。

表 2-2　常用混凝剂的优缺点

混凝剂			优点	缺点
无机盐类	铝盐	硫酸铝	价格较低，使用方便	质量不稳定，含不溶杂质较多
		明矾	混凝效果较好，使用方便，对处理后水质无不良影响	水温低时，水解困难，形成的絮凝体较松散
	铁盐	三氯化铁	极易溶解，形成的絮凝体较紧密，易沉淀	腐蚀性强，易吸水潮解，不易保管
		硫酸亚铁	半透明绿色结晶体，易离解 Fe^{2+}	不具有三价铁盐的良好混凝作用，使用时应将二价铁氧化成三价铁
		硫酸铁	易溶解，易形成絮凝体，易沉淀	易吸水潮解，腐蚀性强
高分子混凝剂	聚合氯化铝		对各种水质适应性较强，适用的 pH 范围较广，对低温水效果也较好	价格较贵
	聚合氯化铁		适应性较强，适用的 pH 范围较广，对低温水效果也较好	价格较贵

资料来源：仇付国和王晓昌，2005

影响混凝效果的因素有很多，主要包括污水本身性质、所选混凝剂的类型、混凝剂投加量和投加顺序、水力条件等。污水本身的性质，如水温、水的 pH、水的碱度、污水水质，对水的混凝效果有很大的影响。

1）水温

水温对混凝效果有着明显的影响。实际运行表明：在使用硫酸铝混凝剂时，混凝速度随温度降低而降低。一般而言，水温每降低 10℃，混凝速度要降低 1～2 倍，而且尽管增加投药量，形成的絮凝体结构仍松散、颗粒细小、沉降效果不佳（王树辉，2010）。

水温对混凝效果的影响主要由于以下几个原因：①水温低时，混凝剂的水解受到影响，混凝剂在低水温的情况下水解缓慢，且不易生成高聚合度的分子；②水的黏度随水温的降低而增加，从而使水流的剪切作用加大，形成的絮粒容易破碎，同时由于水温降低，颗粒布朗运动减弱，使碰撞的概率也随之减少（冯博文和郑一生，2000）；③水温的降低还会导致水的离子积常数减小，pH 升高，使混凝剂的最佳 pH 也相应升高，增加了混凝的难度（王树辉，2010；蒙字萍和周涛，2000）；④当水温低时，杂质颗粒的水化作用增强，且水化膜内的结合水的黏度和密度增大，导致杂质颗粒与杂质颗粒之间、杂质颗粒与混凝剂之间的黏附强度减弱。

要提高低温水的混凝效果，可以通过调整 pH、加助凝剂或提高混凝剂投加量的方法实现（王淑贞等，2000），但效果并不理想，且增加运行成本和操作上的麻烦。

2）pH

pH 是影响混凝效果的一个重要因素。对不同的混凝剂，pH 对混凝效果的影响程度也不一样。因为每种混凝剂都有一个相对的最佳的pH存在，使混凝反应速度最佳，混凝效果最好。一般来说，pH对金属盐混凝剂的影响较大，对高分子混凝剂的影响较小些，许多研究一致认为，pH=5～6为混凝剂对有机物的最佳去除范围，pH较低或较高，有机物去除效果较差。这是因为有机金属盐沉降需要较多的金属离子，而pH降低有利于使混凝剂水解成较高价位的金属离子，但pH低于5.0时，氢离子与金属离子和有机配体结合形成竞争，从而导致有机物去除效果不佳，实际应用中，一般通过烧杯实验得到最佳pH，往往需要加酸或碱来调节pH（邹伟国和李春森，2000）。

3）污水水质

水中的黏土杂质，粒径细小而均匀者，混凝效果较差，粒径参差者对混凝有利。从混凝动力学可知，水中悬浮物质浓度较低时，颗粒碰撞概率大大减小，混凝效果差，可通过回流沉淀物和投加助凝剂来提高混凝效果。如果原水悬浮物含量过高，为使悬浮物达到吸附、电中和、脱稳作用，所需混凝剂量将相应地大大增加，为较少混凝剂用量，通常投加高分子助凝剂。此外，有机物的去除效果与有机物的性质、种类有关，通常对于高分子量的有机物有较好的去除效果；水中有机物大部分不是腐殖物质时，去除效果较差。一般而言，混凝对水中浊度的去除效果要高于对有机物的去除。

4）混凝剂种类

所有混凝剂在去除浊度的同时，对有机物都有一定程度的去除，然而两种具有相同去浊度能力的混凝剂，对去除有机物的效果可能相差较大。如在去除低分子有机物时，金属混凝剂比阴离子高分子混凝剂有更好的去除效果。铝盐及铁盐是较为常用的混凝剂，一般认为两者在去除有机物方面相差不明显。混凝剂种类的选用一定要根据再生水水质的不同而改变。

5）混凝剂的投加量

混凝剂的投加量不仅与水质有关，而且还与混凝剂的品种、投加方式及介质条件有关。一般来说，混凝剂的投加量与被处理水的胶体浓度不存在严格的比例关系。对任何污水的混凝效果，都存在着最佳混凝剂和最佳投药量的问题。最佳投药量是对于某种污水，在取得同样效果的情况下的最小投药量，需经实验确定。

6）混凝剂的投加顺序

对任何一种需处理再生水，当使用多种混凝剂时，一定要通过实验确定其最佳投加顺序。一般情况下，当将无机混凝剂与有机混凝剂并用时，应先投加无机混凝剂，再投加有机混凝剂。

7）水力条件

混凝过程中，水力条件对混凝效果也具有重要影响。整个混凝过程可以分为两个阶段：混合阶段和反应阶段。在混合阶段，要求药剂迅速而均匀地扩散到水中，为此被处理水应在短时间内处于激烈紊动，一般为20～30s，最多不超过2min；到了反应阶段，要求水的紊动程度逐渐减弱，停留时间延长到15～30min，以创造足够的碰撞机会和良好的吸附条件，使微小的絮体继续成长。混合阶段和反应阶段均需搅拌，搅拌时间和搅拌强度是两个主要的控制指标。

2. 技术特点

目前，混凝技术在水处理界得到广泛的应用。通过混凝技术可以降低污水的浊度和色度，去除多种高分子物质、有机物、某些重金属毒物和放射性物质等，也可去除导致水体富营养化的氮和磷等可溶性有机物；此外，在污泥脱水前的浓缩过程中，通过投加混凝剂还能够改善污泥的脱水性能。所以，混凝技术在水处理中使用非常广泛，既可以作为独立的处理法，也可以和其他处理法，如生物处理等，进行组合。混凝技术可作为污水的预处理、中间处理或终端处理。在污水回用处理中，经常采用混凝技术，然后再用过滤技术获得相应水质。常用混凝技术优缺点比较分析见表2-3。

表2-3　常用混凝技术优缺点比较分析

常用技术	分类	优点	缺点
隔板反应	往复式、回转式	结构简单、管理方便	絮凝效果受流量影响大
折板混凝	竖流式	池体小、絮凝效果好、时间短	维修困难、建设成本高
机械混凝	水平轴、垂直轴	效果稳定、适用性广	机械维护工作量大

混凝技术与其他技术相比较，其优点是设备简单，易于上马，操作维护易于掌握，便于间歇操作，处理效果良好。它的缺点是运行费用较高，产污泥量较大。

污水处理回用过程中常用的混凝单元技术有隔板絮凝、折板絮凝、机械絮凝等。

为了将絮凝剂与污水均匀混合，合理地选取混合设备和混合方式非常重要。混合方式分为两大类：水力混合与机械混合。经常采用管道静态混合器或者机械混合。

管道静态混合器属于水力混合，可以使药剂迅速、均匀地扩散于水中，达到瞬间快速混合的目的，混合率可达90%～95%，管道混合器管中的流速一般为1.0～1.5m/s，水头损失为0.3～0.4m。

机械混合是通过电机驱动搅拌装置使药剂与污水混合的一种方式，搅拌装置可以采用桨板式、螺旋桨式、推进式等多种形式。混合时间和搅拌强度是决定混合效果的关键，混合时间一般为10～60s，搅拌强度速度梯度G一般控制在600～1000s。

混凝设施有管式混合、机械搅拌混合、水泵混合（朱云和肖锦，2001）。

絮凝设施有隔板絮凝池、折板絮凝池、机械絮凝池、栅条絮凝池、穿孔旋流絮凝池、波形板絮凝池等。

混凝剂投加方式包括泵前投加、水射器投加和计量泵投加。

表2-4为不同形式絮凝池的比较。

城市污水处理回用中混凝技术优点是设备简单，操作维护方便，适于间歇操作，处理效果良好。缺点是运行费用较高，污泥产量较大。

表 2-4　不同形式絮凝池的比较

絮凝形式	搅拌作用来源	絮凝时间/min	搅拌强度控制因素	特点
隔板式絮凝池	水流动产生的阻力及拐弯处的搅拌作用	20～30	廊道内流速及拐弯数目	1. 构造简单，施工管理方便； 2. 容积较大，水头损失较大（0.2～0.5m）； 3. 适用于规模大于 30000m^3/d，水量变动小的再生水厂
折板式絮凝池	水流在折板之间曲折流动或者缩放流动以及由此形成的漩涡	12～20	折板安装方式、折板间距及折板角度	1. 絮凝时间短、池体容积小，絮凝效果好； 2. 安装维修比隔板式困难，造价较高； 3. 适用于流量变化不大的再生水厂
网格（栅条）式絮凝池	水流经网格或者珊条时发生流速变化及由此产生的漩涡流	12～20	竖井流速、网格（栅条）布设层数、过网（栅）流速、竖井之间孔洞流速	1. 絮凝时间短，水头损失小，絮凝效果好； 2. 安装维修比隔板式困难，造价较高； 3. 适用于流量变化不大的再生水厂
机械絮凝池	水流动能来源于搅拌机的功率输入	15～20	搅拌机的转速、桨板面积	1. 絮凝池体积结构简单，絮凝效果好，水头损失小； 2. 可根据水量、水质变化调节搅拌机转速，达到最佳絮凝效果； 3. 对水量变化适应性较强； 4. 机械设备需要保养和维修

2.1.2　沉淀技术

1. 技术简介

在再生水处理中，沉淀是利用重力作用去除混凝过程中产生的絮凝颗粒，有效去除污水中的色度、浊度以及磷。根据悬浮物的性质、浓度及絮凝性能，沉淀可分为四种类型：自由沉淀、絮凝沉淀、区域沉淀与压缩沉淀。污水处理厂二级出水经过混凝作用形成较大的絮凝颗粒，刚开始颗粒之间互不碰撞，呈现自由沉淀状态，沉淀过程仍可能进行絮凝，絮体颗粒质量与沉速随着沉淀过程发生变化，颗粒之间相互碰撞进行絮凝沉淀，絮体颗粒逐渐增大，沉速加快，颗粒之间相互干扰、妨碍，沉速大的颗粒也无法超越沉速小的颗粒，各自保持相对位置不变，呈现区域沉淀，与上清液之间形成清晰的液固界面，区域沉淀的继续，即形成压缩，上层颗粒在重力作用下挤出下层颗粒的间隙水，使污泥得到浓缩。四种沉淀技术的具体特点如表 2-5 所示。

表 2-5　四种沉淀技术

沉淀类型	沉淀原理	颗粒变化特点	发生部位
自由沉降	颗粒之间呈离散状态，互不聚合，单独进行沉降	形状、尺寸、质量等均不改变	沉砂池及初次沉淀池的初期沉降
絮凝沉降	沉降过程中各颗粒之间互相黏结而凝聚成为较大的絮凝体	其尺寸、质量随深度而逐渐变大	混凝沉淀池、初次沉淀池的后期、二次沉淀池中的初期沉降
拥挤沉降（成层沉降）	颗粒在水中浓度较大时，大量颗粒形成一个整体，共同下沉	颗粒间的相互位置不变，清水与泥水间界面清晰	高浊度水的沉淀、二沉池后期的沉降
压缩沉降（污泥沉降）	上层颗粒靠重力作用挤压下层颗粒，挤出水分	颗粒群体被压缩；进程非常缓慢	沉淀池底部的污泥斗中，或污泥浓缩池内

资料来源：肖锦，2002

2. 技术特点

沉淀池按池内水流方向的不同分为平流式沉淀池、辐流式沉淀池和竖流式沉淀池。“浅池理论”在实际中的应用就是斜管与斜板沉淀池。另外，一些专利技术，如高密度沉淀池，在再生水处理中的应用也日趋增多。表 2-6 为几种沉淀池的比较。

表 2-6　几种沉淀池的比较

沉淀池形式	特点	主要设计参数	适用条件
平流沉淀池	1. 构造简单，施工方便，造价较低； 2. 排泥设备已趋定型； 3. 配水不易均匀； 4. 占地面积大	1. 水平流速 10～25mm/s 2. 沉淀时间 2.0～4.0h	一般用于大、中型给水厂、污水处理厂，目前在再生水处理中应用较少
辐流式沉淀池	1. 构造简单，施工方便，造价比平流式沉淀池高，但比同规模的斜管沉淀池低； 2. 沉淀效果比较好； 3. 多为机械排泥，运行可靠； 4. 排泥设备已经定型化	1. 表面水力负荷 1.0～2.0m^3/（m^2·h） 2. 沉淀时间 1.5～4.0h	在污水处理厂中广泛应用，但在给水厂、再生水厂中应用较少
斜管（板）沉淀池	1. 沉淀效率高； 2. 池体小、占地少； 3. 停留时间比平流沉淀池短； 4. 可能滋长藻类	1. 颗粒沉降速度为 0.3～0.6mm/s； 2. 斜板(管)倾角为 50°～60°，常用 60°	可用于各种规模的给水厂、再生水厂，目前在再生水处理中应用较多
高密度沉淀池	1. 采用池外泥渣回流，应用高分子絮凝剂，使形成的絮凝体均匀和密集，具有较高的沉降速度； 2. 沉淀池下部设置较大的浓缩区，排放污泥的含固率可达 3%～14%	斜管区上升流速为 5.6～8.3mm/s	可用于各种规模的给水厂、再生水厂，目前在再生水处理中应用较多
ACTIFLO 沉淀池	1. 利用细沙作为混凝的核心物质，形成的絮粒沉降较快； 2. 对水量和水质变化的适应性较好	1. 细砂粒径为 0.4～0.5mm； 2. 采用细砂回流后，絮凝时间可以缩短到 8min； 3. 斜管区上升速度为 11～17mm/s	可用于各种规模的给水厂、再生水厂

通常为了达到较好的处理效果，与沉淀技术相联合应用的还有澄清和气浮技术。

澄清池是一种将絮凝反应过程与澄清分离过程综合于一体的构筑物。由于二级出水混凝形成的矾花较轻，不易沉淀，所以在澄清池内通过回流泥渣的相互接触、吸附、截留被认为是一种去除二级出水中颗粒物的有效措施。澄清池按照泥渣的情况可分为泥渣循环（回流）和泥渣悬浮（泥渣过滤）等形式。机械搅拌澄清池是利用机械搅拌的作用完成泥渣的回流和接触反应，属于泥渣循环型澄清池。常见的混凝沉淀组合技术的比较见表 2-7。

表 2-7　常用混凝沉淀组合技术优缺点比较分析

常用技术	工艺	优点	缺点
高密度澄清	斜管沉淀与污泥循环相结合	占地面积小，土建投资低，实用性广，效率高	处理时间较长
机械加速澄清	将混凝过程与澄清过程分离	有机物去除效果好 对进水水量、水质要求低	药量大，耗能大， 腐蚀严重，维修困难

2.1.3　微絮凝技术

1. 技术简介

微絮凝技术较适用于城市污水处理厂二级出水悬浮物较低的情况（甘庆午和任丽艳，2012）。该技术特点是二级处理出水与混凝剂在絮凝反应池内快速混合后直接进入砂滤池，省略了搅拌池和沉淀池，使絮凝反应部分在反应池内进行，部分移至滤池中进行，然后经砂滤去除浊度、色度和磷等。

2. 技术特点

传统铝盐、铁盐仍是微絮凝技术主要采用的絮凝剂。其中，聚合氯化铁仍是较常使用的絮凝剂，同时采用阳离子和非离子型有机高分子絮凝剂作为助凝剂。

该技术可与消毒处理单元组成回用水处理流程，其出水水质好，应用范围广。对于有特殊要求的回用水，该技术由于涉及简单、节约占地、投资和运行费用少等特点可与其他单元技术集成作为预处理单元。

2.2　主体处理技术

主体处理技术通常是在预处理技术的基础上对预处理技术的一个加强，以进一步提高出水效果，主要包括过滤技术、生物技术、膜技术和膜生物技术等。常用的过滤技术有砂滤技术、纤维球过滤技术、纤维转盘过滤技术；生物技术有曝气生物滤池（BAF）处理技术、生物活性炭技术；膜技术包括微滤技术、超滤技术、纳滤技术、反渗透技术；膜生物技术通常是指膜生物反应器（MBR）处理技术。

2.2.1　过滤技术

过滤是借助粒状材料或者多孔介质使悬浮液中的液体透过，拦截颗粒物或其他杂质，从而使固液分离。它可以作为三级处理流程中的一个单元，也可以作为回用之前的最后把关步骤，一般认为，过滤是保证处理水质的一个关键过程。经过二级处理的出水通过颗粒滤料（石英砂、无烟煤、活性炭等）或纤维滤料等材料将水中的悬浮杂质截留到滤层上，使水澄清。

过滤的主要作用有：去除经过生物处理、混凝沉淀后仍不能去除的悬浮颗粒和微絮凝体；提高对悬浮物固体、浊度、磷、BOD、COD、重金属、细菌、病毒以及其他物质的去除率；通过去除悬浮物和其他干扰物质，提高消毒效率，改善消毒效果，减少消毒费用；作为预处理设施，降低后续处理单元，如活性炭吸附单元、膜过滤单元的负荷，提高活性炭的工作周期、延长膜的寿命。

用于污水再生利用的过滤器可分为深层过滤、表面过滤和膜过滤三大类，其中，深层过滤包括砂滤、多孔介质过滤、纤维束过滤和纤维球过滤，表面过滤包括筛滤和纤维转盘过滤，膜过滤包括微滤、超滤、纳滤和反渗透（刘转年等，2002）。颗粒滤料滤层过滤器过滤的主要机理有：隔滤、沉淀、碰撞、截留、黏附、絮凝、化学吸附、物理吸附以及生物生长。

滤池按照滤速分为慢滤池、快滤池和高速滤池；按照水流方向分为上向流、下向流和双向流等；按照滤料分为单层滤料、双层滤料和三层滤料等。目前污水再生利用中使用的过滤形式包括均质滤料滤池、双层滤料滤池、纤维束滤池、纤维转盘滤池、D型滤池、连续滤池等。过滤工艺的具体分类见图2-1。

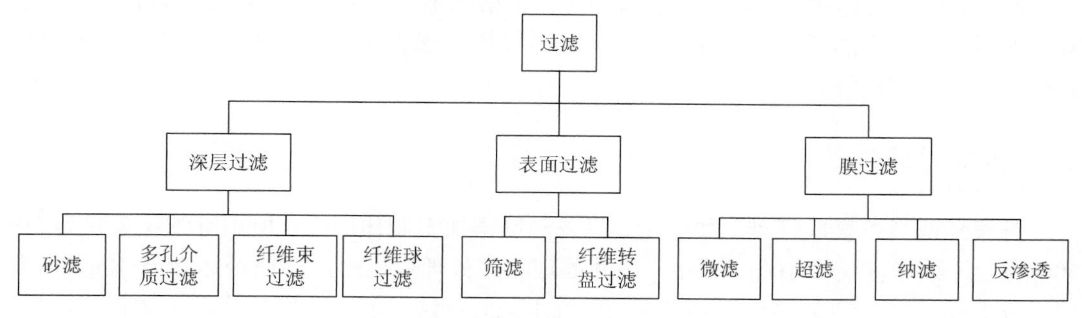

图2-1 过滤工艺分类图

一般过滤技术可分为深层过滤、膜过滤和表面过滤三大类，从目前国内再生水现状来看，比较常用的过滤技术包括砂滤、纤维过滤、纤维转盘过滤（滤布滤池）等。

1. 砂滤技术

砂滤技术的滤池有多种型式，以石英砂作为滤料的普通快滤池使用历史最久。在此基础上，从不同的工艺角度发展了其他型式快滤池，为充分发挥滤料层截留杂质能力，出现了滤料粒径沿水流方向减小的过滤层及均质滤料层，如双层、多层及均质滤料滤池、上向流和双向流滤池等。从冲洗方式上，还出现了有别于单纯水冲洗的气水反冲洗滤池。各种形式滤池的过滤原理基本一样，基本工作过程也相同，即过滤和冲洗交替进行。

山东某再生水厂A建成于2001年，其回用规模为2万m^3/d。污水处理厂二级出水经过该工艺的再生处理其水质达到回用要求，主要用于工业和河道景观方面。

回用工艺：采用的是砂滤+消毒工艺，具体工艺流程如下图所示。

运行效果：砂滤+消毒工艺水质适用面广、处理费用低，是一种简单实用的常规污水深度处理技术。砂滤能够去除水中微细颗粒物，消毒后回用，适用于水质要求不高的一些回用途径。对于小规模且对出水水质要求不高污水再生回用工程，运用该工艺既可以达到污水回用的目的，又可以省去大笔相关费用。

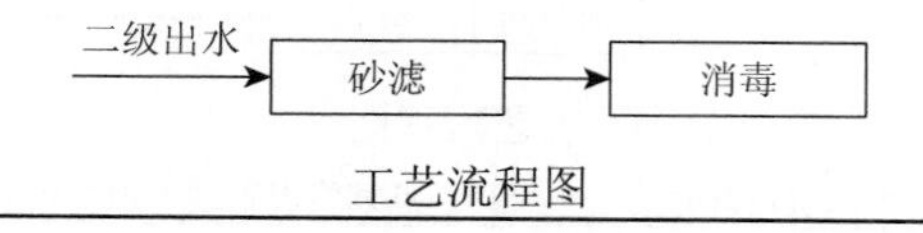

工艺流程图

再生水处理中所用的滤料必须符合以下要求。

（1）具有足够的机械强度，以防反冲洗时滤料很快被磨损和破碎，一般磨损率应小于4%，破碎率应小于1%，磨损率和破碎率之和应小于5%。

（2）具有足够的化学稳定性，以免滤料与水产生化学反应而恶化水质，尤其不能含有对人体健康和生产有害的物质。

（3）具有一定的颗粒级配和适当的空隙率，而且应尽量采用吸附能力强、截污能力强、产水量高、出水水质好的滤料。

此外，滤料应尽量就地取材，货源充足，价格低廉。石英砂是使用最广泛的滤料，在双层滤料中，常用的还有无烟煤、石榴石、钛铁矿、磁铁矿、金刚砂等；在轻质滤料中，有聚苯乙烯及陶粒等。

2. 纤维球过滤技术

纤维球滤料以合成纤维，如涤纶、尼龙等纤维加工制作而成，所用纤维丝直径为5～100μm，纤维球直径为10～80mm。用其处理二级处理后出水，滤速可达20～30m/h（常用10m/h），截污容量达4～5kg/m^3。采用气水同时冲洗，能充分发挥滤层过滤作用。

1982年日本尤尼奇卡公司首创纤维球滤料（用聚酯纤维作成球或扁平椭圆体），纤维球具有水头损失小、滤速高、截污量大等优点（吕淑清等，2006），引起了人们的重视。清华大学环境工程研究所1983年创造了有自己特色的纤维球（球系中心结扎而成，有弹性，密实度由中心向周边递减），滤料层空隙率达90%以上，过滤时滤料层可被压缩。纤维球滤料过滤已成功地用于天津纪庄子污水处理厂的污水深度处理工程中。

山东某再生水厂B：1999年该厂再生水测试成功，再生处理工程的进水水源为该厂二级处理后的出水，再生处理规模为1万m^3/d。该厂再生水主要用于工业冷却、电厂冲灰、市区景观和生活杂用等。

回用工艺：采用混凝+纤维球过滤+消毒的回用工艺，具体工艺流程如下图所示。

运行效果：当进水水质较差时，采用絮凝、沉淀、过滤工艺，此时投放絮凝剂PAC和助凝剂PAM，然后用纤维球为滤料进行微絮凝过滤，最后经二氧化氯消毒脱色；当水质较好时采用过滤工艺，只投加絮凝剂PAC。纤维球具有巨大的比表面积、过滤阻力小、过滤效率高、截污能力强等优点，并且适用于各种水质的深度处理和精细处理，加上之前的混凝工艺，进一步除去了水中的胶体、重金属和部分有机物，出水水质较好。

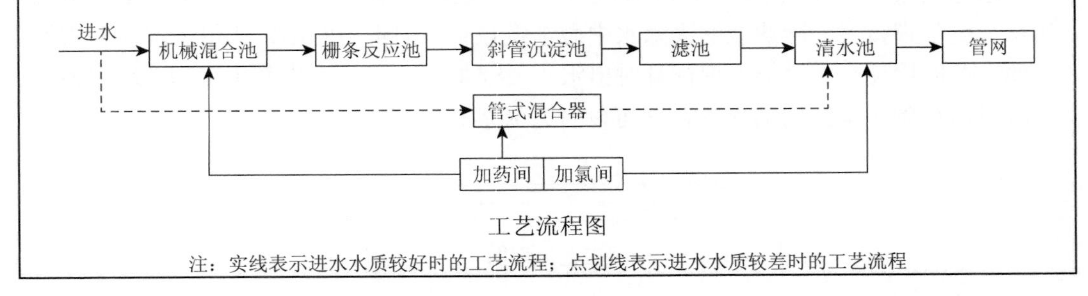

工艺流程图

注：实线表示进水水质较好时的工艺流程；点划线表示进水水质较差时的工艺流程

纤维球具有以下特性。

（1）纤维球的密度是指在圆形球体中纤维丝占的体积，它与球径、球重有关。纤维球的密实度影响着过滤效果、滤料冲洗效果。密实度越大，球越重，在过滤时滤料层可压缩性较小，水头损失较小，但滤速大时，悬浮物易穿透；密实度小，球轻，制作时工作量大。

（2）纤维丝径粗细与出水水质有关，丝径细可去除各种颗粒，出水水质好，但水头损失较大。

（3）纤维球的再生需用气、水反冲，气反冲起主要作用，气量控制在 40～50L/（m^2·s），水量在 10L/（m^2·s）时，可冲洗干净，球密实度大不易洗净，要求气量较大。

（4）纤维球积泥会影响工作周期，积泥量占球自重 10%左右（污水未加药），在一定的气、水反冲下，积泥处于动平衡状态，积泥量趋于稳定，不再增加。

（5）用涤纶纤维短丝（无毒、耐酸碱、耐磨）扎成的纤维球滤料与传统刚性颗粒滤料（砂、煤、陶粒等）不同，是可压缩的软性滤料，空隙率大，在过滤过程中由于水流阻力而产生压缩，滤层空隙率沿水流方向逐渐变小，比较符合理想的滤料上大下小的空隙分布。

（6）与砂子、无烟煤、陶粒等滤料相比，纤维球滤料具有滤速高、截泥量大、工作周期长等优点。

（7）纤维球滤料在再生水处理中（污水直接过滤、一级处理后过滤与二级处理后过滤）将能发挥其特点。在同样过滤水量时，采用纤维球滤料可以提高滤速，从而节省过滤设备的容量，节省投资。但是，在污水中含有油类物质时，可能会造成纤维球滤料不可逆再生，因此，需要引起必要的重视。

3. 纤维转盘过滤技术

纤维转盘滤池是滤布滤池类技术中典型工艺之一，又称滤布滤池或微滤布过滤机。纤维转盘滤池是一种新发展的表面过滤系统，它与砂滤同属于颗粒过滤范围，过滤等级为 10μm，主要用于地表水的进一步净化、废水的深度处理和污水的回用，可去除悬浮物，并可结合投加药剂除磷、脱色、去除重金属等。系统具有过滤和沉淀双重功能。

纤维转盘滤池为设置在池体内的中空六方轴、滤盘以及设置在滤盘两侧的滤布反抽吸机构。一套设备的过滤转盘数量一般为 1～12 片（曲颂华等，2009）。一般根据滤池的设计流量可确定过滤转盘数和设备套数。每片过滤转盘分成 6 小块。过滤转盘由防腐材料组成，每片过滤转盘外包有高强度滤布，滤布的密实度及厚度根据污水性质选定。过滤转盘安装在中空管上，通过中空管收集滤后水。反冲洗装置由反冲洗水泵、管配件及控制装置组成。排泥装置由集泥井、排泥管、排泥泵及控制装置组成（曲颂华等，2009；李星文等，2009）。

纤维转盘滤池与传统的砂滤相比具有突出的优势，从工艺流程来看，纤维转盘滤池可省去鼓风机房、反冲洗泵房、提升泵房和预加氯单元，此外其运行费用低，出水稳定及管理维护简单等（曲颂华等，2009）。纤维转盘滤池主要特点（刘继凤等，2001）如下。

（1）出水水质好，水量稳定，过滤连续，出水 SS＜5mg/L，浊度＜3NTU。

（2）耐冲击负荷，适应性强，进水水质 SS＜20mg/L，瞬时峰值可达 80mg/L。

（3）占地面积小。纤维转盘滤池过滤及反洗效率高，平均滤速可达 15m^3/（m^2·h）。有效过滤面垂直摆放，且附属设施少，所以占地面积大大减少。在相同的处理规模和过滤速度下，纤维转盘滤池占地面积仅为常规的气水反冲滤池的 1/2。

（4）设备简单紧凑，附属设备少，可连续过滤（常规砂滤若要实现连续过滤，需在砂滤池前设中间水池或多台交替工作）。整个过滤系统的设备闲置率、总装机功率均较低，如单台处理能力达 20000m^3/d 的设备的总装机仅为 7.8kW，为砂滤工艺的 1/10～1/15。

（5）反抽吸强度达 333L/（m^2·s），可实现多种反抽吸组合，所以清洗彻底，不易长生污垢，过滤设备前不需加预加氯系统。

（6）反冲洗水量小，对前处理工艺影响小。纤维转盘滤池反洗所需要的水量与处理水量的比为＜1%。实际工程运行情况下，反冲洗间隔时间一般为 2h，每个滤盘的冲洗时间为 1～2min。因此，反洗水量可以比较均匀地返回到前处理系统，不会对前处理工艺产生影响。

（7）运行自动化，维护简单、方便。过滤形式为外进内出，滤前水中即使有较大的漂浮物或跑料的填料，对滤池运行的影响也很少。单台设备的规模齐全，2000～50000m^3/d 不等，单台设备中的机械设备较少，故障概率和故障率均较低。

（8）运行费用低。因不需设预加氯系统，没有加氯费；水头损失少，不需设提升，并且冲洗高效，电耗低，所以运行成本低，以 5 万 m^3/d 为例，运行成本为 0.007 元/m^3，仅为 V 型滤池的 1/100 左右。

（9）滤前处理系统的事故对滤池的影响较小，并且恢复较快；因为纤维滤布的内侧不被污染，外侧污染的清除和恢复很快。

（10）设计周期和施工周期短。纤维转盘滤池为模块化设计，与外部的接口较少。

纤维转盘滤池在实际运行中可能会因为 SS 负荷过大或 SS 黏附性较强而导致滤布污堵，因此应严格控制进水水质，一般进水 SS 控制在 30mg/L 以内，这是限制纤维转盘滤池应用的一个方面；纤维转盘滤池设备费用相对较贵，一般 3～4 年便需更换纤维转盘，除此之外，国内大规模污水处理厂使用实例较少，大多为中小规模。

4. 几种过滤技术对比

过滤技术是应用最广泛的处理技术，经过二级处理的出水通过颗粒滤料（石英砂、无烟煤、活性炭等）或纤维滤料等材料将水中的悬浮杂志截留到滤层上，使水澄清。该技术的投资少，设备简单，维护操作易于掌握，运行稳定及处理效果好，但对二级出水中溶解性污染物的去效率不高，也难以彻底去除病原微生物、微量有毒有害污染物和生态毒性，难以保证出水的安全性。常用滤池的比较见表 2-8。

表 2-8　三种常用滤池优缺点对比分析

类型	优点	缺点
纤维转盘滤池	反冲洗水量少，机械维护量小 占地面积小，过滤速度快 耗能低，过滤水头损失小	土建费用较高 滤料使用周期短
气水反冲砂滤池	过滤速度快	反冲洗水量大，机械维护量大 占地面积大，滤料使用周期短
中空纤维球滤池	反冲洗水量较少，寿命长 土建费用低	冲洗历时较长，能耗费用高 过滤水头损失大

在昆明市节水及污水资源化工程可行性研究项目中，对目前普遍使用在再生水过滤中的砂滤加气水反冲滤池、中空纤维球微孔过滤加气水反冲滤池和纤维转盘滤池按下述设计条件进行了初步比较。处理规模为 Q=60000m^3/d（预处理采用混凝沉淀）；滤池进/出水水质指标如下。

进水：BOD_5=20mg/L，SS=20mg/L；NH_3-N=5mg/L；TP=0.5mg/L；

出水：BOD_5≤5mg/L，SS≤5mg/L；NH_3-N=5mg/L；TP=0.5mg/L。

表 2-9 和表 2-10 给出了三种常用滤池的技术经济参数对比。

表 2-9　三种常用滤池对比

项目	纤维转盘滤池	气水反冲砂滤池	中空纤维球滤池
处理效果	优	优	优
技术先进性	先进	一般	优良
反冲洗水量	小	大	较小
维护检修	机械维护量小，滤布 5 年一换	机械维护量大，滤料 5 年一换	机械维护量大，滤料 10 年一换
占地面积	小（27m×10m）	大（20m×50m）	小（10m×15m）
过滤速度/(m/h)	5	5～7	40
冲洗历时/min	2	15	20
能耗/（度电/m^3）	0.0012	0.03	0.0433
过滤水头/m	0.31	2.5	35
自动化程度	PLC 控制运行	PLC 控制运行	PLC 控制运行
20 年能耗费用/万元	13.14	328.5	474
建设费用/万元（设备+土建）	1250+80	380+200	350

资料来源：刘健生，2004

表 2-10　纤维转盘滤系统与砂滤系统对比

序号	对比方面	纤维转盘系统	砂滤系统
1	过滤介质	微米级孔径的滤布	颗粒滤料
2	过滤面的方向	过滤面为平面	空间过滤
3	系统组成	微滤布过滤机、反抽吸泵、阀门	滤池、反冲洗系统（附属系统庞大）
4	反洗过程	频率低，水量大而集中，对过滤系统冲击大	水量小而均匀，对过滤系统冲击和影响小
5	功能	过滤	过滤+沉淀
6	工作方式(指单台)	过滤连续反抽吸可间断可连续	间断
7	水头损失	0.2～0.3m	1～2m
8	反冲洗耗水量	纤维转盘滤池反冲洗耗水量约为砂滤池的 1/2	
9	运行费用	纤维转盘滤池运行费用约为砂滤池的 1/5～1/8	
10	装机功率	纤维转盘滤池装机功率约是砂滤池的 1/10～1/15	

实际工程中，过滤技术一般是和其他技术进行组合来达到去除不同污染物的目的，表 2-11 是几种过滤技术在实际工程案例中的比较。

表 2-11 几种过滤工艺进出水指标对比

案例		大连某污水处理厂	郑州某污水处理厂	宿州某再生水厂	济南市某再生水厂	天津某再生水厂（工业区）	天津某再生水厂（居民区）
工艺		混凝+纤维转盘滤池	混凝+沉淀+V型滤池+消毒	微涡折板絮凝池+斜板沉淀池+快滤池	微絮凝+高效纤维束过滤器+消毒	混凝+沉淀+过滤	连续微滤+臭氧
COD	进水/（mg/L）	30	50	80	49.9	57.99	57.99
	出水/（mg/L）	18.7	30	60	38.4	33.14	30.32
	去除率/%	37.7	40	25	23.0	42.9	47.7
SS	进水/（mg/L）	20	20	35	15.7	4.25	4.25
	出水/（mg/L）	2	10	5	3.6	1	未检出
	去除率/%	90	50	85.7	77.1	76.5	—
TP	进水/（mg/L）	1.5	2	1.5	—	3.66	3.66
	出水/（mg/L）	0.36	1	1	—	1.88	2.5
	去除率/%	76.0	50	33.3	—	48.6	31.7
吨水面积/（m^2/m^3）		0.01	—	0.335	—	0.518	0.518
吨水投资/（元/m^3）		150	—	607.7	564.0	—	—
吨水费用/（元/m^3）		0.071	—	0.36	0.35	0.731	1.13

从上述比较中可以看出，各种滤池处理效果均能达到设计要求，滤布滤池在城市污水处理回用中有一定的先进性；在占地面积方面，中空纤维球滤池具有一定优势，因为其过滤速度较高，因此所需使用面积小于前面两种池型；从运行成本上看，滤布滤池由于耗电低，反冲洗水量小，因此其运行能耗最低，运行成本也较低；而微孔过滤中空纤维球滤池运行时为压力式，需较高的过滤水头，反冲洗时也需气冲，因此其能耗最高；从建设费用上看，尽管滤布滤池的土建费用不高，但因为进口设备，其设备费用较高，因此，其总的建设费用高于另两种池型。因此，如果考虑到再生水厂用地紧张，土地费用高昂，若考虑应用滤布滤池不仅可以解决占地问题，还能发挥其运行成本低的优势。

2.2.2 生物技术

生物膜法是与活性污泥法平行发展起来的生物处理工艺，是一大类生物处理法的统称。在生物膜法中，微生物附着在载体表面生长而形成膜状，污水流经载体表面和生物膜接触过程中，污水中的有机污染物即被微生物吸附、稳定和氧化，最终转化为 H_2O、CO_2、NH_3 和微生物细胞物质，污水得到净化。自 20 世纪 70 年代以来，生物膜法引起了广大研究者和工程师们的极大兴趣，于是属于生物膜法的塔式生物滤池（好氧或厌氧滤池）、生物转盘、生物接触氧化法等得到了较多的研究和工程应用。在生物膜法处理工艺中，生物滤池是最具有代表性的结构形式，根据生物滤池在运行中是否需要供氧，生物滤池又可分为厌氧生物滤池和好氧生物滤池。好氧生物滤池根据滤池池型结构和供氧方式以及是否有反冲洗系统，又可分为普通生物滤池和曝气生物滤池。

1. 曝气生物滤池（BAF）

曝气生物滤池（biological aerated filter）简称BAF，即一种发展较快的新型生物处理技术，还是在生物接触氧化的基础上借鉴给水快滤池的思想而产生的一种再生水处理新工艺，不仅可以用于污水的二级和三级处理，而且还可用于微污染水源水预处理等。曝气生物滤池技术将污水生物处理与深层过滤集于一身，充分体现了现代水处理工艺的特点。

许多实验研究表明曝气生物滤池和过滤的方法能有效去除污水中的有机物、NH_3-N和SS等（李国新等，2009），因此，曝气生物滤池在生活污水处理、深度处理回用、工业水处理、给水预处理等方面受到了广泛关注，为将城市生活污水回用于工业冷却水，一般来讲，工业冷却用水的水质要求比饮用水、生产工艺用水、锅炉用水等低，大多数污水处理厂出水经过深度处理之后可以用于工业冷却水等。

曝气生物滤池主要是依靠附着在滤料表面上的生物膜对水中的有机污染物以及氨氮等无机污染物吸附进而氧化分解污染物；同时BAF对进水中粒径较大的悬浮物具有较好的截留作用，能够使出水的浊度得到一定程度的降低。水中氨氮以离子氨和游离氨两种形式存在，两者的组分比例决定于水温和pH，但以离子氨为主，BAF对氨氮的去除效果尤其明显，这是由于水中的有机污染物浓度很低，使贫营养菌成为曝气生物滤池中的优势菌群，水中的氨氮在亚硝化细菌的作用下转化为亚硝酸盐，接着在硝化细菌的作用下转化为硝酸盐。BAF中微生物固定生长的特点使其在反应器内能够获得较长的停留时间，因此，生长较慢的微生物，如亚硝化细菌和硝化细菌，可以在反应器内不断积累，从而使BAF对氨氮具有良好的去除效果。但其在实际应也存在其固有的缺点：首先其对进入滤池的水质要求高，要求进入滤池的水质较好，特别是对悬浮物要求高；其次是其充氧效率虽然提高，但由于生物滤池数量多，故鼓风机一对一使用，因此能耗仍较大；最后是过滤水头损失大，提升污水所需泵机的扬程高。

根据水流方向，曝气生物滤池分为上向流和下向流（张薇等，2005），根据填料的类型分为悬浮填料曝气生物滤池和沉默填料曝气生物滤池，根据去除有机物或者营养物质的不同，分为碳氧化曝气生物滤池、硝化曝气生物滤池、反硝化曝气生物滤池。碳氧化曝气生物滤池主要降解污水中的含碳有机物，截留SS，硝化曝气生物滤池主要是将氨氮氧化为硝态氮，反硝化曝气生物滤池主要是将污水中的硝态氮反硝化为氮气。

1）下向流式曝气生物滤池

早期开发的一种下向流式BAF称作Bio Carbone，这种BAF的缺点是负荷仍不够高，且大量被截留的SS集中在滤池填料上层几十厘米处；此处水头损失占了整个滤池水头损失的绝大部分，滤池纳污率不高，容易堵塞，运行周期短。

2）上向流式曝气生物滤池

上向流式 BAF 又称 BIOFOR，运行时一般采用上向流，污水从底部进入气水混合室，经长柄滤头配水后通过垫层进入滤料，在此进行 BOD、COD、氨氮 SS 的去除；反冲洗时，气、水同时进入气水混合式，经长柄滤头进入滤料，反冲洗出水回流入初沉池，与原污水合并处理。采用长柄滤头的优点是简化了管路系统，便于控制；缺点是增加了对滤头的强度要求，滤头的使用寿命会受影响。BIOFOR 采用上向流（气水同向流）的主要原因有：①同向流可促使布气、布水均匀；②若采用下向流，则截留的 SS 主要集中在滤料层的上部，运行时间一长，滤池内会出现负水头现象，进而引起沟流，采用上向流可避免这一缺点；③采用上向流，截留在填料底层的 SS 可在气泡的上升过程中被带入填料中上层，加大填料的纳污率，延长反冲洗间隔时间。

深圳某再生水厂 A2010 年建成通水，深度处理后的出水还作为河流生态补水，回用规模为 5 万 m^3/d。

回用工艺：采用了 OTV 专利技术，“混凝沉淀+BAF 曝气生物滤池工艺+混凝沉淀深度处理+紫外消毒”的回用工艺。具体工艺流程如下图所示。

运行效果：该工程利用生物活性炭滤池的生物氧化和活性炭吸附作用去除有机物，并在此前采用曝气生物滤池对污水进行了预处理，进一步提高了悬浮有机物和其他有毒物质的去除效率，使出水达到生态用水的各项指标。

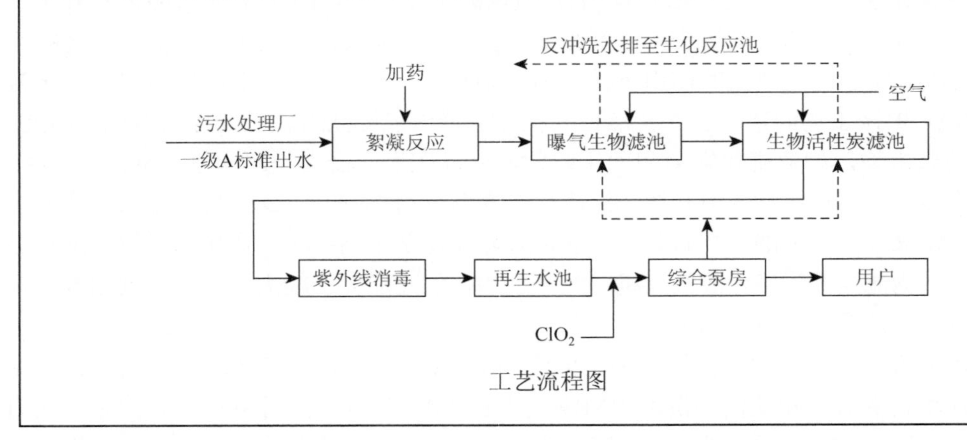

工艺流程图

3）曝气生物滤池特征

曝气生物滤池技术与其他生物处理技术相比具有以下主要优点：首先是其结构紧凑，占地面积小，总体投资省，工艺简单，基建费用低，可建成封闭式厂房，减少臭气、噪声和对周围环境的影响，视觉景观好。采用的是模块化结构，因此，便于后期扩大生产规模的改建和扩建。其次是容易挂膜，启动快，且菌群结构合理，污染物、生物膜和填料之间的接触更理想，粒状填料使得充氧效率提高，因此，具有更高的生物浓度和更高的有机负荷。再次是其耐冲击能力强，抗冲击性能好，受水量和水质变化影响小，能高质量地出水，且处理出水可任意满足环保排放标准并用于水回用。最后是其易于操作管理，可靠性高，处理设施可间歇启动运行。

从投资费用上看，曝气生物滤池工艺可以节省占地面积和基建投资。该工艺集生物降解和固体分离于一体，其后不需设二次沉淀池，可省去二次沉淀池的占地和投资，此外，由于采用的滤料粒径较小，比表面积大，生物量高（可高达 10～20g/L），再加上反冲洗可有效更新生物膜，保持生物膜的高活性，这样就可在短时间内对污水进行快速净化。曝气生物滤池水力负荷、容积负荷大大高于传统污水处理工艺，停留时间短，因此，所需生物处理面积和体积都很小。

从工艺效果上看，曝气生物滤池出水水质高，抗冲击负荷能力较强，耐低温，不易发生污泥膨胀。由于滤料本身截留及表面生物膜的生物絮凝作用，曝气生物滤池出水的 SS 可以低于 10～15mg/L，与其他生物膜法相比，BAF 的生物膜较薄（一般为 110μm 左右，普通生物滤池的生物膜厚一般 0.5～2mm），活性很高；高活性的生物膜可吸附、截留一些难降解的物质。采用单级 BAF 处理工艺，出水水质可达到国家二级处理出水标准；多级处理工艺出水可达生活杂用水标准，还具有脱氮除磷的效果。由于 BAF 的生物量大，生物膜更新快，因此抗冲击负荷性能好，受气候、水量、水质变化影响小。根据国外的报道，曝气生物滤池一旦挂膜成功，可在 6～10℃水温下运行，并具有良好的运行效果。

从运行上看，BAF 易挂膜，启动快。根据国外的运行经验，曝气生物滤池在水温 10～15℃时，2～3 周即可完成挂膜过程；其次，BAF 中氧的传输效率高，曝气量小，供氧动力消耗低，处理单位污水电耗低，运行费用比常规处理低 1/5。这是因为 BAF 的滤料粒径小，对气泡起到切割和阻挡作用，加大了气液接触面积，提高了氧气的利用率。使用穿孔管曝气，其动力效率在 3kgO_2/（kW·h），比无填料时提高了 30%；此外，BAF 连续进水，可实现供氧和回流自动调节，自动化程度高，运行管理方便。

从未来扩建的角度看，因为 BAF 集曝气池与二沉池的功能于一身，具有模块化结构，便于后期的改建和扩建。

曝气生物滤池工艺对进水的 SS 要求较高。为使之在较短的水力停留时间内处理较高的有机负荷并具有截留 SS 的功能，曝气生物滤池采用的填料粒径一般都比较小。如果进水的 SS 较高，会使滤池在很短的时间内达到设计的水头损失而发生堵塞；这样就必然导致频繁的反冲洗，增加运行费用与管理的不便。根据国外的运行经验，进水的 SS 一般不超过 100mg/L，最好控制在 60mg/L 以下，这样就对曝气生物滤池前的处理工艺提出了较高的要求。

进水提升高度较大。由于 BAF 的水头损失较大，一般为 1～2m，加上大部分都建于地面以上，其高度一般在 6～8m 之间。污水的总输送扬程为 7～10m。但由于曝气的能耗低于传统活性污泥法 50%以上，所以从总体上 BAF 的能耗要低于传统活性污泥法。

曝气生物滤池工艺在反冲洗操作中，短时间内水力负荷较大，反冲出水直接回流入初沉池会对初沉池造成较大的冲击负荷。因此，该工艺虽节约了二沉池，但需另设两池，一个为反冲洗水储备池，另一个为污泥缓冲池。反冲出水一般先流入污泥缓冲池，而后缓慢回流入初沉池，以减轻对初沉池的冲击负荷。此外，因设计或运行管理不当还会造成滤料随水流失等问题。

总的来说，曝气生物滤池工艺还存在一些不足，主要是：①污泥量大，化学污泥多，污泥稳定性差；②自动化程度高，管理难度大，一旦自控系统出现故障，无法手动操作；③滤池运行中水头损失大；④系统复杂。

曝气生物滤池处理再生水时的主要设计参数见表 2-12。

表 2-12　曝气生物滤池处理再生水时的主要设计参数

类型	功能	参数	单位	取值
碳氧化+部分硝化 BAF	降解再生水中的含碳有机物并对部分氨氮进行硝化	滤池表面水力负荷（滤速）	$[m^3/(m^2 \cdot h)]$或(m/h)	2.5～4.0
		BOD_5 负荷	$kgBOD_5/(m^3 \cdot d)$	1.2～2.0
		硝化负荷	$kgNH_4^+\text{-}N/(m^3 \cdot d)$	0.4～0.6
		空床水力停留时间	min	70.0～80.0
硝化 BAF	对再生水中的氨氮进行硝化	滤池表面水力负荷（滤速）	$[m^3/(m^2 \cdot h)]$或(m/h)	3.0～12.0
		硝化负荷	$kgNH_4^+\text{-}N/(m^3 \cdot d)$	0.6～1.0
		空床水力停留时间	min	30.0～45.0
前置反硝化 BAF	利用再生水中的碳源对硝态氮进行反硝化	滤池表面水力负荷（滤速）	$[m^3/(m^2 \cdot h)]$或(m/h)	8.0～10.0（含回流）
		反硝化负荷	$kgNO_3^-\text{-}N/(m^3 \cdot d)$	0.8～1.2
		空床水力停留时间	min	20.0～30.0（含回流）
后置反硝化 BAF	利用外加碳源对硝态氮进行反硝化	滤池表面水力负荷（滤速）	$[m^3/(m^2 \cdot h)]$或(m/h)	8.0～12.0
		反硝化负荷	$kgNO_3^-\text{-}N/(m^3 \cdot d)$	1.5～3.0
		空床水力停留时间	min	15.0～25.0
精处理曝气生物滤池	对二级污水处理厂尾水含碳有机物降解及氨氮硝化	滤池表面水力负荷（滤速）	$[m^3/(m^2 \cdot h)]$或(m/h)	3.0～5.0
		硝化负荷	$kgNH4^+\text{-}N/(m^3 \cdot d)$	0.3～0.6
		空床水力停留时间	min	35.0～45.0

2. 生物活性炭技术（BAC）

生物活性炭技术（BAC）是 20 世纪 70 年代发展起来的去除水中有机污染物的一种新技术（兰淑澄，2002），目前，已在世界许多国家实际应用于污染水源净化、工业污水处理以及再生水利用的工程中。在中国，研究与应用生物活性炭技术已有 20 多年的历史，虽然对其机理的解释在国内外均尚不一致，但实际应用中它显示出的操作管理简便、活性炭使用周期大大延长和运行成本低的优越性是众所公认的。

生物活性炭最初是指在臭氧工艺后设置的粒状活性炭吸附装置，用于给水净化。近年来，由于用附着生物膜的活性炭处理水的实例也逐渐多起来，特别是将微生物对有机物的分解作用与活性炭吸附作用结合的生物活性炭法，不仅用于给水深度净化，而且也用于城市污水及工业污水的深度处理及再生水处理。目前，欧洲应用 BAC 技术的水厂已有 70 座以上。

1）生物活性炭技术的原理

生物活性炭技术可定义为，利用具有巨大比表面积及发达孔隙结构的活性炭对水中有机物及溶解氧的很强的吸附特性，将其作为载体成为微生物集聚、繁殖生长的良好场所，在适当的温度及营养条件下，同时发挥活性炭的物理吸附作用、微生物的生物降解作用和活性炭生物再生作用的水处理技术。

生物活性炭去污机理由以下 7 个部分组成：①外扩散，污染物通过液膜到达活性炭表面；②内扩散，污染物从活性炭表面进入微孔道和中孔道，进而扩散至中孔、微孔表面；③吸附，进入微孔、中孔表面的污染物被活性炭吸附，相对固定；④水解，污染物与菌胶团分泌的胞外酶反应，水解成分子量较小的物质；⑤内反扩散，水解后的化合物由中孔道和微孔道扩散至外表面生物膜吸附区；⑥生物降解，水解化合物进入细胞内，在酶作用下进行氧化分解；⑦外反扩散，降解产物通过液膜扩散至污水中。

2）生物活性炭技术特点

对不同的水质，生物活性炭对 COD 的吸附容量较单纯活性炭吸附提高 4～20 倍，能高效去除水中溶解性有机物、氨氮，对色度、铁锰等都有一定的去除效果，从而提高了出水水质。通过生物活性炭技术的处理，水中氨氮可以进一步转化为硝酸盐，从而减少了后续再生水处理中氯气的投加量，对三氯甲烷的生成起到进一步的抑制作用。由于利用活性炭的吸附和活性炭层内微生物对有机物的分解作用，改变了活性炭的吸附的方式，大大延长了活性炭的运行周期和再生周期，从而大幅度减少了运行成本。据资料介绍，BAC 法中活性炭的使用周期比单纯的活性炭吸附延长 4～6 倍，一般使用周期可延长到 0.5 年、1 年，甚至 3 年。

BAC 工艺设备简单，占地面积小，易于实现完全自动控制，运行管理方便。对于生物活性炭工艺来说，其处理的污水含有的有机物可分为 4 类：可吸附且可生物降解有机物、不可吸附但可生物降解有机物、可吸附但不可生物降解有机物、不可吸附且不可生物降解有机物。这 4 种物质在水中所占比重的不同，对生物活性炭的影响也有差异。一般来说，第一种物质有利于活性炭的再生；第二种物质有利于提高活性炭的处理效果；第三种物质不利于活性炭的生物再生，生物活性炭对第四种物质没有去除效果。

由于工业污水、洗浴废水中经常含有大分子物质或者胶体，而活性炭只能吸附溶解性的有机小分子，所以常常在这些污水处理前采用臭氧预处理装置。采用臭氧装置可以选择性地将生物大分子、胶体等分解成溶解性小分子，大大增加了可生物降解有机物，改变了所处理污水有机物不同种类所占的比例，这有助于生物活性炭性能的发挥。一般来说，臭氧和生物活性炭联用可以提高污水的处理效果，尤其是含有难降解物质的污水，但是如果经过臭氧氧化后大分子物质被分解成了大量不易吸附的小分子物质，那么臭氧和活性炭的联用效果反而有可能下降。

深圳某再生水厂 B 于 2009 年建成，再生水供水规模近期为 12 万 m^3/d，远期为 25 万 m^3/d。回用水主要用于工业冷却水。水厂附近的电厂冷却水需要量大、成本高，因此，再生水厂处理后的再生水可以作为该厂附近几家发电厂的工业冷却水。

回用工艺：采用混凝+沉淀+生物活性炭滤池+消毒工艺，具体工艺流程如下图所示。

运行效果：通过絮凝沉淀及生物活性炭吸附几乎去除了所有的悬浮物质、有毒有害物质及大部分重金属，再经过消毒去除有毒有害细菌等微生物，使出水水质满足回用水水质要求。

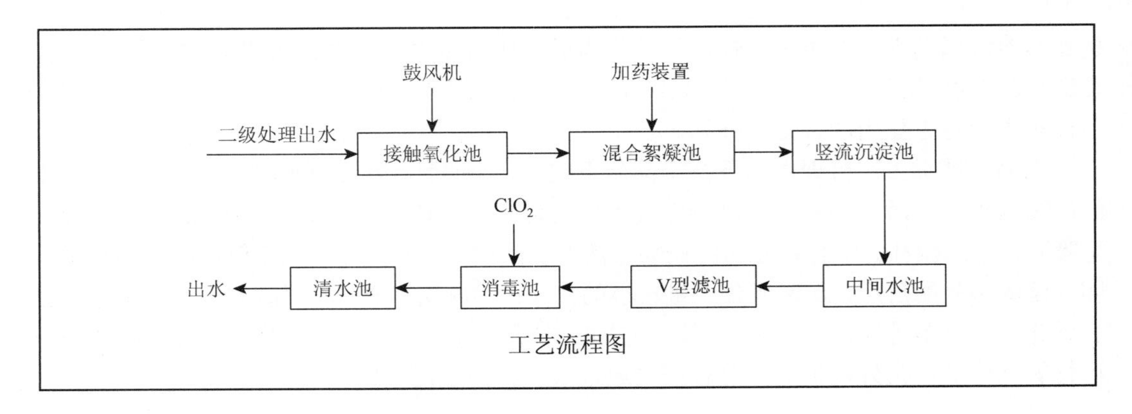

工艺流程图

3）生物活性炭技术特征

生物活性炭操作方式分为静态和动态两种。静态操作是指将粉末活性炭投入水中，不断搅拌，靠活性炭的吸附性能和活性炭表面形成一层生物膜降解有机物质，当生物活性炭达到吸附平衡时，再用沉淀或过滤的方法使炭水分离。这种操作在前些年应用较多，主要用在小水量、间歇操作中。天津纪庄子污水处理厂结合该厂实际也进行了这方面的研究和试验，将粉末活性炭投加到活性污泥曝气池中，形成生物活性炭，利用吸附、降解协同作用去除有机污染物。活性污泥中加入活性炭后，一方面，活性炭表面形成一层不连续的生物膜，变为生物活性炭，参与活性污泥降解有机污染物，由于生物活性炭固有的作用机理，可以去除活性污泥难以去除的污染物，提高活性污泥法的去除效率；另一方面，活性炭粉末进入污泥絮体中，成为絮体的一部分，使活性污泥具有稳定、良好的压密性，从而可有效克服污泥膨胀。

连续操作是指在被处理水流动的条件下进行的吸附操作，有固定床、流动床和移动床三种方式，这种操作一般都使用粒状炭。在这种情况下，生物活性炭能作为过滤器使用，以免悬浮固体堵塞活性炭造成活性炭吸附性能下降，填此生物活性炭前一般要经过预处理去除水中悬浮物和油类等杂质。

固定床方式的操作是污水连续进入和排出生物活性炭装置，水中的吸附质被活性炭吸附或被生物活性炭的微生物降解，部分已经吸附的有机物经生物再生后予以去除，活性炭使用一段时间后，出水水质不满足要求时，停止进水，进行加热再生。根据水流方向的差别，固定床又分为上流式和下流式两种。

流化床方式的操作是利用上升水流或气流的搅动，池内的活性炭粒处于膨胀流化状态，虽炭层不会因为吸附了水中的固体物或生物膜的生长而堵塞，但可导致炭层对悬浮物的去除率下降，进水中的部分悬浮物及炭粒上剥落的生物膜随水而流失。生物炭层的再生方式为气、水反冲洗，将炭粒上吸附的杂质及部分生物膜冲走。再生完成时，炭粒上仍然保持一部分生物膜，以使生物炭始终保持炭吸附和生物氧化的双重作用。

移动床方式的操作是水从吸附塔底部进入，由塔顶流出。塔底部接近饱和的某一高度的吸附剂（活性炭），间歇排出，再生后的活性炭再从塔顶进入。这种形式的优点是占地面积小，连接管路少，基本上不需要设置反冲洗，但是操作要求高，保证塔内吸附剂上、下层不互混的难度较大，此外，这种方式不利于生物发挥协同作用。

以上三种操作方式中，固定床应用最多，流化床次之，移动床应用还较少。不同的操作方式要求采用不同的生物活性炭设备，由于投资很大，应先进行实验室和中试研究，主要是观测活性炭柱去除有机物的效果（可用 COD、TOC、DOC 或 UV 吸光值等指标表示）、活性炭吸附容量（可用碘值、亚甲基蓝值），并确定炭柱的主要设计参数，如空床接触时间等。

2.2.3　膜技术

膜技术是利用膜对溶液中各组分选择性渗透的差异，实现对某一组分分离、提纯或浓缩的新型分离技术。溶液中各组分通过膜的渗透能力取决于分子本身的大小与形状、分子的物理化学性质、分离膜的物理化学性质以及渗透组成与分离膜的相互作用（谭平华等，2003）。膜分离技术通过利用特殊的有机高分子或无机材料制成的膜对混合物中各组分的选择渗透作用的差异，以外界能量或化学位差为推动力对双组分或多组分液体进行分离、分级、提纯和富集的技术。

根据膜材料孔径的大小，膜技术可分为微滤（MF）、超滤（UF）、反渗透（RO）和纳滤（NF）等，在膜及其应用技术上都相对较为成熟。目前比较常见的用于污水处理的膜技术原理及其特点如表 2-13 所示。

表 2-13　膜技术主要性能参数

方法	传递机理	驱动力	透过物质及大小	被截留物	膜类型
反渗透（RO）	溶剂的扩散	压力差	水、水溶剂	溶质、盐（SS）、大分子、离子	非对称膜或复合膜
微滤（MF）	筛分及其表面作用	压力差	大量溶剂和少量小分子溶质和大分子溶质	0.02～10μm 的粒子	非对称膜
超滤（UF）	筛分及其表面作用	压力差	水、盐及低分子有机物	胶体大分子、不溶性有机物	非对称膜
纳滤（NF）	筛分及其表面作用	压力差	水、小分子溶质	大分子及二价和高价离子	非对称膜

膜分离技术作为新的分离净化和浓缩方法，与传统分离操作（如蒸发、萃取、沉淀、混凝和离子交换等）相比较，过程中大多数无相的变化可以在常温下操作，具有效率高、工艺简单和污染轻等优点，且在处理过程中无需投加任何药剂，处理后水质一般可达到回用要求。主要是利用特殊的有机高分子或无机材料制成的膜对混合物中各组分的选择渗透作用，以外界能量或化学位差为推动力对双组分或多组分液体进行分离、分级、提纯和富集。常用分离技术对比见表 2-14。

表 2-14　常用膜分离技术优缺点对比分析

类型	孔径/μm	优点	缺点
反渗透	0.001	有效去除化学离子和细菌、真菌、病毒体，截留率最高	耗能高，原水要求高
纳滤	0.01～0.001	有效去除抗生素、激素、农药、石油、洗涤剂、重金属、藻毒素等化学污染物	对进水水质要求高
超滤	0.1～0.01	有效去除细菌、病毒、炭粉等大分子有机物	小分子物质去除率低
微滤	0.5～1	有效去除泥沙、铁锈、胶体等可见杂质以及大的细菌团	有机物去除能力有限

总的来说，膜技术的缺点是电耗大，处理成本较高，且膜分离技术中的主要部件——膜，需定期清洗（可用清水或清洗剂），清洗排出液和处理过程产生的浓缩液（约占处理水量的 5%）需做进一步处置。

1. 微滤技术

微滤又称为微孔过滤，它属于精密过滤，其基本原理是筛分过程，在静压差作用下滤除 0.1～10μm 的微粒，操作压力为 0.7～7kPa，原料液在压差作用下，其中水（溶剂）透过膜上的微孔流到膜的低压侧，为透过液，大于膜孔的微粒被截留，从而实现原料液中的微粒与溶剂的分离（沙中魁等，2001）。微滤过程对微粒的截留机理是筛分作用，决定膜的分离效果是膜的物理结构、孔的形状和大小。微滤膜透过物质主要是水、溶液和溶解物，被截留物质主要是悬浮物、细菌类、微粒子。

微滤膜过滤技术有以下特点。

（1）微滤膜膜内孔径是比较均匀的贯穿孔，孔隙率占总体积的 70%～80%，能将液体中大于额定孔径的微粒全部拦截，克服了常规过滤的深层过滤介质过滤达不到“绝对值”的要求，而微孔过滤膜是趋于“绝对值”过滤器的首选材料。

（2）微孔滤膜的孔径十分均匀，故为均孔膜，其与反渗透及超滤有明显不同。其最大孔径与平均孔径的比值一般为 3～4，孔径分布基本呈正态分布，因而常被作为起保证作用的手段，过滤精度高，分离效率高。孔隙率高，流速快。微孔膜的微孔数达每平方厘米 107～1011 个孔，孔隙率在 60%～90%，由于孔隙率高，其对液体的过滤速度在同等过滤精度下，比常规过滤介质快 40 倍。

（3）厚度薄、吸附量小微孔膜的厚度一般为 90～220μm，与一般深层过滤介质比，只有它们的 1/10，因而过滤速度高，过滤时对被滤物质的液体的吸附量极小。

（4）微滤膜是均一连续的高分子多孔体，具有良好的化学稳定性，无纤维和碎屑脱落，不会重新产生微粒影响滤出水的水质。

（5）微滤膜过滤中不会因压力升高导致大于孔径的微粒穿过微滤膜，即使压力波动也不会影响过滤效果。

（6）使用微滤膜处理废水与其他方法相比，不需要投加特殊的水处理药剂，占地面积小，操作简便，系统运行稳定可靠，易于控制、维修，处理效率高。

（7）由于微滤膜近似于多层叠置筛网，截留作用限制在膜的表面，极易被少量与膜孔径大小相仿的微粒或胶体颗粒堵塞。微滤和超滤在处理系统上视水质需要适当地采取预过滤，除此之外，微滤技术对含有机物较多的地表水处理效果不太理想、投资偏高。

微滤、超滤用于反渗透的预处理，可以取代传统的加次氯酸钠杀菌、凝聚、澄清、过滤。微滤一般采用 0.2μm 或 0.1μm 的微孔滤膜，因此，可以防止反渗透膜的胶体污堵，同时 0.2μm 孔隙的微滤膜也能将细菌基本上全部滤除。

目前的连续微滤（CMF）与传统的杀菌凝聚澄清过滤比较，在技术上有很大的优越性，如设备占地面积小，运行自动化水平高，自用水率低，出水 SDI 值低且稳定，可以适当提高反渗透膜通量而减少膜元件用量等，但连续微滤（CMF）对有机物的去除有限，有必要时在进入微滤膜之前加些助滤剂和凝聚剂，可以提高有机物的去除率。

2. 超滤技术

超滤和微滤技术同属于压力推动的膜工艺系列。就分离范围（即要被分离的微粒和分子的大小）而言，它们填补了反渗透、纳滤与普通过滤之间的空隙。微滤为所有膜工艺中应用最广、经济价值最大的技术。超滤自20世纪60年代以来，很快从一种试验规模的分离手段发展成为重要的工业单元操作技术。它广泛应用于医药、水处理等领域。一般来讲，超滤的跨膜压差为0.3～1.0MPa，而微滤操作的跨膜压差为0.1～0.3MPa。

超滤技术是通过膜表面的微孔结构对物质进行选择性分离。当液体混合物在一定压力下流经膜表面时，小分子溶质透过膜（称为超滤液），而大分子物质则被截留，使原液中大分子浓度逐渐提高（称为浓缩液），从而实现大、小分子的分离、浓缩、净化。

中空纤维超滤膜组件具有装填密度大、结构简单、操作方便等特点，分离过程为常温操作，无相态变化，节省能源，并且不产生二次污染。膜装置有微电脑自动控制型和一般手动控制型，可采用正向清洗与反向清洗两次方式，也可以在线清洗。

天津某再生水厂A 2001年正式运营，总投资约13110万元。回用规模为4.5万m^3/d，其中2.87万m^3/d用于北塘热电厂循环冷却水系统；约1.07万m^3/d用于北塘片区冲厕、道路清扫、消防、城市绿化、车辆冲洗、建筑施工等；0.56万m^3/d用于黄港生态开发区道路清扫、城市绿化等。

回用工艺：采用超滤+反渗透工艺，具体工艺流程如下图所示。

运行效果：其出水水质达到城市非饮用水及工业用水的标准。

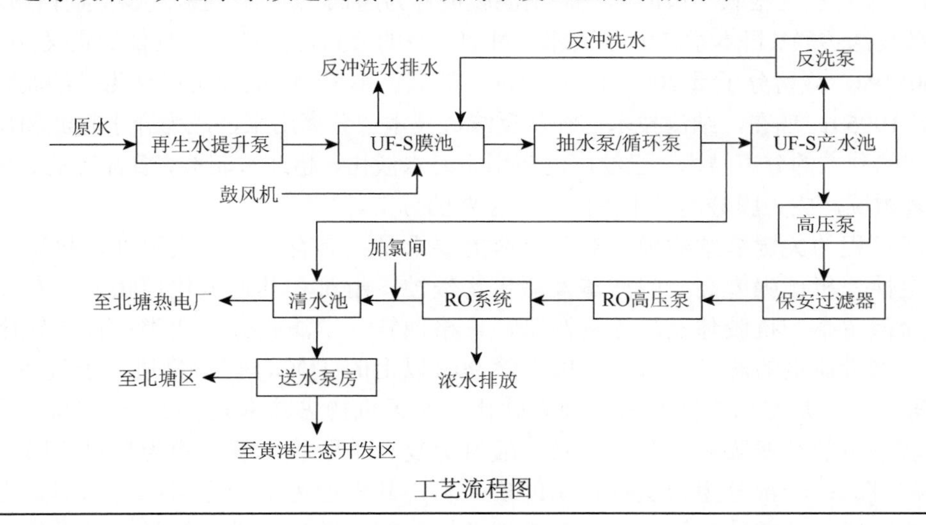

工艺流程图

1）超滤工作原理

利用膜表面孔径机械筛分作用，膜孔阻塞、阻滞作用和膜表面及膜孔对杂质的吸附作用，去除废水中的大分子物质和微粒。一般认为主要是筛分作用。在外力的作用下，被分离的溶液以一定的流速沿着超滤膜表面流动，溶液中的溶剂和低分子量物质、无机离子，从高压侧透过超滤膜进入低压侧，并作为滤液而排出；而溶液中高分子物质、胶体微粒及微生物等被超滤膜截留，溶液被浓缩，并以浓缩液形式排出。

2）超滤膜和膜组件

常用的超滤膜组件有醋酸纤维素膜和聚砜膜。超滤膜组件（同反渗透组件）分为板式、管式、卷式和中空纤维组件。

超滤的浓差极化是指溶液在膜的高压侧，由于溶剂和低分子物质不断透过超滤膜，结果在膜表面，溶质（或大分子物质）的浓度不断上升，产生膜表面浓度与主体流浓度的浓度差，这种现象称为膜的浓差极化。发生浓差极化时，由于高分子物质和胶体物质在膜表面截留会形成一个凝胶层。有凝胶层时，超滤的阻力增加，因为除了膜阻力外，又有凝胶层的阻力，在给定的压力下，凝胶层势必影响水透过超滤膜的通量。减缓措施有以下几种：一是提高料液的流速，控制料液的流动状态，使其处于紊流状态，让膜面处的液体与主流更好地混合；二是对膜面不断地进行清洗，消除已形成的凝胶层。超滤的影响因素主要有料液流速、操作压力、温度、运行周期、进料浓度、料液的预处理、膜的清洗等。

3. 纳滤技术

纳滤技术是从反渗透技术中分离出来的一种膜分离技术，是超低压反渗透技术的延续和发展分支。一般认为，纳滤膜存在着纳米级的细孔，且截留率大于 95%的最小分子约为 1mm。在过去的很长一段时间里，纳滤膜被称为超低压反渗透膜，或称选择性反渗透膜或松散反渗透膜。日本学者大谷敏郎曾对纳滤膜的分离性能进行了具体的定义：操作压力≤1.50MPa，截留分子量 200～1000，NaCl 的截留率≤90%的膜可以认为是纳滤膜（大谷敏郎，1995）。现在，纳滤技术已经从反渗透技术中分离出来，成为介于超滤和反渗透技术之间的独立的分离技术，已经广泛应用于海水淡化、超纯水制造、食品工业、环境保护等诸多领域，成为膜分离技术中的一个重要的分支。

纳滤过程的关键是纳滤膜。对膜材料的要求是：具有良好的成膜性、热稳定性、化学稳定性，机械强度高，耐酸碱及微生物侵蚀，耐氯和其他氧化性物质，有高水通量及高盐截留率、抗胶体及悬浮物污染，价格便宜。纳滤膜分为两类：传统软化纳滤膜和高产水量荷电的滤膜，前者可以去除 90%以上的 TOC，截留物质分子量在 200～300 之间，后者是专门去除有机物而非软化（对无机物去除率只有 5%～50%）的纳滤膜。目前采用的纳滤膜多为芳香族及聚酸氢类复合纳德膜。复合膜为非对称膜，由两部分结构组成：一部分为起支撑作用的多孔膜，其机理为筛分作用；另一部分为起分离作用的一层较薄的致密膜，其分离机理可用溶解扩散理论进行解释。对于复合膜，可以对起分离作用的表皮层和支撑层分别进行材料和结构的优化，可获得性能优良的复合膜。膜组件的形式有中空纤维、卷式、板框式和管式等。其中，中空纤维和卷式膜组件的填充密度高，造价低，组件内流体力学条件好；但是这两种膜组件的制造技术要求高，密封困难，使用中抗污染能力差，对料液预处理要求高。而板框式和管式膜组件虽然清洗方便、耐污染，但膜的填充密度低、造价高。因此，在纳滤系统中多使用中空纤维式或卷式膜组件。

在中国，对纳滤过程的理论研究比较早，但对纳滤膜的开发尚处于初步阶段。在美国、日本等国家，纳滤膜的开发已经取得了很大的进展，达到了商品化的程度，如日本日东电工的NTR-7400系列纳滤膜及东丽公司的UTC系列纳滤膜等都是在水处理领域中应用比较广泛的商品化复合纳滤膜。

对于一般的反渗透膜，脱盐率是膜分离性能的重要指标，但对于纳滤膜，仅用脱盐率还不能说明其分离性能。有时，纳滤膜对分子量较大的物质的截留率反而低于分子量较小的物质。纳滤膜的过滤机理十分复杂。由于纳滤膜技术为新兴技术，因此，对纳滤的机理研究还处于探索阶段，有关文献还很少。但鉴于纳滤是反渗透的一个分支，因此，很多现象可以用反渗透的机理模型进行解释。关于反渗透的膜透过理论有朗斯代尔、默顿等的溶解扩散理论，里德、布雷顿等的氢键理论，舍伍德的扩散细孔流动理论，洛布和索里拉金提出的选择吸附细孔流动理论和格卢考夫的细孔理论等。

纳滤膜的过滤性能还与膜的荷电性、膜制造的工艺过程等有关。不同的纳滤膜对溶质有不同的选择透过性，如一般的纳滤膜对二价离子的截留率要比一价离子高，在多组分混合体系中，对一价离子的截留率还可能有所降低。纳滤膜的实际分离性能还与纳滤过程的操作压力、溶液浓度、温度等条件有关，如透过通量随操作压力的升高而增大，截留率随溶液浓度的增大而降低等。

4. 反渗透技术

反渗透技术是膜分离法的一类，利用反渗透膜选择性只能透过溶剂（通常是水）而截留离子物质的性质，以膜两侧静压力差为推动力，克服溶剂的渗透压，使溶剂通过反渗透膜而实现对液体混合物进行分离的膜过程。

反渗透技术一般通过压力（1～10MPa）使溶液中的水通过反渗透膜达到分离、提取、纯化和浓缩等目的的处理技术。目前膜工业把反渗透过程分成三类：高压反渗透（5.6～10.5MPa，海水淡化）、低压反渗透（1.4～4.2MPa，苦咸水的脱盐）、纳滤（0.3～1.4MPa，部分脱盐软化）。

日本千叶县花见川下再生水厂

概况：1995年，日本第一套反渗透技术应用于千叶县花见川下再生水厂并完成运转。该再生水厂以城市污水处理厂二级出水为水源，处理规模为210m^3/d。

回用工艺：采用的主体工艺是RO工艺，具体工艺流程如下图所示。

运行效果：该工艺主要有两个处理系统：预处理系统和RO系统。污水经过回用处理，回收率可达到80%，最后出水水质达到自来水标准。

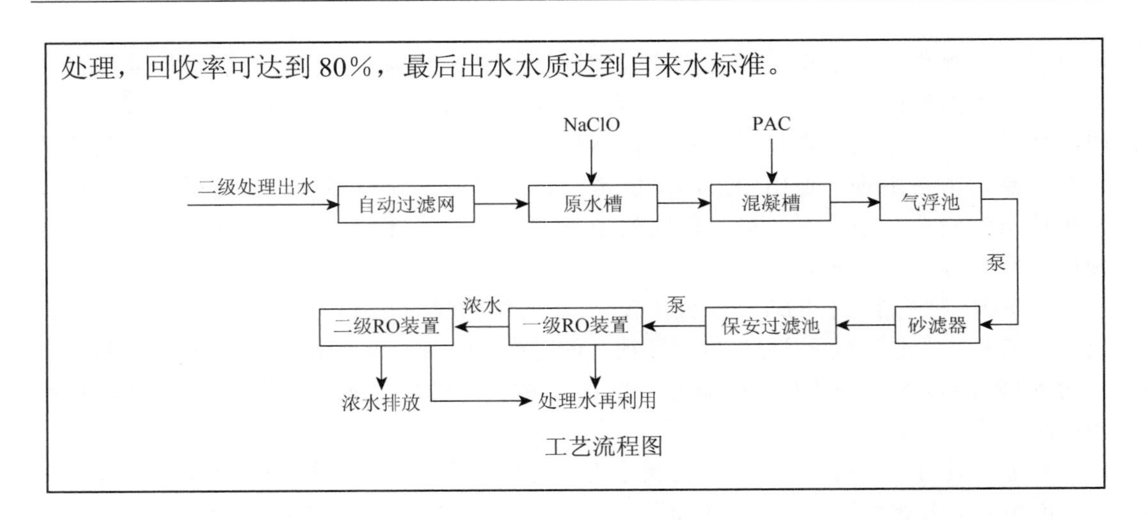

工艺流程图

反渗透是目前最精密的膜法液体分离技术之一，它能阻挡所有溶解性盐及分子量大于100的有机物，但是允许水分子透过。反渗透主要以除去水中盐类和粒子状态的物质为目的，另外还可以去除有机物质、胶体、细菌和病毒。高压与低压反渗透具有脱盐率高的特点，对NaCl的去除率达95%～99.9%。水的回收率为75%左右，BOD、COD的去除率在85%以上。

1）技术特点

反渗透膜的技术特点可以总结为以下几种。

（1）与超滤膜相比，超滤膜主要用于去除高分子量组分，如胶体物、蛋白质、碳水化合物，不能去除糖和盐类，反渗透膜可以去除这些物质。

（2）杂质去除范围广，可以去除溶解的无机盐类和各类有机物杂质。

（3）有较高的除盐率和水的回用率，可截留粒径几纳米以上的溶质。

（4）分离装置简单，容易操作、自控和维修。

（5）反渗透装置要求进水达到一定的指标才能正常运行，因此，原水在进入装置前要采取预处理措施。同时还要定期对膜进行冲洗，以清除污垢。

2）系统组成

由预处理、反渗透装置、后处理三大部分组成。反渗透对预处理要求高，一般要求有超滤或微滤预处理，并使用一次性的保安过滤器（一般采用5μm滤元）；反渗透出水pH偏低，需根据水质需求进行调整；有大量浓水产生，浓水无机盐和有机质含量高，其处理处置需要给予充分的考虑；反渗透膜用于污水再生处理容易产生膜污染问题，每年需定期进行清洗和膜组件的更换；实际运行中，进水泵不能停水，冬季低温期需采取适当的保温措施。

5. 膜污染与膜清洗

膜技术存在一个比较大的问题就是膜容易被污染，发生膜降解或膜堵塞现象。膜降解是指膜表面聚合物被氧化或水解造成膜性能下降的过程；膜堵塞是指膜表面聚合物因有机污染物、微生物及其代谢产物的沉积造成膜性能下降的过程。生物沉积严重又未及时清洗会使膜表面聚合物裂解（膜生物降解），造成不可逆的损害。

一般在出现下列情形之一时，应进行化学清洗：①装置的产水量下降 10%～15%时；②装置各段的压力差增加 15%时；③装置的盐透过率增加 15%时。

常用的化学清洗剂有：氢氧化钠、盐酸、1%～2%的柠檬酸溶液、Na-EDTA、加酶洗涤剂、双氧水水溶液、三聚磷酸钠、次氯酸钠溶液。化学清洗剂的选用取决于污染物的类型和膜材料性质，应充分考虑膜的耐酸性、耐碱性、耐氧化性。清洗的基本法则是保持膜湿润，清洗剂的选择依据膜生产商的产品技术手册。

1）微滤/超滤膜污染与清洗

初期的膜污染宜采用物理清洗。当微滤/超滤膜污染比较严重时，仅采用物理清洗不能使通量得以有效恢复时，必须采用化学法清洗，清洗剂的选择应根据污染物类型、污染程度、组件的构型和膜的物化性质等来确定。参照膜生产商产品技术手册。微滤/超滤装置进、出口压力降超过初始压力 0.05MPa 时，作为日常管理可采用等压大流量冲洗法冲洗，如无效，应选用化学清洗法。微滤/超滤装置的灭菌，常用浓度分别为 1%～2%的过氧化氢或 500～1000mg/L 的次氯酸钠水溶液循环处理 0.5～1h。

2）纳滤/反渗透膜污染与清洗

纳滤/反渗透膜化学清洗时添加的化学药剂应参照膜生产商提供的产品技术手册的规定，避免对膜造成不可逆的损伤。纳滤/反渗透膜清洗液的最佳温度：碱洗液为 30℃，酸洗液 40℃，复合清洗时，应采用先碱洗再酸洗的处理方案。常用的碱洗液为 0.1%（Wt）氢氧化钠（NaOH）水溶液，酸洗液为 0.2%（Wt）盐酸（HCl）水溶液，清洗废液和清洗废水排入膜分离浓缩水收集池处理。

6. 膜系统进水预处理

为防止膜降解和膜堵塞，保证膜分离过程的正常进行，需对进水中的悬浮固体、微溶盐、微生物、氧化剂、有机物等污染物进行预处理，预处理的方法可以采用物理法或化学法。预处理的深度取决于膜材料、膜组件的结构、原水水质、产水的质量要求及回收率。以能满足各种膜过程进水水质要求为准。膜分离运行的 pH 极限范围：微滤/超滤系统 2～10；纳滤/反渗透系统：聚酰胺复合膜为 2～11；醋酸纤维素膜为 4～8。进水温度范围：5～45℃。当 pH＞10 时，最高运行温度为 35℃。

表 2-15、表 2-16 分别是微滤、超滤、纳滤、反渗透系统进水的水质要求，进水水质超过上述限值时，需要增加预处理工艺。

表 2-15　微滤、超滤系统进水规定

项目	浊度/NTU	SS/（mg/L）	COD_{Cr}/(mg/L)	pH	余氯/(mg/L)
限值	≤5	≤20	≤50	2～10	≤5

表 2-16　纳滤、反渗透系统进水规定

项目	浊度/NTU	SDI	余氯/(mg/L)	Fe^{2+}/(mg/L)	TOC/(mg/L)
限值	≤5	≤5	≤0.1	≤4	≤3

1）微滤/超滤系统进水预处理

（1）去除悬浮固体的预处理：原水悬浮物、胶体物质＜50mg/L 时，可直接采用介质过滤或在管道中加入絮凝剂。原水悬浮物、胶体物质＞50mg/L 时，应采用混凝沉淀-过滤去除原水中的小颗粒悬浮物和胶体。絮凝剂宜用碱式氯化铝（PAC），不宜用聚丙烯酰胺（PAM）、三氯化铁（$FeCl_3·6H_2O$）。浊度小于 70NTU 的原水，宜采用多介质过滤，除去颗粒、悬浮物和胶体。微滤/超滤之前应安装精度为 10μm 的滤芯过滤器。

（2）去除微生物的预处理：宜在混凝沉淀之前投加氧化剂次氯酸钠（NaClO）。

（3）去除氧化剂的预处理：采用活性炭吸附或在精密过滤器之前添加还原剂亚硫酸氢钠（$NaHSO_3$）。当原水中油脂较多时，应先破乳，除去浮油，再按常规程序处理。

2）纳滤/反渗透系统进水预处理

（1）防止膜化学损伤的预处理：采用活性炭吸附或在进水中添加还原剂亚硫酸氢钠（$NaHSO_3$）去除余氯或其他氧化剂，控制余氯含量≤0.1mg/L。

（2）预防胶体和颗粒污堵的预处理：浊度小于 70NTU 的原水，宜采用多介质过滤，除去颗粒、悬浮物和胶体。微滤（MF）或超滤（UF）能除去所有的悬浮物、胶体粒子及部分有机物。出水达到淤泥密度指数 SDI≤3，浊度（NTU）≤1。

（3）预防微生物污染的预处理：杀菌消毒分为物理杀菌和化学杀菌。物理杀菌：紫外光照射 254nm 的紫外光有杀菌作用。化学杀菌：在介质过滤器之前投加次氯酸钠（NaClO）。

（4）控制结垢的预处理：加酸对控制碳酸盐结垢有效；强酸阳树脂软化对控制硫酸盐结垢有效；投加阻垢剂可有效控制膜表面结垢，投加量按阻垢剂生产商提供的产品使用手册确定。

2.2.4　膜生物技术

膜生物处理技术是膜技术与生物处理技术结合的一种技术。现阶段较常用的膜生物处理技术是 MBR 技术。MBR 是结合生物二级处理和再生水生产两种工艺，MBR 系统具有处理水质优异、节省占地等突出优势，但其工程投资和运行费用较高，在工艺选择时应根据原水及出水水质要求进行充分的技术经济论证，根据工程特点选择适宜的处理工艺（王凤，2011）。

膜生物反应器技术（MBR）是 20 世纪 90 年代迅速发展的一项既能控制污染，又能实现污水资源化的新兴水处理技术。从工艺流程上看，膜生物反应器技术（MBR）是一种由膜分离单元与生物处理单元相结合的水处理技术，取代二沉池，减少占地，并且可以保持曝气池中较高的活性污泥浓度。膜生物反应器技术（MBR）分外置式（加压）和浸没式（抽吸）两种：第一代为外置式膜生物反应器，膜系统（管式膜/板式膜）安装在曝气池后面；第二代为浸没式膜生物反应器，于 1989 年日本开始应用，膜组件安装在曝气池内或单独的膜池内，不需要设置二沉池，目前浸没式膜生物反应器应用广泛，分一体式（非独立膜池）和分置式（独立膜池）。

与传统的生化水处理技术相比，膜生物反应器技术（MBR）的主要特点是（张伟，2011）：①处理效率高；②处理出水水质良好；③污泥浓度高，装置容积负荷大，占地省；④有利于各类微生物截留，污染物去除能力强；⑤剩余污泥产生量低；⑥易于实现自动控制；⑦操作管理方便等。

但膜生物反应器技术（MBR）也存在以下问题：调研中，膜生物反应器技术（MBR）应用于市政污水处理项目中普遍存在以下 4 点问题：①运行费用（电费、清洗的药剂费、人工费）相对其他同类出水标的工艺要高；②目前运行的 MBR 项目基本采用相对恒通量运行，但是存在不同程度的由膜污染引起的通量衰减问题；③MBR 工程设计中，没有统一的设计标准指导，导致各厂家根据自己的工程项目数据库指导工程项目设计，给客户在更换膜组器时造成了不便；④MBR 市政污水处理项目中，前处理非常关键，直接影响后续 MBR 工艺段的运行费用。

呼和浩特某再生水厂供水规模为 3 万 m^3/d，该工程是国内再生水工程里规模最大、性能最好的一个 MBR 工程，该厂以污水处理厂二级出水作为进水水源，出水主要回用于工业冷却水。

回用工艺：采用 MBR+超滤工艺，具体工艺流程如下图所示。

运行效果：排水中 COD_{Cr}、氨氮浓度较高，超滤膜技术用于城市污水的再生处理，可以完全脱除水中的细菌和大肠杆菌，有效地清除水中的 SS，并在一定程度上降低 COD_{Cr}、TN 和 TP 等污染物浓度。

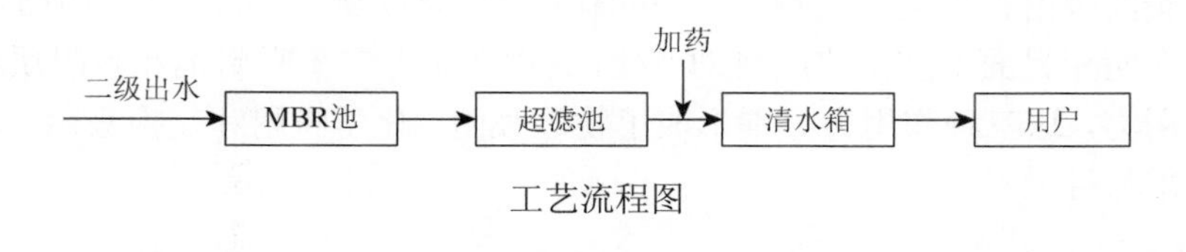

工艺流程图

膜生物反应器技术（MBR）目前最大的优势就是出水水质好，超出了目前的水质标准，出水水质稳定（膜堵是另外一方面）。但如果说从未来出水水质考虑，或者说目前水质标准没有涵盖的范围考虑，比说消毒的稳定性，由于膜的作用，对于病原菌消毒的稳定性与常规工艺存在一定差别。另外，从生态稳定性来讲，对于内分泌干扰物质的去除有一定的优势。因此，评价某项技术时，不仅应着眼于现在的标准，更应着眼于水质的发展、水环境以及人类健康，从这些角度来说，MBR 具备一定的潜力。

膜生物反应器技术（MBR）是结合生物二级处理和再生水生产两种工艺，在比较费用的时候，应该以生物处理厂和再生水厂两个厂的费用之和，与 MBR 项目做比较。另外，达到再生水标准的处理工艺很多，如滤布滤池、砂滤等，但是它们的出水水质不如 MBR，在费用上也低于 MBR。但在考虑到出水水质完全一样的情况下，应该拿膜生物反应器技术（MBR）和生物处理+超滤处理技术比较，这样比较后两种费用几乎差不多。

2.3 深度处理技术

深度处理技术是进一步去除主体处理技术不能完全去除的污水中杂质的净化技术，为了达到更高的水质要求，在主体处理技术后选择一些处理技术进行后续处理。再生水深度处理技术有吸附技术、除盐技术、高级氧化技术，可选用一种或几种组合。

2.3.1 吸附技术

1. 活性炭吸附

活性炭是一种比较特殊的碳质材料，具有发达的孔隙结构、巨大的比表面积、良好的稳定性质、很强的吸附能力以及优异的再生能力（张伟，2011）。活性炭吸附就是利用活性炭的固体表面对水中的一种或多种物质的吸附作用进行水质净化（童祯恭等，2006）。

活性炭有不同的形态，目前在水处理上仍以粒状和粉状两种为主。粉状炭用于间歇吸附，即按一定的比例，把粉状炭加到被处理的水中，混合均匀，借沉淀或过滤将炭、水分离，这种方法也称为静态吸附。粒状炭用于连续吸附，被处理的水通过炭吸附床，使水得到净化，这种方法在形式上与固定床完全一样，也称为动态吸附。能被活性炭吸附的物质很多，包括有机的或无机的，离子型的或非离子型的，此外，活性炭的表面还能起催化作用，因此，可用于许多不同的场合。活性炭对水中溶解性的有机物有很强的吸附能力，对去除水中绝大部分有机污染物质都有效果，如酚和苯类化合物、石油，以及其他许多人工合成的有机物。水中有些有机污染物质难以用生化或氧化法去除，但易被活性炭吸附。

活性炭的吸附作用主要依赖于分子间作用力、化学键力和静电吸引力形成的吸附，物质之所以在两相界面上产生浓度自动变化，关键在于存在于吸附剂和吸附质之间的这三种不同的作用力，这三种作用力分别形成了物理吸附、化学吸附和交换吸附，它们构成了活性炭的吸附特性。

1）物理吸附

物理吸附是指物质之间的分子力产生的吸附作用。在物理吸附中被吸附的分子吸附在吸附剂表面的固定点上，并且被吸附的分子稍能在两相界面做自由移动，由于这是一个放热过程，吸附热较小，所以一般不需要活化能，而且在低温条件下就可以进行。物理吸附是可逆吸附过程，即在吸附的同时，被吸附的分子依靠热运动可以离开吸附剂的表面。物理吸附不但能够形成单分子层吸附，还可以发生多分子层吸附，尽管分子间作用力的普遍存在使得一种吸附剂可以吸附多种分子，但是被吸附的物质不同，吸附量会产生很大的差别，所以这种吸附作用不仅与吸附剂的表面积和其内部的细孔分布有关系，还受吸附剂表面力作用的影响。

2）化学吸附

在吸附剂和吸附质之间由于产生了化学键的作用，使两者发生了化学反应，导致吸附剂和吸附质很好地结合起来。因为化学吸附过程发生了放热反应，吸附热较大，所以通常情况下在很高的温度下进行，需要很大的活化能。化学吸附为选择性吸附，即一种吸附剂仅仅吸附某种或特定几种物质，导致化学吸附只能发生单分子层吸附，而且吸附作用非常稳定，不可以发生可逆过程。所以这种吸附作用不仅和吸附剂的表面化学性质有关，还受吸附质的化学性质影响。由于活性炭在制造过程中活性炭的表面产生了一些化学官能团，如羟基、羧基和羰基等官能团，所以活性炭在水处理中可以发生化学吸附。

3）交换吸附

交换吸附是指由于静电引力作用，一种物质的离子聚集在吸附剂表面的带电点上。发生交换吸附时，离子的电荷起着决定作用，在等量离子的交换过程中，被吸附的物质经常会发生化学变化，改变了原来的化学性质。这种吸附过程也不能发生可逆，而且活性炭活性发生此吸附作用后即便再生也很难恢复到原来的化学性质。

活性炭吸附可去除水中残存的有机物、胶体粒子、微生物、余氯、痕量重金属等，并可用来脱色、除臭。由于活性炭具有极大的比表面积，处理效率高，装置占地少，易于自动控制，对水量、水质、水温变化适应性强。可再生使用是一种具有广阔应用前景的污水回用处理技术。但是，活性炭吸附对大部分极性短链含氧有机物不能去除，同时再生费用高，很难就近迅速处理，限制了该技术的应用。在污水再生利用工艺中，活性炭吸附一般作为组合工艺中的预处理工艺适用。

活性炭吸附处理的成本比一般处理方法要高，所以当水中有机物的浓度较高时，应采用其他较为经济的方法先将有机物的含量降低到一定程度再进行处理，进一步减少废水中有机物的含量，去除那些微生物不易分解的污染物，使经过活性炭处理后的水能达到排放标准的要求，或使处理后的水能回到生产工艺中重复使用，达到生产用水封闭循环的目的。活性炭以物理吸附的形式去除水中的有机物，吸附有机物的能力十分大，吸附前后被吸附的性质并未变化，采用适当的解吸方法能回收水中有价值的物质。

总的来说，活性炭水处理具有效果好，工作可靠，操作和管理简单，占地面积小，失效活性炭能再生等优点，但预处理要求高，价格昂贵，因此，在废水处理中，活性炭主要用来去除废水中的微量污染物，以达到深度净化的目的。

2. 电吸附（EST）

电吸附技术主要应用在工业废水除盐过程中，是 20 世纪 90 年代末开始兴起的一项新型水处理技术。电吸附模块为整个电吸附系统的核心，可根据原水水质和用户要求选择适当的模块及模块组合。

电吸附（EST）技术具有以下工艺优点。

（1）耐受性好，核心部件使用寿命长，避免了因更换核心部件而带来的运行成本的提高。

（2）特殊离子去除效果显著，电吸附技术对氟、氯、钙、镁离子去除率效果尤佳。

（3）无二次污染，电吸附系统几乎不添加任何药剂，排放浓水所含成分均来自于原水，系统本身不产生新的排放物。浓水可直接达标排放，无需进一步处理。

（4）对颗粒污染物低，由于电吸附脱盐装置采用通道式结构（通道宽度为毫米级），因此，不易堵塞。对前处理要求相对较低，因此，可降低投资及运行成本。

（5）抗结垢，电吸附技术主要是利用电场作用将阴、阳离子分别去除，阴、阳离子所处场所不同，不会互相结合产生垢体。

（6）抗油类污染，电吸附脱盐装置采用特殊的惰性材料制成电极，可抗油类污染，电吸附脱盐技术已成功应用于炼油废水回用。

（7）操作及维护简便，EST 系统不采用膜类元件，对原水的要求不高。在停机期间也无需对核心部件做特别保养。系统采用计算机控制，自动化程度高，对操作者的技术要求较低。

（8）运行成本低，电吸附技术净化/淡化水是有区别性地将水中离子从待处理的原水中提取分离出来，而不是把水分子从待处理的原水中分离出来。因此能耗比较低，与其他除盐技术相比，可以大大地节约能源。

因此，电吸附脱附技术在废水处理和水的深度净化，有机物的分离和回收，吸附剂的再生等方面有着良好的应用前景。此外，电吸附方法还可以用来富集有价值的化学或生物物质。但是电吸附（EST）技术对来水也有一定的要求，如表 2-17 所示。

表 2-17　电吸附技术进水水质

指标	COD_{cr}/(mg/L)	pH	浊度/(mg/L)	SS/(mg/L)	油/(mg/L)
进水水质	＜150	6～9	＜5mg/L	＜5mg/L	＜3mg/L

2.3.2　除盐技术

除盐技术主要包括膜处理技术中的反渗透技术，主要是通过压力使溶液中的水通过反渗透膜达到分离、提纯以及浓缩等目的的处理技术。该技术主要以除去水中的盐类和离子状态的物质为目标，另外还可以去除有机物质、胶体、细菌和病毒。高压与低压反渗透膜具有脱盐率高的特点，对水中 NaCl 的去除率能达到 95%～99.9%，水的回收率达到 75%左右，BOD、COD 去除率在 85%以上。

2.3.3　高级氧化技术

高级氧化技术包括紫外线/臭氧（UV/O_3）氧化技术、过氧化氢/臭氧（H_2O_2/O_3）氧化技术、紫外线/过氧化氢/臭氧（UV/H_2O_2/O_3、UV/O_3）氧化技术、超声波/臭氧（US/O_3）氧化技术等，部分氧化剂的氧化能力如表 2-18 所示。

表 2-18　部分氧化剂的氧化能力

氧化剂	氧化还原电位（V）（氢标）	与氯气的氧化还原能力之比
羟基自由基	2.80	2.05
原子氧	2.42	1.78
臭氧	2.07	1.52
双氧水	0.87	0.64
氧气	0.40	0.29

1. UV/O_3

目前对 UV/O_3 氧化机理有很多研究，一般认为 UV/O_3 中的氧化反应为自由基型反应，即液相臭氧在紫外光辐射下分解产生羟基自由基。施银桃等利用 UV/O_3 氧化体系对活性艳红 K-2BP 废水进行研究。结果表明，紫外光催化臭氧化可加速有机物的矿化，在同样时间条件下，三者氧化能力大小为：UV/O_3＞单独 O_3＞单独 UV。童少平等利用此法对水中的硝基苯进行降解去除，发现使用 UV/O_3 降解硝基苯比单独使用臭氧处理有了较为明显的提高，并指出了 UV/O_3 氧化降解能力提高的两方面原因：一是紫外光对有机物的活化作用，二是中间产物 H_2O_2 催化臭氧分解产生了高活性的羟基自由基。

虽然该法的建设投资大、运行费用高，但其在饮用水深度处理和难降解有机废水的处理中具有良好的应用前景。

2. H_2O_2/O_3

H_2O_2/O_3 水处理法是在饮用水中应用最广泛的高级氧化技术，由于 H_2O_2/O_3 工艺只需在原有的臭氧化工艺基础上投加 H_2O_2 即可，因此简单方便，可操作性较强。日本从 20 世纪 70 年代后期开始研究利用水处理法来处理高浓度有机废水，美国则是在 20 世纪 80 年代将该法用于处理城市污水中挥发性有机化合物，都取得了一定成绩。马军等运用此工艺处理水中的二苯甲酮，结果表明过氧化氢能在一定程度上促进臭氧对二苯甲酮的氧化，且氧化的最终产物多是一些有机羧酸类物质，毒性已大大降低。

与 UV/O_3 工艺相比，H_2O_2/O_3 不需要 UV 使分子活化，因此，其主要优点就是在浑浊度较高的水中仍能运行良好。

3. $UV/H_2O_2/O_3$

$UV/H_2O_2/O_3$ 水处理法是同时利用 UV、O_3 和 H_2O_2 将有机物氧化降解的方法。其氧化机理包括 O_3 的直接氧化、O_3 和 H_2O_2 分解产生的羟基自由基的氧化、直接光解，以及 H_2O_2 的光解和离解作用。

4. US/O_3

随着生化技术向水处理技术方面渗透，目前基于超声化学为辅助手段的高级氧化技术已成为废水处理领域的研究热点。超声波降解污染物的主要机理为空化现象所形成的自由基，当自由基反应成控制因素时，加入 O_3 可进一步提高污染物的降解速率。

2.4　输 配 技 术

再生水输配系统是指将再生水原水收集到再生水水厂和将处理后合格的再生水安全

快速地送达各用户的全部管网、设备和构筑物。输配系统包括管网、提升泵及泵站、调蓄构筑物。

再生水在输运过程中要保证不得与其他水接触，即再生水不得泄漏，同时其他低于再生水水质的水也不得泄漏于再生水输配系统中；避免由于物理、化学作用对管道及设备产生腐蚀引起的水质变化，避免有可能形成各种类型的微生物（异氧微生物、好氧微生物、缺氧微生物、厌氧微生物等）及其代谢产物引起水质的改变；对于有压管道，再生水管道应承受一定的压力，以确保再生水的供给安全。

2.4.1 输配方式

再生水的输配方式选择是再生水输配技术中的关键内容，直接影响到系统布置、投资和运行成本。

输配方式可分为渠道、管道及其他输水方式。渠道通常是人工开挖的渠道，也可以利用天然河道，具有造价低、施工方便等特点，但水质难以保证、易受污染。一般可用于短距离输送或水质要求不高的用户。管道输配按供水方式可以分为重力输水管道和压力输水管道。重力式是利用地形高程差输水，无需水泵等动力消耗。当水源和用户之间的高差可以克服沿程全部水头损失且还有富余水头满足用户所需用水压力时，可以采用这种输配方式。压力输水则是利用水泵加压输水，需要消耗动能。此外，还有输水车等移动或辅助输水方式。

输配方式选择和许多因素有关，如输送的水量、输水距离、输水管的起点和终点的地形高差、沿线地形、供水的用途等。对于输配方式的基本要求是保证输水的可靠、安全和经济：确保送达所需水量、输水过程中水质稳定，同时损耗的水量最少。

1. 渠道输水方式

从输水的经济型出发，绿地浇灌的供水，在条件许可的情况下，可以与景观环境用水或补给地表水结合起来，采用河流或渠道输水的方式，供水范围不宜太分散，因地制宜，以大型风景区、公园、苗圃、城市森林公园等为回用目标，提高回用的规模效益。

2. 管道输水方式

管道输水方式具有供水安全可靠、水质受环境影响小的优点，是最常用的城市非饮用水输水方式。

管道输水方式需专门的再生水供应管道，因此，需要相应的供水管道建设投资及日常维修费用；同时，必须严格控制再生水管道的误接误用，建立严格的监测与管理制度，以确保回用的安全性。

管道输水方式用于各种回用途径，从工程投资和管理出发，供水的范围宜相对集中，车辆冲洗和浇洒道路用水可以设置集中地供水区。建筑施工用水能与建成后的建筑杂用水回用相结合。

3. 其他输水方式

对于采用管道输水距离太长，工程经济型不合理的再生水输送，如绿化浇灌、道路冲洗等，可以采用设立专门供水点与输水车相结合的方式，这一方式在严重缺水的城市，尤其在干旱季节有一定的实用价值。另外，在沿途管道或在市政再生水管网没有覆盖区域的管网终端设置取水器（机），绿化和喷洒用户或其他有自备输水车的用户可以使用输水车取水，增加了再生水的使用用户。取水器（机）是在再生水供水管网建设尚不能满足分散小用户需求时一个有力的补充和辅助手段，有利于再生水的推广使用，也被称为是流动式再生水供给系统。取水器（机）分布（间隔）参照《环境卫生设施设置标准》（CJJ 27—2012）。

常见的输配方式特点对比情况见表 2-19。

表 2-19　输配方式优缺点对比分析

方式			优点	缺点	适用范围
重力式	渠道		造价低，施工方便	易受污染	短距离或水质要求不高的用户
	管道	重力输水	可保证水质	成本较高	水源和用户间高差足够
压力式	管道	压力输水	可保证水质和水压	消耗动能，成本较高	地形起伏较小

2.4.2　管网布置

再生水管网布置是再生水利用规划内容之一，对供水安全性和水量保证影响较大，通常要考虑水源、地理条件、用户情况、运行管理等因素。

1. 管网布置形式

再生水管网类型按布置形式分为枝状管网（含直线专供或称大用户专线）和环状管网。枝状管网是从再生水厂泵站到用户的管线布置成树枝状，即由一根主干管分枝出多条干管和与干管相连的多条支管所组成的管网形式，是目前再生水管网最常见的形式；其中，直线专供或称大用户专线可以看成是枝状管网的一种特例，也是再生水输配系统的一个特色。枝状管网的特点是管网内只有一个水源供水，管道中任一点只能由一个方向供水。若在管网内某一点断流，则该点之后的各段供水就无法保证，供水可靠性差（赵正江等，2004）。目前在实际应用中，这种管网形式有时会根据用户有一些小的变化，衍生出“枝带环”的形式，即在枝端把支管连接成小的封闭环，方便用水，常见于绿化用户。

环状管网是由多条管段互相连接而成闭合形状的管道系统。特点是管网的任一点均可由不同方向供水。若管网内某一段损坏，可用阀门将其与其余管段隔开检修，水还可以从另外管段供应用户，断水的地区可以缩小，从而增加供水的可靠性，提高保证率。此外，环状网还能够大大减轻水锤作用产生的危害，降低管线损坏的概率。再生水环状管网目前比较常见的是多水源环网。环状管网由于规模大，管线长，因此，造价高，运行管理也相对复杂。

再生水管网规划与供水管网类似，只是管道密度低于供水管网。管网建设初期多采用枝状，随着发展逐步连成环状。管网类型的确定与再生水用户的类型、多少、保证率、建设资金有关。例如，北京北部清河再生水厂和北小河再生水厂连供形成环形管网为奥运场区供水，基本形成环。用于给河道补水的再生水，因为流量大，如果与其他市政杂用水用同一个管网输配，直接从管道放水，会造成管道大幅度泄压，其他用户用水受影响的现象，即使设置了持压阀也经常会由于设备本身等各种原因导致供水问题，因此，这类用户采用枝状管道供水比较适宜。另外，目前很多电厂采用专线直供再生水。再生水管网枝状网和环状网特点比较见表 2-20。

表 2-20 管网类型优缺点对比分析

类型	特点	优点	缺点
枝状管网	单一水源供水、单一方向供水	节省材料，造价较低	供水可靠性差
环状管网	多方向供水	供水可靠性高	造价高，运行管理复杂

选择管网类型的基本要求是在保质保量供水的基础上，以资金条件和发展阶段为主要限制因素，综合考虑用户特点和需求，以“从线到环、以线串环、逐步成网”为思路，通过技术经济比较，近远期结合考虑分阶段建设，逐步完善。

2. 输配水线路选择原则

（1）输配水管的走向和位置首先应符合城市总体规划及其他专项规划的要求，尽可能沿现有道路或规划道路敷设，尽量做到线路短、弯曲起伏小和土方工程量小，减少跨（穿）越障碍次数、避免沿途重大拆迁、少占最好不占农田，节省工程造价和减少日常输水能耗，利于施工和维护管理。

（2）输配水管线路的选择应考虑近远期结合和分期实施的可能。

（3）对于再生水用水大户，可以考虑直线专线供水。采用单条管道或双管道直接向单一用户供水，沿途不配水，一般是用水量较大或者水质要求特殊的用户。

（4）再生水输管道应与饮用水及污水管道分隔，避免再生水管道与饮用水管道交叉连接。

3. 管道布置和敷设

再生水管道布置和敷设需要注意很多问题，如分析出现水锤的可能并采取必要的措施消除水锤；设置排气阀、泄水管、泄水阀以免发生气阻、方便排水和维修；注意再生水管道严禁与生活用水的管网误接；再生水配水管与构筑物或其他管线的间距应符合城市或厂区管线综合设计的要求等。管道敷设应符合《污水再生利用工程设计规范》（GB 50335—2002）、《工业金属管道工程施工及验收规范》（GB 50235—2010）、《现场设备、工业管道焊接工程施工及验收规范》（GB 50236—2011）等规范的规定。

再生水管道的具体布置敷设要求如下。

（1）再生水的输配水系统应建成独立系统。再生水管道与给水管道、排水管道平行埋设时，其水平净距不得小于 0.5m；交叉埋设时，再生水管道应位于给水管道的下面、排水管道的上面，其净距均不得小于0.5m。当饮用水管道和再生水管道在同一管沟/管套内时，再生水管道必须始终在饮用水管道以下。

（2）再生水厂供水泵站内工作泵不得少于两台，并应设置备用泵。

（3）有可能产生水锤危害的泵站，应采取水锤防护措施。

（4）重力输水管应设检查井和通气孔。当输送的再生水浑浊度较低时，检查井的设置间距可参照给水管布置；当输送的再生水浑浊度较高时，可参照排水管的要求设置检查井。

（5）压力输送管上的高点应设置排气阀；低点应设置排泥阀、泄水阀，泄水管应接至附近雨水管、河沟或低洼处；当不能自流排出时，可设集水井，采用水泵排水方式。

（6）再生水输配水管上的阀门布置应能满足事故管段的切断需要，并在管网局部发生事故时尽量缩小断水范围，干管上的阀门间距一般为 500～1000m。

再生水管网的敷设应确保再生水管网卫生学方面和系统运行的安全，在建设再生水厂的同时，要配套建设专用输送再生水的管网，管网敷设与水质保护应注意如下问题。

（1）应综合考虑城镇再生水供水管网条件和用户用水特点，有条件的采用管网叠压供水方式，且不得造成城镇供水管网的水压低于该地区规定的最低供水服务压力值（从室外设计地面算起）。

（2）对再生水的质量和双管道的设计、安装和运行都必须做出严格的规定；制定相应的操作规程；实施不同的工程和技术措施。

（3）再生水输配管网中所有的组件和附属设施都需进行明确和统一标识。依据《城市污水处理厂管道和设备色标》（CJ/T 158—2002）和《城市污水再生利用城市杂用水水质》（GB/T 18920—2002），再生水管道及其配件应采用天酞蓝（PB09）识别色，并清楚标识“再生水”或标记“警告—再生水—不能饮用”字样，以区别饮用水管道。

（4）再生水供水管道压力应低于饮用水供水管道的压力，防止饮用水系统的污染。

（5）不在室内设可直接使用的水龙头，以防误用。

（6）再生水的输送系统的设计和运行应保证供水水质的稳定、水量可靠和用水安全。对于需要通过管道输送再生水的非现场回用情况采用加氯消毒方式；而对于现场回用情况不限制消毒方式，可采用液氯、二氧化氯、紫外线等消毒。当采用液氯消毒时加氯量按卫生学指标和余氯量控制，并保证管网末端余氯不小于0.2mg/L。宜连续投加，接触时间应大于 30 分钟。

（7）再生水供水企业应建立完善的再生水厂进出水水质监测制度和服务状况的报告制度，监测“输送到用户管网前的再生水水质”是安全的，同时出厂管道和各用户进户管道上应设计计量装置，采用仪表检测盒自动控制。

（8）再生水厂与各用户应保持畅通的信息传输系统。再生水厂和用户应设置水质和用水设备检测设施，检测项目和检测频率应符合有关标准的规定。对出厂的再生水以及输送到用户管网前的再生水水质进行监测，是保证再生水供应安全性极其重要的防护措施。

（9）完全使用再生水作为景观湖泊类水体时水力停留时间宜在 5 天左右。当加设表曝类装置增强水面扰动时，可酌情延长河道类水体停留时间和湖泊类水体停留时间。

（10）完全使用再生水作为景观湖泊类水体，在水温超过 25℃时，其水体停留时间不宜超过 3 天；而在水温不超过 25℃时，则可适当延长水体静止停留时间，冬季可延长水体静止停留时间至一个月左右。流动换水方式宜采用低进高出。

（11）为保证不间断向各再生水供水点供水，应设有应急供应自来水的技术措施，以保证再生水处理装置发生故障或检修时不至于中断向用户供水。不得间断运行的再生水厂，其供电应按一级负荷设计。

2.4.3　管材选择

与城市供水类似，输配管道投资是占再生水利用工程投资中比例最大的一部分。在确定的管网形式下，管材选择对系统建设投资和长期运行的安全可靠性、稳定性以及维护管理的便利性影响最大。选择适宜的管道材质对于保证输送过程水质稳定、减少漏失、提高运行经济性、延长管道使用寿命、降低施工成本和投资，以及提高抢修效率保证运行稳定都大有裨益。因此，合理选择管材是再生水输配技术中关系到系统长期安全稳定运行的重要环节。

再生水利用的根本任务是向用户提供满足水质要求、连续供应有压力的水、同时降低再生水费用。为此，再生水管线硬件有以下要求：首先，再生水管道必须有良好的封闭性；其次，再生水管道的内壁不结垢、光滑、管路畅通，且管道内壁既要有耐腐蚀性，又不会向水中析出有害物质（甘庆午和任丽艳，2012）；再次，管道再生水线路上的附属设备控制必须灵活，保证管线运行畅通、安全，避免污染。一般来说，管网的投资占工程建设费用的 50%～70%（童祯恭等，2006），因此，如何通过技术经济分析确定再生水管道管材、管径及管线的附属设备，在再生水工程中占据极其重要的地位。

1. 管材的选择

再生水具有有机物、盐类、微生物含量高的特点，生物和化学腐蚀性较强。为了防止再生水系统中设施和设备的故障，再生水设施和管网应采用耐腐蚀的结构和材质，并应进行合理的维护管理。

管材的选择主要考虑以下因素。

（1）不同的再生水厂生产工艺受不同的水质参数指标的影响；

（2）输送水质稳定，既要有良好的耐腐蚀性，又不会向水中析出有害物质；

（3）较大的强度和刚度能够承受路面荷载，同时承受内外压力；

（4）输送液体能力强，内壁光滑，水力条件好，粗糙率小，不易结垢；

（5）具有良好的封闭性能，管件严密不泄漏，保证管网长期有效经济工作；

（6）耐腐蚀、抗磨损，使用寿命长；

（7）便于铺设安装，接口容易，运行维护简单；

（8）配件齐全，供应有保障，施工方便且易开口，便于抢修；

（9）综合技术经济指标，保证供水需求的基础上降低管道造价。

再生水管道可采用塑料管、塑料和金属复合管、球墨铸铁给水管或其他管材，采用金属管道时应考虑防腐措施。常见再生水管材特性及选择建议方案见表 2-21。

表 2-21　常见再生水管材特性及选择建议方案

管材类型	抗腐蚀性能	水质适应性	机械性能	应用情况	建议管径范围
球墨铸铁管	需要内外防腐蚀处理，用于再生水输配，宜内部附环氧树脂涂层	水泥内衬不适合低 pH、低碱度水和软水	承压能力强、韧性好、施工维修方便	广泛应用于饮用水和再生水的输配	DN300～DN1200
钢管	用于再生水输配，需做内外防腐蚀处理	环氧树脂涂层可提高其水质适应性	机械性能好、施工维修方便	用于大口径输水管道，局部施工较复杂，价格相对较低	≥DN600
预应力钢筒混凝土管（PCCP）	具有较好的抗腐蚀性能	水泥砂浆与水接触，不适合低 pH、低碱度水及软水	承压能力强、抗震性能好、施工维修方便	一种新型的刚性管材，抢修维护比较困难	≥DN1200
高密度聚乙烯管（HDPE）	耐腐蚀	水质适应范围广	重量轻、易施工	新型管材，价格较高、适合 DN300 以下的管道	≤DN300
玻璃钢夹砂管（RPMP）	耐腐蚀	水质适应范围广	相对较轻，拉伸强低于钢管，高于球墨管和混凝土管	适用于大口径输水管道	范围较广
硬聚氯乙烯管（UPVC）	耐腐蚀	水质适应范围广	重量轻、施工连接方便、强度相对较低	常用的输水管材，不适合承压大的施工环境，易脆	≤DN300

注：引自《城镇污水再生利用技术指南》（试行）

球墨铸铁管的优点是强度较高，且内外承压力强，机械性能优越，延展性、抗拉性好，防腐处理相对容易，承插接口安装简易，密闭性好不易漏水，采用橡胶柔性连接，对地基及地形适应能力强，抗震性能好。配套的管件齐全，方便维护，能适应新安装需要，也能适应运行管道上不停水引接分支的需要。缺点是自重比钢管大，长期运行会出现腐蚀瘤；DN≥1200mm 及 DN≤300mm 的球墨铸铁管，铸造难度大，且大口径球墨铸铁管管壁薄，承插口端易变形，影响管道敷设。

焊接钢管的优点是密封性好，耐振动，抗拉能力强，能够承受轴向荷载，安装技术成熟，管件种类齐全，连接方便，施工安装要求低，对复杂性地形适应性强，同一管道在不同管段受力情况差异较大时无需对不同管段进行特殊加工制造，可埋设穿越各类障碍物，且运输保存方便，因生产制造工艺比较成熟，相关规范标准齐全，不同厂家管材质量差异不大，质量容易控制。缺点是承受较大外荷载的稳定性差，耐腐蚀性差，管壁内外都需有防腐措施，尤其小管径内部焊口在现场防腐不好解决，长距离时还需要沿线做阴极保护。

预应力钢筒混凝土管（PCCP）价格便宜，尤其在大口径范围内，具有明显的价格优势，抗腐蚀能力强，一般情况下不需要防腐处理（在含盐量高的土壤中仍需阴极保护处理）。由于其弹性模量较小，因此水锤峰值较小。但预应力钢筒混凝土管加工工序多、工艺复杂，制作质量较难控，管的抗拉强度较低，承插口加工安装精度要求高，漏失量大，需自行加工管件，不适合用于连接支管或管配件较多的管道，管道的自重大，不易运输保存，抢修维护成本高。

聚乙烯管（PE）优点是管内壁光滑，水头损失小，材质无毒性，具有良好的卫生性能，输送水质稳定；具有优良的耐腐蚀性能，一般不需要进行防腐设计；延展性好，具有较好的耐冲击性；热熔或电熔接口施工方便，连接性能可靠；管道轻，运输加工方便。缺点是聚乙烯管一般采用热熔连接，温度膨胀系数较大，用作长距离管道需考虑温度补偿措施。此外，聚乙烯管还存在着管质量不易控制、管配件（三通、弯头）价格昂贵等问题。

玻璃钢夹砂管（RPMP）亦称玻璃纤维增强树脂塑料管，优点是耐腐蚀性好，内壁非常光滑，不易结垢，输送水质稳定，水头损失小，节能；耐热、抗冻性好，可在–50～80℃的范围内长期使用，自重轻、强度高、运输安装方便；管与管连接采用承插连接方式，安装快捷简便，事故时抢修便捷快速；管道的电绝缘性特优，用于输电、电信线路密集区和多雷区，不用做内、外防腐。另外，沿海地区由于土壤具有腐蚀性，适宜采用玻璃钢夹砂管。玻璃钢夹砂管的缺点是材质韧性不如钢管，较脆，在易破裂、易沉降，震动路段慎重；对基础和回填要求高，不适合承受较大外荷载。

管材的选取与管径相关。大口径输水管道宜采用预应力钢筒混凝土管、钢管等，小口径输水管道宜采用高密度聚乙烯管、硬聚氯乙烯等。

1）管材管径选择原则

选用管材时，应考虑再生水的腐蚀性、土壤的腐蚀性和地下水状况等埋设条件进行选择。不仅要求管材具有一定的强度，还需要有足够的耐腐蚀性。建议在采用钢管输配再生水时，使用具有氯乙烯或聚乙烯内外衬的树脂钢管。此外，在再生水腐蚀问题的调查中还发现，再生水利用设施的配管结合部的腐蚀问题最为突出，管道系统上的阀门、管材、材质应考虑中水的腐蚀性，应该选用具有耐腐蚀材质的控制阀、截流阀、给水泵等部件。

从管材技术性能上衡量，钢管、球墨铸铁管、不锈钢玻璃钢复合管等，均适合大口径配水管道；球墨铸铁管、钢骨架塑料（PE）复合管、玻璃钢夹砂管、不锈钢玻璃钢复合管等，适合中间口径配水管道；小口径管材可选 UPVC 管、HDPE 管及不锈钢玻璃钢复合管。

从管材使用的普遍性上看，中等口径以上配水管道多采用球墨铸铁管、钢管，小口径管道多使用 UPVC 管、钢骨架塑料（PE）复合管。玻璃钢管、不锈钢玻璃钢复合管等新型管材在一般的工程中较少使用。

从管材价格上看，大口径配水管道采用玻璃钢夹砂管、钢管造价低；中小口径采用玻璃钢夹砂管、球墨铸铁管、钢骨架塑料（PE）复合管、不锈钢玻璃钢复合管比较合适；小口径管道宜使用 UPVC 管、HDPE 管、不锈钢玻璃钢复合管。

管材选择时要考虑其他因素，如地层基础影响、管道接口及施工质量的影响、温变应力破坏，其中，地层基础影响和温变应力破坏可以在选材的时候根据实地的情况考虑，不确定因素相对比较小，但是施工时受管材本身特性、工人素质、施工技术及仪器误差等的影响，选材时也需要给予一定的注意，避免因为管材的选择不当造成不必要的损失。几种常见的问题如下。

（1）管材自身因素：目前，铸铁管破裂主要为承接式刚性接口。因为接口刚性太强，当气温下降时易引起再生水管受收缩拉力而断裂，或在不均匀沉降时弯矩过大而径向裂开（谭立国，2013）。

（2）施工质量差：如管沟底不平整，转弯过多，借转角过大，承口填料有空隙，形成受压不均匀；有的管道敷设过浅，埋深不够，受重力荷载影响过大发生爆管事故（谭立国，2013）。

（3）管网工作时间的影响：随季节的变化，管网敷设时的温度条件和工作时的温度条件会有很大的差距，因而管道每年必须受到温度降低拉应力的影响，当管道许用应力小于这种温度拉应力时，管道则被破坏（李红梅和闵锐，2007）。随使用年限增加，管道抗温度应力能力将进一步减小。

（4）管材腐蚀导致的污染：在再生水管道中，传统的钢管、铸铁管和预应力混凝土管、金属管材埋在土壤中，金属与水和土壤接触极易发生化学和电化学作用，在有些地方土壤酸度高，腐蚀性强，这样致使管材寿命缩短造成泄漏，而且使用年限较长的金属管内壁腐蚀、结垢、沉积锈蚀物中含大量的铁、锰和各种细菌，使管网中的铁、锰、浊度、色度、细菌等指标值上升，水质恶化，造成水质事故（孙妙祥，2009）。

2）管材综合比较

管材选择的综合评价应进行技术经济分析，并从以下几个方面评定。

（1）管材性能可靠，能承受要求的内压和外荷载。

（2）管材来源有保证，管件配套方便，运输费用低或建设周期短，施工及安装容易。

（3）使用年限长，维修工作量少。

（4）输水能力能长期保持条件下，工程造价低。

3）管材选择综合评价

（1）再生水管线在选材时应将管材的特性与水压、水质、用途、地基基础以及地下水位等综合因素结合起来，作一综合比较。

（2）在管径DN6000～1200mm范围内，管道压力在1.2Mp以下，管材的选择顺序依次为：球墨铸铁管、预应力钢筒混凝土管、三阶段预应力管、玻璃钢管、钢管。在压力大于1.2Mp时，管材选择优先顺序为：球墨铸铁管、预应力钢筒混凝土管、钢管。

（3）对于管径大于 DN1200mm，管材选择的优先顺序：预应力钢筒混凝土管、夹砂玻璃钢管（工作压力小于1.6Mp）、钢管。

（4）水压力小于1.6Mp，在一般地基情况，根据再生水水质腐蚀情况，优先采用耐腐蚀的玻璃钢管，其次为三阶段和一阶段预应力混凝土管。

（5）对于地震区或地基突变处，地下直埋管应尽可能采用延性较好、具有柔性接口的球墨铸铁管或三阶段预应力混凝土管。

（6）在过河倒虹或穿越铁路、公路以及地基土为可液化土地段的管道优先采用钢管。

（7）在膨胀土地区，为了适应地基的胀缩变形一般采用具有柔性接口的预应力混凝土管或预应力钢筒混凝土管。

4）附属构件的选择与设计

再生水输配系统的附属设施指保证输水到给水区内并且配水到所有用户所涉及的全部设施。主要有阀门、排气阀、放空阀、消火栓（便于取水）、持压阀、水表、流量计、取水器（机）。再生水的输配管网中适当部位设有闸阀。当管段发生故障或检修时，可关闭适当闸阀使它从管网中隔离出来，以缩小停水范围。闸阀应按需要设置，但闸阀愈少，事故或检修时停水地区愈大。当管线有起伏或管道架空过河时，在管道的隆起点需设排气阀，以免水流挟带的气体或检修时留在管道中的气体积聚，影响水流。在管道的低凹处常设排水阀，用以放空水管。

输水管（渠）道隆起点上应设通气设施，管线竖向布置平缓时，宜间隔 1000m 左右设一处通气设施。配水管道可根据工程需要设置空气阀。

输水管（渠）道、配水管网低洼处及阀门间管段低处，可根据工程的需要设置泄（排）水阀井。泄（排）水阀的直径可根据放空管道中泄（排）水所需要的时间计算确定。自动控制的阀门应采用电动、气动或液压驱动。直径 300mm 及 300mm 以上的其他阀门，启动频繁，宜采用电动、气动或液压驱动。

阀门的选择原则如下。

（1）管径不大于 50mm 时，宜采用截止阀，管径大于 50mm 时采用闸阀、蝶阀；

（2）需调节流量、水压时宜采用调节阀、截止阀；

（3）要求水流阻力小的部位（如水泵吸水管上），宜采用闸板阀；

（4）水流需双向流动的管段上应采用闸阀、蝶阀，不得使用截止阀；

（5）安装空间小的部位宜采用蝶阀、球阀；

（6）在经常启闭的管段上，宜采用截止阀；

（7）口径较大的水泵出水管上宜采用多功能阀；

（8）在供水管网中为了降低管道覆土深度，一般口径较大的管道选配蝶阀，对覆土深度影响不大的选配闸阀。

2. 管材的保护

再生水输配管网属于承压管网，金属管道会面临一定的腐蚀问题，在管材选择时应充分考虑管材防腐问题。其建设应参照《给水排水管道工程施工及验收规范》（GB 50268—2008），并充分考虑各种防腐措施。

首先，管网铺设的时候要做好防腐蚀的措施；其次，对于一些有轻微腐蚀和结垢的管道，定期安排进行管道冲洗、消毒，冲洗后进行涂衬，以减缓管道腐蚀的速度；对于新敷设的管道，一次性处理后可大大延长使用寿命。管道常用的保护措施主要有阴极保护、加缓蚀剂、高压水射流清洗、附加内衬。

1）附加内衬

附加内衬的方法主要有两种类型：水泥砂浆衬里和环氧树脂涂衬。

（1）水泥砂浆衬里是在管道的内部喷涂砂浆，靠自身的结合和管壁的支托，结构牢靠。它的粗糙系数比金属小，对管壁能起到物理性能保障，同时也能起到防腐的化学性能。水泥与金属管壁接触，能形成很低的 pH。

（2）环氧树脂涂衬是使用环氧树脂和硬化剂混合后的反应型树脂，可以形成快速、强劲、耐久的涂膜，它具有耐磨性、柔软性、紧密性。喷涂 0.15～1mm 厚即可达到防腐要求，经 2h 的养护后便可投入清洗、排水。

2）阴极保护

阴极保护是保护水管的外壁免受土壤侵蚀的方法。根据腐蚀电池原理，两个电极中只有阳极金属发生腐蚀，所以阴极保护的原理就是使金属成为阴极，以防止腐蚀（严煦世和范瑾初，1999）。

3）加缓蚀剂

主要是在金属表面形成一层薄膜，将金属表面覆盖起来，从而与腐蚀介质隔绝，防止金属腐蚀。缓蚀剂所形成的膜有氧化物膜、沉淀物膜和吸附膜三种类型。已经应用的有氧化物型缓蚀剂、水中离子型缓蚀剂和金属离子沉淀膜型缓蚀剂（秦国治和田志明，2001）。

4）高压水射流清洗

目前多采用高压水射流对管网进行周期性清洗，高压水射流清洗原理是用高压泵打出高压水，并使其经水管到达喷嘴再把高压力低流速的水转换为低压力高流速的射流，以其很高的冲击动能，连续不断地作用在被清洗表面，从而使垢物脱落，恢复管道通水能力，抑制腐蚀发生，实现高效、节能的清洗效果。

其他注意的事项：金属管道内防腐宜采用水泥沙衬里。金属管道外防腐宜采用环氧煤沥青、胶黏带等涂料。金属管道敷设在腐蚀性土中或其他有杂散电流存在的地区时，为防止发生电化学腐蚀，应采取阴极保护措施（外加电流阴极保护或牺牲阳极）。

影响管道腐蚀和损坏的因素很多，在工程实际中应当针对不同再生水管道的实际情况和技术经济条件，选用经济、简单、有效的防腐方法。

第3章　再生水处理工艺分类

再生水处理过程中仅单独使用某项单元技术很难满足用户对水质的要求，应针对不同的水质要求采用相应的组合工艺进行处理。现阶段，按照关键环节，再生水处理工艺大致可分为以物化处理为主的混凝沉淀过滤（老三段）工艺，以超滤、微滤和反渗透膜技术为主的“膜处理”工艺。其中，“膜处理”工艺又可分为以超滤或微滤为主的“单膜”工艺、以超滤或微滤+反渗透的“双膜”工艺和以污水为水源的“膜生物反应器”工艺；此外，在“老三段”或“膜处理”工艺之前，为了满足脱氮要求，可以增加生物硝化和反硝化处理等生物处理工艺。

对于以城市污水处理厂出水为水源的集中式处理，为满足水质要求，采用的主要处理工艺可以归纳为以下几类。

（1）二级处理出水—过滤—消毒—回用

（2）二级处理出水—微絮凝过滤（V型滤池/压力滤池）—消毒—回用

（3）二级处理出水—混凝沉淀—过滤—消毒—回用

（4）二级处理出水—微絮凝—膜处理（超滤/微滤等）—消毒—回用

（5）二级处理出水—膜处理（超滤/微滤/反渗透/MBR等）—消毒—回用

（6）二级处理出水—生物处理技术（生物接触氧化/曝气生物滤池/生物活性炭池）—消毒—回用

（7）二级处理出水—混凝沉淀—生物处理技术（曝气生物滤池/生物活性炭滤池）—消毒—回用

3.1　混凝沉淀过滤工艺

混凝沉淀过滤工艺即传统的“老三段”工艺，处理工艺的主要流程是：城市污水处理厂出水+混凝、沉淀或澄清或微絮凝+过滤+消毒（池勇志等，2012）。处理工段包括进水泵池、混合反应池、沉淀池、滤池、清水池、送水泵站。此工艺可有效地去除二级出水中残留的悬浮态和胶态固体物质，使水中浊度大大降低，并能使水中的SS、浊度、BOD、COD、磷、重金属、细菌及病毒的浓度进一步降低。

混凝技术是通过向水中投加某种化学药剂，使水中的细分散颗粒和胶体物质脱稳凝聚，并进一步形成絮凝体的过程，其中包括凝聚和絮凝两个过程。各种污水都是以水为分散介质的分散体系（万里，2013）。根据分散相粒度不同可将其分为三类：分散相粒度在0.1～1nm的称为真溶液，分散相粒度在1～100nm的称为胶体溶液，分散相粒度大于100nm的称为悬浮液。就去除各种粒度不同的分散介质来讲，粒度在100μm以上的悬浮液可采用沉淀或过滤方法进行去除，粒度在0.1～1nm的真溶液可采用吸附法去除，而粒度在1nm～100μm的部分悬浮液和胶体溶液可采用混凝法去除（林功波，2007）。

3.1.1　工艺简介

传统的混凝沉淀过滤（老三段）工艺与膜处理工艺和生物处理工艺相比较，投资少，工艺简单，技术成熟，维护操作易于掌握，但占地面积大，基建成本大。混凝沉淀过滤工艺对含重金属污水的处理效果较好。处理后的水可用于建筑中水、市政杂用水、工业用水、景观环境等多种用途（陈桓，2010）。

混凝沉淀过滤（老三段）工艺的基本流程如图 3-1 所示，通过混凝、吸附、沉淀和滤池截留作用，对浊度、悬浮物等感官类指标以及有机物类指标去除效果明显，能够保证出水水质的稳定。当城市污水处理厂的二级出水水质达到一级 A 标准时，经过处理后，其出水水质一般可达到《城市污水再生利用城市杂用水水质》（GB/T 18920—2002）的要求。

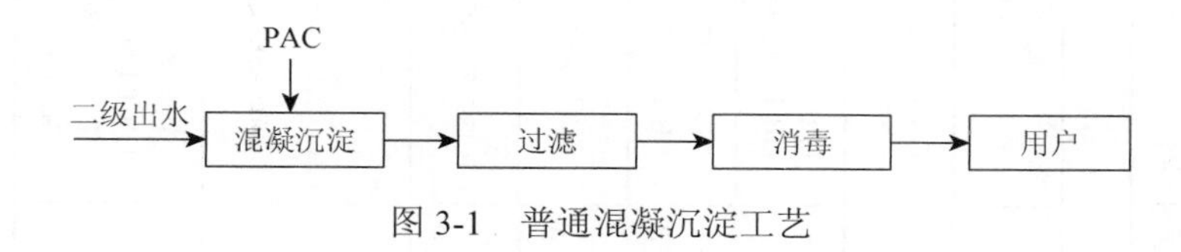

图 3-1　普通混凝沉淀工艺

一般来讲，混凝沉淀过滤（老三段）工艺有以下几种形式。

（1）城市污水二级处理/二级强化处理出水→介质过滤→(臭氧)→消毒

（2）城市污水二级处理/二级强化处理出水→混凝→介质过滤→(臭氧)→消毒

（3）城市污水二级处理/二级强化处理出水→混凝沉淀→介质过滤→(臭氧)→消毒

（4）城市污水二级处理/二级强化处理出水→生物过滤→混凝/沉淀/混凝沉淀→介质过滤→(臭氧)→消毒

（5）城市污水二级处理/二级强化处理出水→生物过滤→介质过滤→(臭氧)→消毒

混凝沉淀过滤工艺对氨氮、总氮等营养盐类指标基本无去除，对金属、无机盐类指标去除效果不明显，出水水质随进水水质的变化相应变化，在进水铁、锰等指标浓度较高的情况下，混凝沉淀过滤工艺通过吸附、截留等功能对铁、锰有部分去除效果，起到消减峰值的作用。对于总磷指标，少量的去除作用主要是由于滤池对悬浮物的截留产生的影响，在来水总磷较高的情况下，可通过增大混凝剂的投加量或者辅助以铁盐、石灰等除磷化学药剂，保证出水总磷指标的稳定。

混凝沉淀过滤本身对色度去除效果不明显，但在增加臭氧等后续脱色工艺后，能够保证出水水质稳定达标。

对于微生物及卫生学指标，可以通过调整消毒药剂的投加量以及通过不同消毒方式的组合，保证出水水质的稳定。

从目前应用来看，采用该工艺的项目比较多，出水多用于工业，特别是火电厂的循环冷却水，这与部分地区工业用水价格制定的经济杠杆调节有很大关系。其次是景观用水，由于部分地区生态景观缺水严重，该工艺处理的出水水质稳定、费用较低（景观用水的费用由政府承担，无法进行价格杠杆的调节和引导）。

国内采用混凝沉淀工艺的主要再生水厂见表 3-1。

表 3-1　国内采用混凝沉淀工艺的主要再生水厂

厂名	社会经济			建设			运营						工艺
	地点	人口/万	GDP/亿元	规模/(万 m³/d)	投资/万元	年代	回用对象	回用量/（万 m³/d）	进水水质	出水水质	再生水价/（元/m³）	运行成本/（元/m³）	
北京某再生水厂（1）	北京	1755	10488	17	11200	2000	杂用工业		GB 18918—2002 一级 B	GB/T 18920—2002 GB/T 19923—2005	1.0	0.8～1.0	机械加速澄清池+砂滤
北京某再生水厂（2）	北京	1755	10488	6		2004	杂用景观		GB 18918—2002 一级 B	GB/T 18921—2002 GB/T 18920—2002			机械加速澄清池+滤池
北京某再生水厂（3）	北京	1755	10488	4		2005	工业杂用		GB 18918—2002 一级 B	GB/T 19923—2005 GB/T 18920—2002			机械搅拌加速澄清池+消毒工艺
北京某再生水厂（4）	北京	1755	10488	1		2004	杂用		GB 18918—2002 一级 B	GB/T 18920—2002			絮凝+过滤+消毒
溧阳某再生水厂	溧阳	77.84	320	5	1000	2010	工业	2	GB 18918—2002 一级 B	GB 18918—2002 一级 A	3.75	0.67	V 型过滤-紫外消毒
郑州某再生水厂	郑州	752.1	3300	5	4678	2005	工业 杂用 景观	0.5 0.02 4.5	GB 18918—2002 二级	GB 18918—2002 一级 B	民用 2.4 工业 3.02	0.35～0.68	混凝过滤消毒
西安某再生水厂	西安	837.52	2719.1	13	20500	2002	景观 农业 工业 杂用		GB 18918—2002 二级	GB/T 18921—2002 GB/T 18920—2002 GB/T 19923—2005 GB 20992—2007			混凝沉淀过滤消毒

3.1.2　处理效果

混凝、沉淀、过滤工艺及其改进工艺运行管理经验丰富，投资运行成本低，出水水质比较可靠。该技术对水中金属去除有较好的效果，但对水中溶解性污染物质去除率不高，也难以彻底去除水中病原微生物、氯化物有毒有害微量污染物和生态毒性等，难以保证出水的安全性。混凝、沉淀、过滤工艺抗冲击负荷能力有限，其出水指标受前序处理工艺及季节变化的影响很大，稳定性差，工程应用中表明，混凝、沉淀、过滤工艺前采用长泥龄的氧化沟工艺，其出水水质要优于前处理采用 A^2/O 工艺。另外，混凝、沉淀、过滤工艺工程应用表明还会残留臭味，且色度较难去除。但随着化学技术（如投加石灰进行氨氮吹脱等，臭氧进行脱色等）等单元技术的发展，或者与生物过滤工艺相结合，混凝、沉淀、过滤处理工艺势必绽放出新的光辉（白宇等，2008）。

目前，常规工艺是中国城市污水处理回用的主流技术，广泛应用在北京、太原、大连等北方污水处理厂。如北京高井热电厂（水源为高碑店地区市政污水经二级处理后的再生水）、北京京能热电股份有限责任公司（采用反渗透脱盐工艺，出水首先作为锅炉补给水）、大连北海热电厂（混凝+沉淀+过滤+反渗透）、长春热电二厂（混凝+沉淀+过滤，仅作循环冷却水）。北京市工业用水价格排在第三位，而太原、大连两城市工业用水价格全国来看处于居中位置，这些城市之所以在生产再生水时采用常规工艺，主要是受到地方政府主管单位的强有力支持和财政补贴，且工业循环冷却用水水质较低的影响。

3.1.3　优劣性分析

混凝沉淀过滤工艺应用于再生水处理可提高浊度、有机污染物、磷和氮等营养物质的去除率，改善出水水质。对水中溶解性污染物质的去除率不高，也难以彻底去除水中病原微生物、有毒有害微量污染物和生态毒性等，难以保证出水的安全性，但对含重金属污水的处理效果较好。混凝、沉淀、过滤工艺流程运行经验较为丰富，管理较为简单。加药量的设定及滤池的反冲洗是影响运行效果的关键因素。如果控制好进水的总氮（TN）指标，絮凝剂投加量合适，且有较好的消毒措施，该工艺出水水质可满足除地下水回灌以外的其他再生水回用标准（冯运玲等，2011）。混凝—沉淀—过滤工艺优劣性特点见表 3-2。

表 3-2　混凝—沉淀—过滤工艺优劣性对比分析

工艺	特点	优点	缺点
混凝—沉淀—过滤	可明显去除浊度、悬浮物	投资少，工艺简单，技术成熟，易于掌握	占地面积大，基建成本大，受进水水质影响大，溶解性物质去除效率不高，难以彻底去除病原微生物

混凝沉淀过滤工艺通常需要选择正确的化学药剂作为混凝剂以提高效率，同时各种类

型的过滤介质，包括传统的砂、无烟煤、陶粒，以及各类合成材料的纤维球、纤维束、彗星滤料等，过滤效果也不相同（李春光，2009）。另外，该工艺出水水质在很大程度上取决于进水水质（冯运玲等，2011）。

在应用中，有些问题值得关注：如根据《污水再生利用工程设计规范》（GB 50335—2002）中 3.0.5 条提出，污水再生利用工程方案中需提出再生水用户备用水源方案。但在实际工程中常忽略这一点。个别电厂按照发改能源〔2004〕864 号文要求采用再生水作为循环冷却水补充水源，但受外部条件限制，采用再生水作为单一水源，由于污水处理厂进水远超过设计水质，致使污水处理厂出水难以达到设计出水水质，增加了工程的不确定性（赵乐军等，2007）。

3.1.4 工艺案例

1. 北京

1）再生水厂 A

北京某再生水厂 A 占地面积为 $1.8hm^2$。工程规模 6 万 m^3/d，于 2004 年 12 月建成投产。服务范围东至五环路，西至东四环路，北至霄云桥，南至红领巾公园。回用对象为生活杂用水和河道景观用水。

该再生水厂采用常规物化处理工艺，以二级生化处理出水作为水源，其中，二级生化处理出水的实际水质基本达到了国家《污水综合排放标准》（GB 8978—1996）中的一级标准。根据该再生水厂出水的服务范围和回用用途，设计中再生水的处理分别执行《城市污水再生利用城市杂用水水质》（GB/T 18920—2002）和《城市污水再生利用景观环境用水水质》（GB/T 18921—2002）。

该再生水厂设计采用的机械加速澄清池、气水反冲洗滤池、消毒等工艺均为国内普遍采用的水处理工艺，可以满足其出水服务范围和回用用途对水质的要求，其工艺流程如图 3-2 所示。

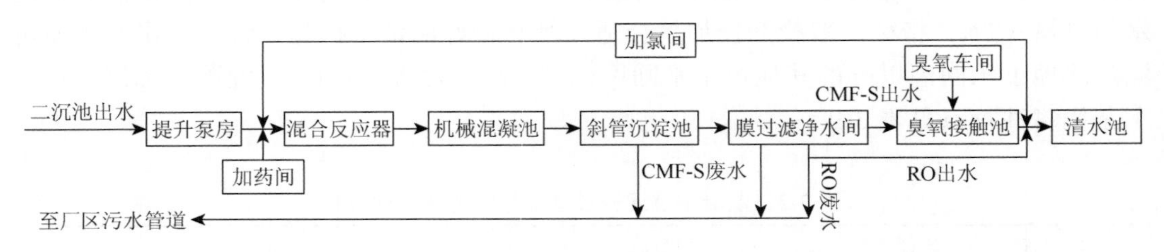

图 3-2 北京某再生水厂 A 工艺流程

设计中考虑了可以根据进水及运行情况灵活操作的多点加药、多点加氯以及局部跨越等措施，再生水处理过程中的进水流量、加药、加氯，以及滤池反冲洗、排泥等工艺过程均采用自动化控制，减少了人工操作，提高了管理的自动化水平。

该再生水回用工程建成投产后，每年可节约 2200 万 m^3 清洁水源，除提供景观水体、市政杂用水外，还可向热电厂提供工业循环冷却水水源，实现了分质供水和水资源的合理调配、使用。

2）再生水厂 B

北京某再生水厂 B 于 2004 年建成投入运营，设计处理能力 1 万 m^3/d，出水主要用于冲厕、洗车、绿地浇灌、道路喷洒、工地降尘等。该水厂采用 BS 法再生水处理工艺，以污水处理厂的二级出水为水源，与 BS 混凝剂（石灰乳剂）充分混合反应，在高效反应池形成较大的可沉絮体，在沉淀池进行泥水分离，上清液在滤池中通过石英砂滤料的过滤把水中的悬浮物充分去除，滤池出水用二氧化氯消毒后向用户供水。

3）再生水厂 C

北京再生水厂 C 于 2007 年 3 月正式投入运行，设计处理能力 4 万 m^3/d，出水主要用于工业用水、景观用水及周边小区冲厕和绿化用水。水厂采用微絮凝工艺，以污水处理厂的出水为水源，与混凝剂反应后，经均质滤池去除悬浮物和胶体颗粒，滤池出水经过紫外线、二氧化氯消毒、臭氧脱色、次氯酸钠补氯后向用户供水。

4）再生水厂 D

二级污水经深度处理后才能作为循环冷却水的补水，即二级污水在厂内先进行石灰和聚合硫酸铁混凝处理，再进行过滤和辅以加酸调 pH、氯锭灭菌，最终作为循环冷却水系统补水。设计的混凝处理最大处理能力为 $2200m^3/h$，除 95%左右补入循环冷却水系统外，其余 5%供绿化、冲洗厕所等用水。

在常规的城市污水处理系统中，二级污水中一般含有 BOD_5（20～30mg/L）；COD_{Cr}（40～100mg/L）；SS（20～30mg/L）；总氮（20～50mg/L）；磷（6～10mg/L）。北京热电厂要求二级污水送入厂内时，$BOD_5 \leqslant 20mg/L$；$COD_{Cr} \leqslant 70mg/L$；$SS \leqslant 30mg/L$。

北京某再生水厂 D 再生水处理工艺流程见图 3-3。

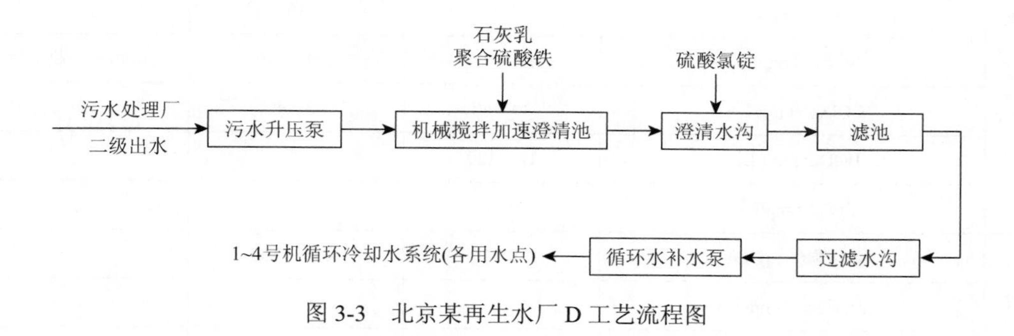

图 3-3　北京某再生水厂 D 工艺流程图

（1）工艺流程简介

a. 石灰系统

由罐车运来的消石灰通过压缩空气送入 4 台 $250m^3$ 石灰筒仓，经螺旋输粉机送入缓冲箱，通过计量送入石灰乳搅拌箱，搅拌好的石灰乳由石灰乳泵加入循环水补水混凝处理系统的机械搅拌加速澄清池。

b. 聚合硫酸铁系统

由槽车运来的聚合硫酸铁（PFS）液体，通过卸液泵打入 PFS 储罐，进入 2 台 PFS 计量箱后经 4 台 PFS 计量泵送入机械搅拌加速澄清池。

对二级污水进行石灰混凝处理的目的是降低水中的暂时硬度、碱度、悬浮物、胶体态有机物和硅等，还希望降低水中营养型无机盐氮、磷、微生物、有机物等。

因为这些物质进入循环水系统产生的硝化反应会对系统的运行产生较大危害。

混凝处理系统正常产水量为（700～1800）m^3/h。石灰、聚合硫酸铁的加入量和制水成本如下：①石灰加入量。理论加入量为（372～443）mg/L，实际运行中平均加药量约为 334mg/L。②聚合硫酸铁（PFS）加入量。PFS 的加入量根据试验确定，1995 年的试验值为 80mg/L（原液），实际运行中为 75mg/L。PFS 的加入量根据出水浊度控制，加入量过多或过少均会造成出水浊度增加。③制水成本。不含设备折旧，制水成本约为 0.80 元/m^3，其中，化学药品的费用所占比例最高。

（2）处理效果

经过混凝澄清处理后的效果见表 3-3。

表 3-3　混凝澄清对二级出水的处理效果（2002～2003 年度）

项目		二级出水	澄清池出水	备注
物理指标	温度/℃	25（夏季），18～20（春季），12（冬季）	同二级出水	
	浊度/NTU	10	≤2	翻池时大于此值
	嗅和味	有异味	有异味	
化学指标	pH	6.6～8	9～10.5	补水调至 7.5～8.2
	Cl^-/（mg/L）	150～250	100～150	
	SiO_2/（mg/L）	15	10	
	SO_4^{2-}/（mg/L）	70～100	200～250	加 PFS 引起增高
	COD_{Cr}/（mg/L）	30～60	20～40	
	BOD_5/（mg/L）	18～120	＜1	
	总磷/（mg/L）	6～30	＜1	
毒理学指标	硫化物/（mg/L）	0.04	0.02～0.03	
	亚硝酸盐/（mg/L）	10	0.05～2	
	砷/（μg/L）	2.8	2.35	加 PFS 引起一些物质浓度增高
	铜/（μg/L）	1.5	2.0	
	汞/（μg/L）	0.04	7.25	

续表

项目		二级出水	澄清池出水	备注
毒理学指标	镉/（μg/L）	0.12	0.30	加 PFS 引起一些物质浓度增高
	铅/（μg/L）	0.52	2.0	
	银/（μg/L）	0.05	2.0	
	阴离子合成洗涤剂/（μg/L）	0.02	0.01	
	苯并芘/（μg/L）	0.002	0.002	
细菌学指标	细菌总数/（个/ml）	$\geqslant 10^4$	$10^2 \sim 10^3$	混凝过程可去除细菌
	总大肠菌群/（个/ml）	10^3	10^2	
	硝化细菌/（个/ml）		1.1	经澄清水沟氯锭杀菌
	亚硝化细菌/（个/ml）		2.5	
	反硝化细菌/（个/ml）		4.5×10^3	

分析以上澄清池出水水质，发现石灰混凝澄清处理二级污水可去除 20%～45%的 COD_{Cr}、75%～95%的 BOD_5、90%～98%的 PO_4^{3-}、50%～80%的硫化物、50%～70%的碱度，硫酸根增加了 1.5～2.5 倍。

2. 西安某再生水厂

西安某再生水厂是西安市城市污水处理回用试点项目，位于该市某污水处理厂污水净化中心内，该净化中心主要接纳和处理西安南郊和西南郊地区工业企业生产污水和居住区生活污水。

该中心引进 DE 型氧化沟工艺，一期规模为 $15 \times 10^4 m^3/d$，运行以来出水水质稳定、运行平稳，主要出水指标 $BOD_5 \leqslant 15mg/L$、$COD_{Cr} \leqslant 50mg/L$、$SS \leqslant 15mg/L$、$TP \leqslant 5mg/L$、$NH_3\text{-}N \leqslant 5mg/L$（$TN > 12mg/L$）。

该工程建设规模为 $10 \times 10^4 m^3/d$，分两期实施，一、二期规模均为 $5 \times 10^4 m^3/d$，用于服务区域内的用水大户：某热电厂、某化工厂、某焦化厂和某日化厂等的冷却用水以及市政环卫园林等杂用水。该回用工程采用混凝、沉淀、过滤等深度处理技术，具体工艺流程见图 3-4。

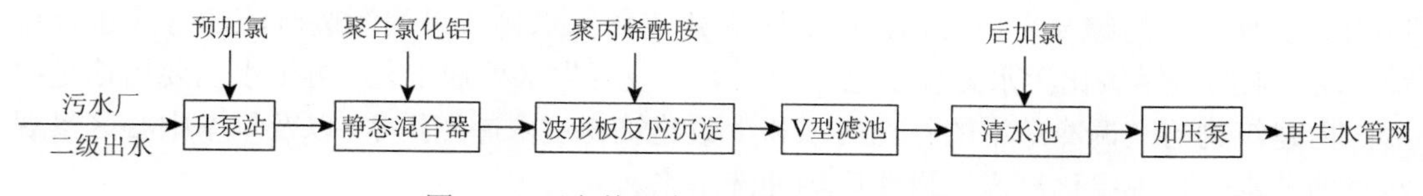

图 3-4　西安某污水处理厂处理工艺流程图

深度处理出水水质标准依据国家相关标准，并结合用户要求确定，具体指标见表 3-4。

表 3-4　西安某再生水利用工程进出水水质

序号	项目	水质标准	序号	项目	水质标准
1	浊度/度	≤5	9	总固体/(mg/L)	≤1000
2	BOD_5/(mg/L)	10	10	总硬度/(mg/L)	≤450
3	COD_{Cr}/(mg/L)	50	11	总碱度/(mg/L)	≤350
4	色度/度	≤30	12	铁离子/(mg/L)	≤0.3
5	pH	6～9	13	氯化物/(mg/L)	≤300
6	TP/(mg/L)	≤1.0	14	余氯/(mg/L)	0.2
7	TN/(mg/L)	≤15	15	细菌总数/(个/ml)	$<5\times10^4$
8	NH_3-N/(mg/L)	≤10	16	臭味	无不快感

3. 乌鲁木齐

工艺如下。

某再生水利用项目 A 设计规模为 4 万 m^3/d，再生水处理系统选用石灰混凝处理方案，即二级处理后的城市污水经调节水池进入机械加速澄清池，经石灰混凝处理后进入滤池，过滤澄清后加入二氧化氯杀菌，进入循环水系统及锅炉补给水系统。该系统包括混凝澄清系统、过滤系统、石灰储存计量加药系统、其他化学药剂储存及计量加药系统、污泥池及相关的辅助系统。

乌鲁木齐市各再生水厂工艺汇总表如表 3-5 所示。

表 3-5　乌鲁木齐市各再生水厂处理工艺

名称	处理工艺
再生水利用工程 A	混凝（石灰）—沉淀—过滤—消毒（二氧化氯）

4. 深圳

深圳中水回用厂 A 设计规模为 4000m^3/d，该厂采用全埋地下式构筑物，来水为中心区内建筑物排放的综合生活污水，中心区内建筑物污水排放采用污废合流的方式进行排放。该厂采用接触氧化污水处理工艺后加上老三段再生水处理工艺。再生水主要用途是中心区内建筑物的空调冷却塔的补充用水和少数建筑物室内冲厕用水，以及旱季中心区景观水体的补水与景观绿化浇灌、道路广场冲洗用水。

再生水厂 B 2010 年 2 月正式建成并通水试运行，设计规模为 5 万 m^3/d，占地面积约

2.36hm^2，服务人口约 6.5 万，总投资近 1.8 亿。

某污水处理厂 C 始建于 1980 年年初，分三期工程建设。服务区域为罗湖区西部和福田区东部，约 27.5km^2，服务人口约 60 万，总处理规模为 30 万 m^3/d，占地 13.87hm^2。随着深圳城市的快速开发建设，该污水处理厂所在地已成为城市中心地带。由于进厂污水水质高于原设计值以及出水水质要求的提高，早期建设的一些污水处理设施、出水水质、厂区环境标准等已经不能满足要求。按照深圳市政府有关部门的要求，深圳水务集团决定对该污水处理厂进行改造，改造工程于 2007 年 11 月 26 日正式动工兴建，2010 年 2 月 3 日建成通水，工程总投资 3.5 亿元，主要内容包括拆除原一、二期工程，新建 18 万 m^3/d 的处理能力，并将现状三期工程改造为 12 万 m^3/d 的处理能力。污水处理厂 C 采用 A^{2}O 二级生物处理工艺，深度处理选用微絮凝过滤工艺。

深圳市各再生水厂工艺汇总表如表 3-6 所示。

表 3-6　深圳市各再生水厂处理工艺

名称	处理工艺
中水回用厂 A	接触氧化—絮凝—沉淀—过滤—消毒
污水处理厂改造工程 B	微絮凝—过滤—消毒

3.2　生物处理工艺

再生水处理中的生物处理工艺以生物膜法为主，生物膜法是与活性污泥法平行发展起来的生物处理工艺，是一大类生物处理法的统称。在生物膜法中，微生物附着在载体表面生长而形成膜状，污水流经载体表面和生物膜接触过程中，污水中的有机污染物即被微生物吸附、稳定和氧化，最终转化为 H_2O、CO_2、NH_3 和微生物细胞物质，污水得到净化。

3.2.1　工艺简介

在生物膜法处理工艺中，生物滤池是最具有代表性的结构形式，根据生物滤池在运行中是否需要供氧，生物滤池又可分为厌氧生物滤池和好氧生物滤池。根据滤池池型结构和供氧方式以及是否有反冲洗系统，好氧生物滤池又可分为普通生物滤池和曝气生物滤池。

曝气生物滤池再生水处理工艺流程如图 3-5 所示，其出水水质可达到《城市污水再生利用城市杂用水水质标准》（GB/T 18920—2002）的要求。反硝化生物滤池工艺的流程如图 3-6 所示，其出水水质可达到《城市污水再生利用城市杂用水水质标准》（GB/T 18920—2002）的要求。国内采用生物处理工艺的主要城市污水处理厂见表 3-7。

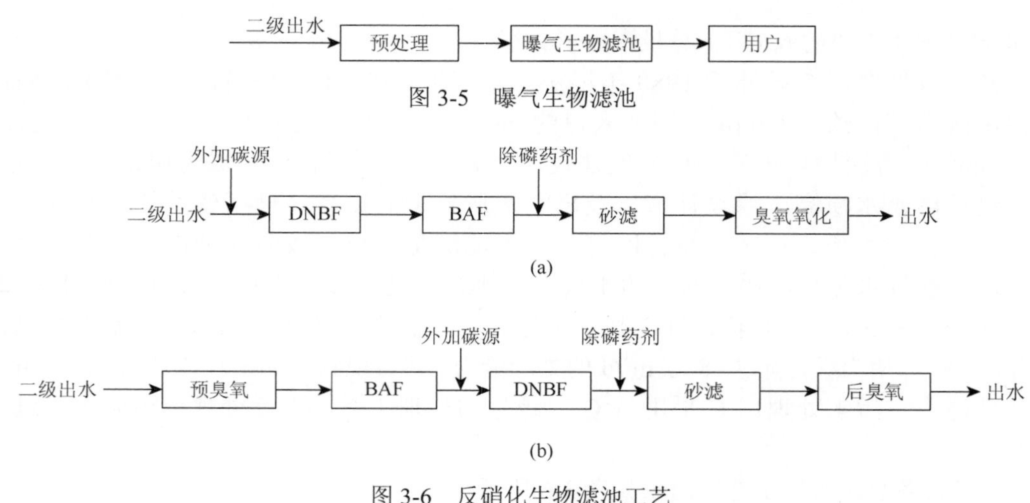

图 3-5　曝气生物滤池

图 3-6　反硝化生物滤池工艺

（a）前置式；（b）后置式

3.2.2　处理效果

生物处理工艺中的曝气生物滤池是一种发展较快的新型生物处理技术，还是在生物接触氧化的基础上借鉴给水快滤池的思想而产生的一种废水处理新工艺，不仅可以用于污水的二级和三级处理，而且还可用于微污染水源水预处理等，曝气生物滤池技术将污水生物处理与深层过滤集于一身，充分体现了现代水处理工艺的特点（郭淑琴，2009）。该工艺与其他生物处理工艺相比具有以下主要优点：首先是其结构紧凑，占地面积小，总体投资省，工艺简单，基建费用低，可建成封闭式厂房，减少臭气、噪声和对周围环境的影响，视觉景观好，还有由于采用的是模块化结构，因此，便于后期扩大生产规模的改建和扩建；其次是其易挂膜，启动快，且菌群结构合理，污染物、生物膜和填料之间的接触更理想，粒状填料使得充氧效率提高，因此，其具有更高的生物浓度和更高的有机负荷，再次是其耐冲击能力强，抗冲击性能好，受水量和水质变化影响小，能高质量地出水，且处理出水可任意满足环保排放标准并用于水回用；最后是其易于操作管理，可靠性高，处理设施可间歇启动运行。通过采用不同的滤料类型、滤料粒径、过滤负荷可以有效去除有机物和悬浮物（李春光，2009）。

许多实验研究表明曝气生物滤池和过滤的方法能有效去除污水中的有机物、NH_3-N 和 SS 等，因此，曝气生物滤池在生活污水处理、深度处理回用、工业水处理、给水预处理等方面受到了广泛关注，为将城市生活污水回用于工业冷却水，一般来讲，工业冷却用水的水质要求比饮用水、生产工艺用水、锅炉用水等要求低，大多数污水处理厂出水经过深度处理之后可以用于工业冷却水等（郭淑琴，2009）。

曝气生物滤池主要是依靠附着在滤料表面上的生物膜对水中的有机污染物以及氨氮等无机污染物吸附进而氧化分解污染物；同时 BAF 对进水中粒径较大的悬浮物具有较好的截留作用，能够使出水的浊度得到一定程度的降低（王文兵等，2007）。水中氨氮以离子氨和游离氨两种形式存在，两者的组分比例取决于水温和 pH，但以离子氨为主，BAF

表 3-7　国内采用生物处理工艺的主要城市污水处理厂

厂名	建设			运营				
	规模/（万 m^3/d）	投资/万元	运营时间	回用对象	回用量/（万 m^3/d）	进水水质	出水水质标准	工艺
北京某再生水厂 A	4.5	9426	2006	农业 生态 工业 杂用		一级 B	（GB/T 18921—2002） （GB 50335—2002） （GB 20922—2007） （GB/T 19923—2005）	膜生物（MBR）工艺
北京某再生水厂 B	6		2008	景观 杂用		一级 B	（GB/T 18921—2002）	膜生物反应器（MBR）+反渗透（RO）
北京某再生水厂 C	8		2007	生态 杂用 工业		一级 B	（GB/T 18921—2002） （GB 50335—2002） （GB/T 19923—2005）	曝气生物滤池工艺
乌鲁木齐再生水厂 A	5	12700		工业			出水达到 GB 50335 的标准	曝气生物滤池+高密度澄清池
乌鲁木齐再生水厂 B	5	8159	2002	荒山灌溉			（GB 5084—1992）	BAF 曝气
深圳某再生水厂 A	30	14382	2009	景观 杂用	10	一级 A	（GB/T 18921—2002）	絮凝+曝气生物滤池/滤布滤池+生物活性炭滤池
深圳某再生水厂 B	35	26339	2008	景观	35	二级出水	一级 A	滤布滤池+生物活性炭
深圳某再生水厂 C	近期 12，远期 25		2009	工业 冷却水	12	一级 B	（GB/T 19923—2005）	混凝+沉淀+生物活性炭滤池
深圳某再生水厂 D	5	17900	2010	景观	5	一级 A	（GB 18918—2002）一级 A	混凝沉淀深度处理+紫外消毒
太原某再生水厂	2.4		1994	冷却水	2.4			生物接触氧化

对氨氮的去除效果尤其明显，这是由于微污染源水中的有机污染物浓度很低，使贫营养菌成为曝气生物滤池中的优势菌群，水中的氨氮在亚硝化细菌的作用下转化为亚硝酸盐，接着在硝化细菌的作用下转化为硝酸盐。BAF 中微生物固定生长的特点使其在反应器内能够获得较长的停留时间，因此，生长较慢的微生物，如亚硝化细菌和硝化细菌可以在反应器内不断积累，从而使 BAF 对氨氮具有良好的去除效果（桑军强和王占生，2003）。

曝气生物滤池除在污水处理厂深度处理单元及再生水厂应用，如山东潍坊市污水处理厂二级出水回用工程、宁夏石嘴山惠农第二污水处理厂出水回用工程外，也被广泛应用于各个领域，如在冶金、造纸和焦化废水再利用上（邢秀兰，2011）。曝气生物滤池对于氨氮的去除效果是其最大的优势，但其根据其在大连马栏河污水处理厂的应用经济性来看，其吨水投资为 1500 元，远高于常规工艺，但低于膜法，运行费用经北京某污水站测算约 0.32 元/t（李伟民等，2002）。其出水效果从北京市的应用情况来看，出水水质较高，除满足低端水质用户——工业循环冷却水外，环境补充水水质达到地表Ⅳ类，以及水质要求较高的城市非饮用水和农业灌溉用水。

未来，在经济条件较好，工业循环冷却水以及生态补水需求量大的地区，曝气生物滤池将有较好的应用前景。另外，其也适宜污水处理厂升级改造中，以及控制河湖补水氮磷要求高的地区。如河北省承德市某 5 万 m^3/d 市政污水处理厂采用混凝沉淀+曝气生物滤池+机械混合、絮凝、纤维转盘过滤池过滤，二氧化氯消毒，出水供滦河电厂工业供水，直接运行成本可控制在 0.5 元/m^3，其中，电费、药剂费、人工费三者比例为 7∶2∶1（孙启泉等，2010）。在火电厂分布较为集中的内蒙古、山西、山东、河北、江苏、浙江等省，如果污水处理厂处理出水执行《城镇污水处理厂污染物排放标准》(GB 18918—2002）二级标准，出水氨氮、有机物指标较高，需增设除氮工艺，推荐目前较多采用的生物除氮工艺，主要有膜生物反应器（MBR）+弱酸床工艺及曝气生物滤池（BAF）+石灰混凝过滤工艺，或者物化除氮工艺，如臭氧-活性炭技术。采用 BAF 的工程实例有包头华东热电有限公司，出水作为电厂循环冷却水的补充水，以及华峰沧州电厂和沈阳康平电厂等。另外，需考虑采用生化除氮 BAF 工艺时，其受温度影响较大，冬季氨氮处理效果受影响，而物化除氮与其他深度处理方法结合处理二级出水可适应季节变换（张芳等，2010）。

3.2.3　优劣性分析

曝气生物滤池在实际中也存在其固有的缺点：首先其对进入滤池的水质要求高，要求进入滤池的水质较好，特别是对悬浮物要求高；其次是其充氧效率虽然提高，但由于生物滤池数量多，故鼓风机一对一使用，因此能耗仍较大；再次是过滤水头损失大，污水提升所需泵机的扬程高。生物处理工艺优劣性对比分析见表 3-8。

表 3-8　生物处理工艺优劣性对比分析

技术	特点	优点	缺点
曝气生物滤池	生物接触氧与给水快滤池相结合	占地面积小，工艺简单，易挂膜，可靠性高	能耗大 过滤水头损失大
生物活性炭滤池	活性炭吸附与微生物有机分解相结合	占地面积小，处理效率高，运行成本低，管理方便	出水硝酸盐含量高

由于强化了生物作用，在有机物和氨氮等与生物作用相关的指标方面，BAF 具有较强的去除能力。但由于二级出水中的有机物以微生物代谢产物和少量的残留有机物为主要组分，浓度低且难降解，如何进一步高效去除这部分有机物已成为污水再生中的一大难题。

3.2.4 工艺案例

1. 大连某再生水处理设施

1）原水及工艺流程

该污水处理厂一期工程处理能力为 12 万 m^3/d，采用曝气生物滤池工艺，出水水质达到《城镇污水处理厂污染物排放标准》（GB 18918—2002）一级 A 标准，主要出水水质见表 3-9。

表 3-9　大连某污水处理厂出水水质表

项目	COD/(mg/L)	BOD_5/(mg/L)	SS/(mg/L)	氯离子/(mg/L)	总硬度/(mmol/L)	NH_3-N/(mg/L)	PO_4^{3-}-P /(mg/L)	浊度/NTU	pH
数值	24～35	3～6	10	300～400	5～7	4.0	0.5	10	7.5

再生水利用工程原水水量为 2 万 m^3/d，根据不同的回用用途采用不同的处理级别。预处理工艺为混凝（混凝剂为 PAC）沉淀—杀菌（NaClO）—砂滤—投加阻垢剂，13400m^3/d 出水回用于冷却水，其余 6600m^3/d 采用膜法进行后续处理，其中，1440m^3/d 经过超滤+RO1 处理后回用作热网补给水，2880m^3/d 的 EDI 出水回用于锅炉补给水，混凝沉淀污泥采用板框压滤机脱水后外运，污泥水和砂滤反冲洗水返回集水池重新处理。RO2 浓水返回 RO1 重新处理，UF、RO1、EDI 的浓水用于冲灰，利用率接近 100%，污水再生利用处理流程见图 3-7。

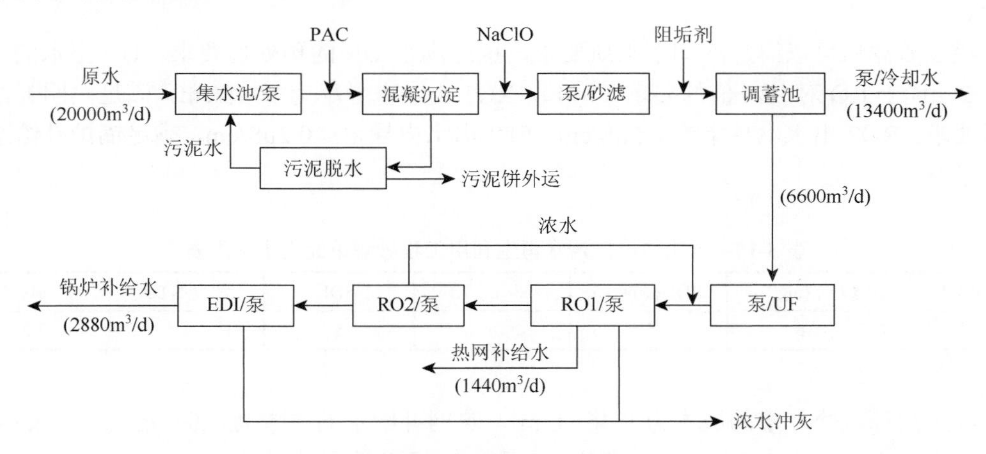

图 3-7　再生水利用工艺流程

2）主要构筑物及工艺参数

（1）混凝沉淀池

混凝沉淀池为机械快速澄清池（3 座），钢混结构，Φ15000×10000，水力负荷为

0.59m^3/（m^2·h），处理水量为 900m^3/h，PAC 投加量为 50mg/L，提升泵功率为 55kW，3 台（2 用 1 备）。

（2）砂滤

采用浮床瓷砂过滤器，Φ2400×5400，10 套，滤速为 20m/h，过滤泵 3 台（2 用 1 备），功率为 75kW，提升泵 3 台（2 用 1 备），流量为 560m^3/h，功率为 55kW。杀菌剂投加量为 20mg/L，阻垢剂投加量为 5mg/L。

（3）UF

采用陶氏膜，162 支膜组件，分三组，每组 9 根×6 支/根，处理水量为 275m^3/h，产水率为 95%，产水量为 262m^3/h，设投加泵 2 台（1 用 1 备），功率为 45kW。

（4）RO1

采用 252 支陶氏膜，分 3 组，每组设 2 段，处理水量为 262+26（RO2 回流水）=288m^3/h，产水率为 75%，产水量为 216m^3/h，其中，60m^3/h 回用于热网补给水，156m^3/h 经 RO2 进一步脱盐处理，设加压泵 2 台（1 用 1 备），功率为 45kW。

（5）RO2

采用 120 支陶氏膜，分 2 组，每组设 3 段，处理水量为 156m^3/h，产水率为 83%，产水量为 129m^3/h，设加压泵 2 台（1 用 1 备），功率为 45kW。

（6）EDI

EDI 共 36 台，处理水量为 129m^3/h，产水率为 93%，产水量为 129m^3/h，设加压泵 2 台（1 用 1 备），功率为 22kW。

3）工程运行效果

污水再生利用工程于 2005 年 7 月竣工投入运行，经过砂滤后出水水质指标如表 3-10 所示。

经过砂滤后可以满足冷却水水质要求，也能满足 UF 的预处理要求。UF 出水的 SDI 值为 2，优于 RO 对 SDI 值的要求（<4），RO1 出水电导率为 20μS/cm，满足热网补给水水质要求；RO2 出水电导率为 2.5μS/cm；EDI 出水电导率<0.2μS/cm，满足锅炉补给水水质要求。

表 3-10　泰山热电厂污水再生利用工程砂滤单元出水水质表

项目	COD/(mg/L)	BOD_5/(mg/L)	SS/(mg/L)	SDI	浊度/NTU	pH
砂滤出水	16	3	6	5	1	7.2

经过测算，冷却水的成本为 0.46 元/m^3，热网补给水的成本为 1.03 元/m^3，锅炉补给水的成本为 1.73 元/m^3，自来水水费为 3.5 元/m^3，再生水的水费为 0.48 元/m^3。

工程实施后，COD、SS、NH_3-N 年减排量分别为 198m^3、66m^3、26m^3，与采用离子交换法相比，采用全膜法不产生酸碱再生废水，环境效益突出；该工程年节水量为 660 万 m^3，每年可以节约水费 660×10^4×（3.5−0.46−0.48）=1689.6 万元，工程经济效益明显。

2. 北京某再生水厂

该再生水利用工程是在对原有 4 万 m^3/d 污水处理设施改造的基础上，实施扩建达到 10 万 m^3/d 污水处理能力。新扩建的 6 万 m^3/d 处理设施处理后的出水水质、一次达到城市非饮用水水质的标准，且其中的 1 万 m^3/d 的出水再经过深度处理后，成为高品质的再生水，直接供给公园水体补水及场馆日常杂用。该工程于 2006 年 7 月开工建设，计划 2008 年 6 月建成投产，总回用范围约 32.1km^2。

新扩建的 6 万 m^3/d 污水（再生水）厂的污水处理工艺采用了目前水处理领域中先进的膜生物反应器（MBR）处理工艺。其中，5 万 m^3/d 排入城镇再生水管网，执行《城市污水再生利用城市杂用水水质》（GB/T 18920—2002）标准中车辆冲洗水质的要求。其余的 1 万 m^3/d 出水进入反渗透设备进行深度处理。反渗透工艺利用半透膜两侧的压力差去除水中的盐类和低分子物质，截流物包括无机盐、糖类、氨基酸、BOD、COD 等，进一步提高再生水水质。经过处理后的再生水出水进入清水池，再经再生水管道输送至奥林匹克公园使用。由于国家目前还没有相应的体育场馆再生水水质标准，设计中经专家论证、对于高品质再生水的水质标准暂参照《地表水环境质量标准》（GB 3838—2002）中III类水体的主要指标标准（除 TN 外）执行。

由于该水厂周围均为建成区，不可能新增占地实施改扩建工程。通过选择先进的处理工艺、新型设备和改造现有构筑物，挖掘设施潜力、合理布局，在现状 4 万 m^3/d 的用地范围内完成了 10 万 m^3/d 改扩建工程，且其中的 6 万 m^3/d 出水直接达到再生水回用标准，节约了土地资源。该厂建成运行后，每年可生产 1800 万 m^3 再生水及 360 万 m^3 高品质再生水，用于景观水体补充水源、绿化等用途，同时可节约清洁水资源 2200 万 m^3。高品质再生水回用于奥林匹克公园景观水体、体育场馆的绿化、冲厕等日常杂用水，为北京城区再生水回用起到了良好的工程示范作用。

3. 乌鲁木齐

某深度处理厂 A（再生水工程）位于某污水处理厂厂区内，近期建设规模为 5 万 m^3/d，远期建设规模为 10 万 m^3/d，一期总投资 1.27 亿元。主要用于工业用水。主体工艺采用曝气生物滤池-高密度澄清池-V 型滤池-消毒（二氧化氯）工艺。现状处理水量 1000m^3/h，为 2.4 万～2.5 万 m^3/d。

3.3　膜处理工艺

混凝沉淀过滤工艺对于水中总硬度、总碱度、细菌病毒、铁、锰及各种盐类离子没有明显的去除效果，如果生产工业生产用水，如电子类、锅炉补给水等高要求的再生水，从目前国外和国内应用来看，需要采用“膜法”工艺，其产品水具有浊度低、细菌病毒含量少、含盐量低、电导率低等特点。膜产品和分类以孔径划分，可分为微滤膜、超滤膜、纳滤膜以及反渗透。微滤主要用来去除悬浮颗粒物，包括微粒、胶体和细菌等，超滤则能完全去除细菌和原生动物孢囊，并进一步去除病毒，纳滤和分渗透可以截留更小的颗粒，包括分子和离子形式的物质。应用的膜工艺包括双膜法、超滤/微滤、膜生物反应器（MBR）三种类型。国内采用膜处理工艺的主要再生水厂见表 3-9。

3.3.1 工艺简介

1. 微滤/超滤

微滤/超滤工艺及“单膜”工艺，一般仅作为过滤单元，对溶解性物质、SS 去除效果显著，但不具备脱氮能力，因此，应用中需在前端增加反硝化滤池脱氮，相应的需要投加外加碳源，考虑甲醇的安全储备及运行性，从生产成本、安全性等角度考虑，超滤/微滤膜的应用都不是最适宜的选择方向。微滤/超滤工艺流程如图 3-8 所示。

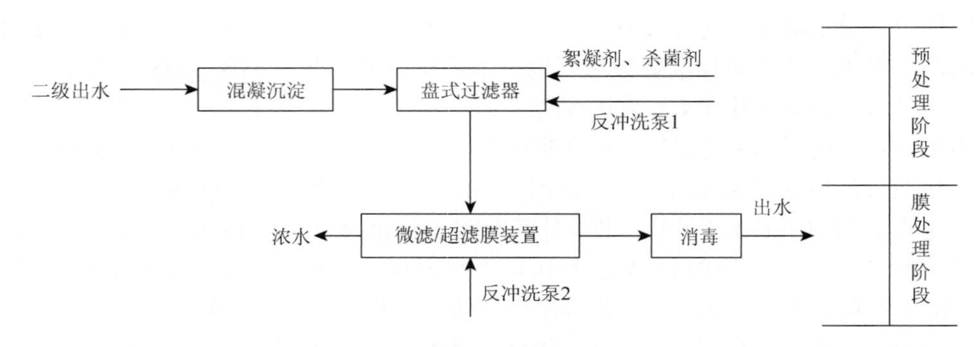

图 3-8　微滤/超滤工艺流程图

微滤/超滤的主要处理工艺可以归纳为以下几类。

（1）城市污水二级处理/二级强化处理出水→混凝→超滤/微滤→（臭氧）→消毒

（2）城市污水二级处理/二级强化处理出水→混凝沉淀→超滤/微滤→（臭氧）→消毒

（3）城市污水二级处理/二级强化处理出水→生物过滤→混凝/沉淀/混凝沉淀→超滤/微滤→（臭氧）→消毒

超滤/微滤膜按照膜材质的不同可分为有机膜和无机膜两种，常用的有机膜材料主要包括聚偏氟乙烯（PVDF）、聚乙烯（PE）、聚砜（PS）、聚醚砜（PES）等；无机膜主要以金属及金属氧化物、陶瓷等为材料。有机膜制造成本相对较低，造价便宜，制造工艺较为成熟，膜孔径和形式多样，应用广泛，但在运行中易污染、寿命短、普遍亲水性差，目前应用中以 PVDF 为主。无机膜化学稳定性好、机械性能优异、通量高、不易污染、能耗相对较低、亲水性好，但制造成本较高、弹性小、膜的加工制备有一定困难，在工业废水处理中更能发挥其优势（蒋岚岚等，2011）。

在城市非饮用水中，微滤具备一定的应用优势，可与混凝、沉淀、过滤并行实行分质供水，如天津市纪庄子污水处理回用工程，采用分质供水方案，回用居住区采用 CMF+

臭氧工艺，回用工业区再生水采用混凝、沉淀、过滤工艺，为保证CMF膜过滤系统运行稳定、安全、延长膜使用寿命，去除污水中的COD和磷，过滤前经混凝沉淀并加少量液氯以减轻水对膜和滤料的污染（吕宝兴和刘文亚，2003）。出水水质除氨氮外合格率达到100%，CMF系统运行对浊度、悬浮物、细菌去除效果显著，有机物、无机物等溶解性物质基本没有作用，TP、色度等仍需加药去除。

目前应用以超滤/微滤为核心的城市污水处理回用已运行的工程最大规模为8万m^3/d，即清河再生水厂回用工程为8万m^3/d，吨水投资约为1250元（在建项目中最大规模已达15万m^3/d）。应用中，考虑膜的使用寿命，对各种清洗药品的品质、浓度要求十分严格，上游来水变化，尤其是SS、氮、磷的波动对超滤膜的反冲洗、药洗频率与效果及产水水质有很大的影响，而这些指标很大程度依赖于污水处理厂的工艺，回用工艺与污水处理工艺之间建立联动运行机制十分必要（张亚勤等，2008）。中国《城镇污水处理厂污染物排放标准》（GB 18918—2002）目前也在组织修订，未来的标准针对环境敏感区域、重点流域、水资源紧缺地区将要执行严于一级A的标准，特别是氮、磷、SS等，因此，未来随着标准的修订，上述地区的城镇污水处理厂排水将更优质。针对这些地区，采用以微滤/超滤膜为核心技术的城市污水处理回用用于生态补水，具备一定发展趋势和前景。但能否突破更大规模的应用，是工程上需要突破的难题，涉及前置反硝化滤池及甲醇投加量过大等影响因素。

另外，超滤/微滤膜可作为原有砂滤池的改造工艺，也是其未来应用的一个重要方向（李圭白和梁恒，2012）。其适于作为反渗透膜的前端预处理，减少反渗透的运行压力，提高其运行效率和寿命，因此，在工业循环冷却水脱盐应用反渗透膜方面具备一定的潜在市场。

2. 双膜法

“双膜法”即超滤/微滤+反渗透膜，工艺生产的再生水水质优异，可作为工业用脱盐水，满足从高端用户到低端用户的广泛需要。其受进水水质的影响小，生产过程自控程度高，在线监测系统可为出水水质的稳定、安全、卫生提供有力保障。另外，其相比常规工艺，对环境的影响小，具有产水水质好的特点，同时易于采用模块化设计，占地省、药耗低，运行调度灵活，易于根据市场需求优化配置和扩展工程规模（李健和陈双星，2003）。

“双膜法”利用超滤/微滤和反渗透膜对不同物质的选择透过性通过两种膜的处理生产优质再生水，主要由预处理（超滤/微滤处理）、反渗透装置、后处理三大部分组成。由于反渗透对预处理要求高，一般要求有超滤或微滤预处理，并使用一次性的保安过滤器（一般采用5μm滤元）。经反渗透工艺处理的出水，其水质可完全满足再生水景观用水和城市非饮用水水质要求，除了氮外，出水水质可满足地表水环境质量标准Ⅲ类（彭士涛等，2007）。以超滤系统为预处理的“双膜法”再生水处理工艺流程如图3-9所示。

双膜法的主要工艺流程有以下两种。

（1）城市污水二级处理/二级强化处理出水→混凝沉淀→超滤/微滤→反渗透→（臭氧）→消毒

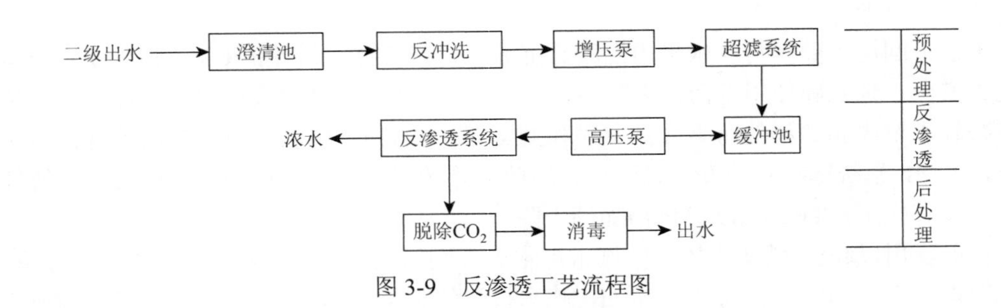

图 3-9　反渗透工艺流程图

（2）城市污水二级处理/二级强化处理出水→生物过滤→沉淀→超滤/微滤→反渗透→（臭氧）→消毒

反渗透是目前最精密的膜法液体分离技术之一，其选择性只能透过溶剂（通常是水）而截留离子物质的性质，以膜两侧静压力差为推动力，克服溶剂的渗透压，使溶剂通过反渗透膜而实现对液体混合物进行分离的膜过程。它能阻挡所有溶解性盐及分子量大于 100 的有机物，主要用于去除胶体物、溶解性有机物、溶解盐类、金属离子、微生物、病毒等（乔惠平，2012）。反渗透装置应根据原水水质确定膜元件的类型，并根据生产水量和水质确定膜元件的数量、膜组件的排列方式和反渗透装置的回收率、脱盐率等参数。

3. 膜生物处理

膜生物反应器工艺（MBR）是结合生物二级处理和再生水生产两种工艺，目前最大的优势是出水水质好，超出了目前的水质标准，出水水质稳定。达到再生水标准的处理工艺很多，如滤布滤池、砂滤等，但是它们的出水水质不如 MBR，在费用上也低于 MBR。但如果考虑到出水水质完全一样的情况下，应拿 MBR 和生物处理+超滤处理比较，这样比较后两种费用几乎差不多。

MBR 主要工艺流程：城市污水→沉砂池→MBR→（臭氧脱色）→消毒→出水（李晋，2013）。

3.3.2　处理效果

1. 超滤/微滤

微滤和超滤技术处理后的出水可作为城市非饮用水、环境景观用水的水源，微滤也可作为反渗透和纳滤的前处理。若作为反渗透的预处理阶段，可使反渗透系统的运行通量提高 20%～30%，且可以提高反渗透膜的寿命（林庆峰等，2008）。

由于超滤膜在小孔径范围与反渗透相重叠，在大孔径范围与微滤膜相重叠，因此，它可以分离溶液中的大分子、胶体、蛋白质、颗粒等。由于它使用的压力低、产水量大，因此更便于操作，也可作反渗透膜的前处理设施（颜翠平等，2006），因此其在水处理领域里相对其他孔径的膜技术而言，应用最为广泛，多作为后续的过滤介质与其他单元衔接应用，或者作为反渗透的前处理部分应用。

上游来水变化，尤其是 SS、氮、磷的波动对超滤膜的反冲洗、药洗频率与效果及产水水质有很大影响，而这些指标很大程度依赖于污水处理厂的工艺（张亚勤等，2008），因此，再生水厂与污水处理厂建立联动运行机制也是十分必要的。

膜技术在北京市、天津市应用较多。天津市纪庄子污水处理回用工程是国家污水处理回用示范工程之一，工程规模5万m^3/d，采用分质供水方案，回用居住区采用连续微滤（CMF）+臭氧工艺，回用工业区再生水采用传统混凝沉淀过滤（老三段）工艺（吕宝兴和刘文亚，2003）。连续微滤（CMF）过滤单元能独立全自动运行，不需要任何手动操作，有效降低劳动成本。过滤器采用0.2μm膜屏障，不仅不受进水水质变化，而且保持水质稳定一致，有效去除细菌和悬浮物，去除率高达99.99%。连续微滤（CMF）系统运行耐冲击负荷，受原水水质影响小。连续微滤（CMF）膜组件具有较高的耐压能力，过膜水头损失小，气水反洗和碱洗能够达到较好的效果。

北京市清河8万m^3/d规模的再生水项目，采用超滤膜+活性炭工艺处理污水处理厂二级出水，最终出水用于生活杂用及景观水体补水。清河另有再生水扩建系统处理能力32万m^3/d的项目，采用膜处理+臭氧工艺深度处理。

2. 双膜工艺

目前工艺可以大规模应用于城市污水再生处理，以天津市为典型代表，如天津泰达新水源科技开发有限公司3万m^3/d的项目，该项目是2003年中国首例应用双膜法的典型代表。产水用于开发区企业生产用水（包括一汽丰田、滨能股份热电厂等）。“双膜法”工艺生产的再生水水质优异，可作为工业用脱盐水，满足从高端用户到低端用户的广泛需要。其受进水水质的影响小，生产过程自控程度高，在线监测系统可为出水水质的稳定、安全、卫生提供有力保障（张鸿斌和杨丽丽，2011）。另外，与常规工艺相比，双膜法占地省、药耗低，运行调度灵活，具有对环境影响小、产水水质好的特点，同时易于采用模块化设计，易于根据市场需求优化配置和扩展工程规模。在天津以外的很多应用双膜法项目中，原水多为工业企业生产废水，这与双膜法受水质影响小、产水水质好的特点有很大关系。

在双膜法中的微滤膜的生产商中，以天津膜天膜科技股份有限公司为典型代表，膜天膜与中国科学院大连化学物理研究所、国家海洋局水处理中心并称为中国三大膜产业化基地。2008年、2009年市场占有率均超过20%。统计该企业提供应用双膜法的项目，在一定程度上是双膜法在全国应用的一个缩影。表3-11为天津膜天膜双膜法应用项目统计。

表3-11　天津膜天膜双膜法应用项目统计

序号	建设单位	原水	处理规模/(m^3/d)	采用工艺	产水用途
1	某钢铁集团有限公司	炼钢废水+市政污水	72000	CMF+RO	高级生产工艺用水
2	天津某科技开发有限公司	综合废水	30000	CMF+RO	生产工艺用水
3	天津某环保股份有限公司	市政污水	21000	CMF+RO	景观绿化用水
4	天津某中水有限公司	市政污水	65200	SMF+RO	电厂锅炉用水
5	某电力工程公司	冷却循环水	20000	CMF+RO	电厂锅炉用水
6	某化工有限公司	化工废水	20000	CMF+RO	冷却循环水

续表

序号	建设单位	原水	处理规模/(m^3/d)	采用工艺	产水用途
7	江苏某集团有限公司	印染废水	4000	CMF+RO	生产工艺用水
8	山东某石化有限公司	冷却循环水	10000	CMF+RO	锅炉补给水
9	山西某热电厂	达标市政污水	10000	CMF+RO	锅炉补给水
10	某羊绒集团有限公司	纺织印染废水	10000	CMF+RO	锅炉补给水
11	宁波某橡胶有限公司	化工废水	4512	CMF+RO	杂用水

从表3-11的统计可知，11个项目中的产水大部分应用于循环冷却水、锅炉补给水甚至生产用水，仅少部分用于景观绿化及杂用水。

现有再生水处理工艺中，双膜法出水水质最优，但其投资和运行费用也最高，未来5～10年有下降的趋势，但下降的空间有限。另外，从目前研究来看，双膜法出水水质并非完全没有生态安全性的担忧，双膜法出水经生态安全性测试后，测试鱼类的平游成功率大大降低。而且其浓水的处理一直在应用中存在争议。

超滤+反渗透（双膜法）可以达到各类出水标准，针对目前大量兴建的工业园区再生水回用，双膜法将依托占地省、受水质水量波动小、可处理难处理水质且出水水质高的特点，会有非常好的应用前景。

3. 膜生物工艺

按照膜的构造不同，应用于浸没式MBR的膜主要为中空纤维膜（HF）和平板膜（FS），中空纤维膜MBR在国内大型市政污水项目中应用较多，其优点是装填密度高、膜池体积小、制作工艺简单、造价较低，缺点是对预处理要求较高、反冲洗次数多、阻力损失较大，主要有帘式、束状和柱状等构造形式；平板膜在国内应用较少，但在国际市场应用较多，目前中国平板膜生产商仅有3家，且产品多销往国外，其优点是跨膜压差较小、污泥浓度高、抗污堵能力强、对预处理要求较低，缺点是装填密度低、膜池占地相对较大、投资较高，主要有板式和盘式两种（蒋岚岚等，2011）。

目前应用项目较多以聚偏氟乙烯中空纤维膜为主。表3-12为市场各主要膜厂商膜产品类型汇总。

表3-12　已有成功运行MBR工程实例的各类代表性膜厂商产品汇总

膜的分类			代表公司	孔径/μm	材质	产地
中空纤维膜	超滤	帘式	通用电气（GE/Zenon）	0.04	PVDF	匈牙利
			美能（Memstar）	＜0.1	PVDF	四川绵阳
			海南立升	0.02～0.1	PVC	国产
		柱式	西门子（Seimens Memcor）	0.04	PVDF	澳大利亚
	微滤	帘式	北京碧水源	0.15	PVDF	国产
			天津膜天膜	0.2	PVDF	国产

续表

膜的分类			代表公司	孔径/μm	材质	产地
中空纤维膜	微滤	束状	三菱丽阳（MitsubishiRayon）	0.4	PE/PVDF	日本
			旭化成（microza）	0.1	PVDF	日本
平板膜	超滤	板式	东丽（Toray）	0.08	PVDF	日本
		盘式	琥珀（Huber）	0.038	PES	德国
	微滤	板式	久保田（Kubota）	0.4	氯化 PVC	日本
			斯纳普（Sinap）	0.1	PVDF	国产
			阿法拉伐（Alfalaval）	0.2	PVDF	瑞典
			新加坡凯发集团（Hyflux）	0.1	PVDF	新加坡

中国在 2006 年开始出现万 m^3/d 级以上规模的市政 MBR 污水处理项目，其应用速度和市场容量增长迅速，2007 年市场容量为 15 万 m^3/d、2008 年为 40 万 m^3/d、2009 年为 60 万 m^3/d、2010 年为 103 万 m^3/d（按已运行项目统计）。项目主要分布在北京、太湖流域（无锡）、广州、云南等地区，湖北、黑龙江等地零星有一些项目。很明显，这与地方政府的要求和地方财政实力有很大关系。表 3-13 为 MBR 工艺的典型运转和性能数据。

表 3-13　MBR 工艺的典型运转和性能数据

运转参数	单位	范围	性能参数	单位	范围
COD 负荷	$kg/(m^3 \cdot d)$	1.2～3.2	出水 BOD	mg/L	＜5
MLSS	mg/L	5000～20000	出水 COD	mg/L	＜30
MLVSS	mg/L	4000～16000	出水 NH_3-N	mg/L	＜1
F/M	gCOD/（gMLVSS·d）	0.1～0.4	出水 TN	mg/L	＜10
SRT	d	5～20	出水浊度	NTU	＜1
水力停留时间 τ	h	4～6			
膜通量	$L/(m^2 \cdot h)$	15～40（淹没式） 40～80（外置式）			
过膜压差	kPa	0～50（淹没式） 20～500(外置式）			
DO	mg/L	0.5～1.0			

这些项目多数是提标改造或改扩建时采用膜生物反应器（MBR）工艺，只有广州京溪污水处理厂等个别项目为新建项目。在污水处理厂或再生水厂中，MBR 工艺与其他工艺平行使用，这与其运行费用高和恒通量运行的特点有关，也与出水标准高（提标）及土地资源紧张有关（傅涛，2011）。MBR 项目耐水质冲击，不耐水量冲击，必须同时有传统工艺做保障。

工业用水、城市非饮用水和环境用水为项目出水的三大用途，其占全部项目总水量的比重分别为 33.8%、23.7%和 21.9%。补充水源水和直接排放所占的比例分别为 9.6%、10.1%，农业用水的比例为 0.9%，MBR 污水运营项目中仅北京市密云再生水厂出水除河道补水外，部分用于农林牧业。

大型市政污水项目并不适合采用 MBR 技术，对于目前正在建设的高碑店 100 万 m^3/d 规模的再生水项目，设计中对比了 MBR 和超滤两种工艺，考虑到 MBR 必须有抽吸的过程，如果单一采用 MBR，由于进水的不确定性，在膜堵塞时存在很大的排水风险，因此，最终选择了超滤技术。

3.3.3　优劣性分析

1. 超滤/微滤

以北京应用超滤+活性炭工艺生产再生水的效果来看，其水水质较好，出水可满足除地下水回灌（NO_2^--N、硫化物等指标不达标）以外的其他 4 种再生水回用标准。但应根据活性炭池的运行工况和出水情况及时对活性炭进行再生，否则会严重影响活性炭池及再生水厂最终的出水水质。并且应注意超滤预处理工艺种类、设计及运行参数的选择，预处理效果直接影响再生水厂的出水水质（冯运玲等，2011）。

另外超滤膜-活性炭工艺目前多用在饮用水的深度处理上，但有研究发现，相对于饮用水源活性炭净化技术，污水二级出水中溶解性物质经超滤膜处理后，其值仍然较高，从而使活性炭的使用周期大大缩短，降低了脱色除味功效，运行成本增加。综合考虑效果及运行成本，超滤后可以采用填料粒径稍大的生物滤池强化有机物生物降解及硝化能力（张文超等，2008）。

2. 双膜法

双膜法虽然出水水质是目前再生水生产工艺中最有优质的，但受到投资、运行费用的影响，目前仅在水质要求较高工业园区、锅炉补给水、生产用水等回用途径时必须通过双膜法才能到达预期水质指标，但在工业循环冷却水、景观环境用水中很难采用，不仅资金费用政府难以负担且也很难市场化筹措。双膜法的技术经济性提升的空间受到超滤膜材料、反渗透膜材料的革新进步。双膜法具有以下特点。

（1）超滤膜主要用于去除高分子量组分，如胶体物、蛋白质、碳水化合物，不能去除糖和盐类；

（2）“双膜法”的杂质去除范围广，可以去除溶解的无机盐类和各类有机物杂质；

（3）有较高的除盐率和水的回用率，可截留粒径几纳米以上的溶质；

（4）分离装置简单，容易操作、自控和维修；

（5）反渗透装置要求进水达到一定的指标才能正常运行，因此，原水在进入装置前要采取预处理措施。同时还要定期对膜进行冲洗，以清除污垢。

（6）由于反渗透出水 pH 偏低，需根据水质需求进行调整，反渗透有大量浓水产生，浓水中的无机盐和有机质含量很高，其处理处置需要给予充分的考虑。

另外，反渗透膜用于再生水处理容易产生膜污染问题，每年需定期进行清洗和膜组件的更换。需要注意的是，双膜法实际运行中，进水泵不能停水，冬季低温期需采取适当的保温措施。

3. 膜生物处理（MBR）

与传统的生化水处理技术相比，膜生物反应器（MBR）具有处理效率高、处理出水水质良好、污泥浓度高，装置容积负荷大，占地省，有利于各类微生物截留，污染物去除能力强、剩余污泥产生量低、易于实现自动控制、操作管理方便等优点（张鸿斌和杨丽丽，2011）。但MBR应用于市政污水处理项目中普遍存在以下4点问题：①MBR运行费用（电费、清洗的药剂费、人工费）相对其他同类出水标准的工艺高；②目前运行的MBR项目基本采用相对恒通量运行，但是存在不同程度的由膜污染引起的通量衰减问题；③MBR工程设计中，没有统一的设计标准指导，导致各厂家根据自己的工程项目数据库指导工程项目设计，给客户在更换膜组器时造成了不便；④MBR市政污水处理项目中，前处理非常关键，直接影响后续MBR工艺段的运行费用。

膜生物处理对于病原菌消毒的稳定性与常规工艺比较，存在一定差别。另外，对于内分泌干扰物质的去除有一定的优势（史成波等，2011）。因此，评价某项技术时，不仅应着眼于现在的标准，更应着眼于水质的发展、水环境以及人类健康，从这些角度来说，MBR具备一定的潜力。

另外，对于MBR在市政领域的应用仍然存在着许多细节的问题。

（1）运行费的降低，涉及膜材质、膜材料改性的设计，膜组件构造及曝气方式相关参数的设计，项目水质的特性，项目自控设计水平，项目运行管理水平等多方面提升的综合效果。

（2）各个膜厂商的数据库完善、设计参数规范，但对于全行业来说没有统一或综合的设计手册和规范，对于设计人员来说没有设计依据。

（3）前端预处理及生化处理部分，与后续膜池的衔接缺乏优化设计经验，全流程设计经验和参数不全，影响运行效果、膜寿命和能耗。

（4）膜产品的种类众多，选择缺乏可靠的经验依据，不同膜厂商的膜产品缺乏可靠的比较结果。

（5）运行中，由于各种原因造成的膜污染影响膜通量，存在衰减快、膜寿命短的问题。

（6）各膜厂商的膜产品设备型号不能统一，如安装型号等，在更换膜产品时存在壁垒。

（7）对于运行人员的经验和素质要求高。

再生水利用在中国有着巨大的市场空间，以北京为例，已经全面启动8个污水处理厂的再生水利用工程，且出水指标参照国家地表水标准制定北京市再生水利用标准，再生水将成为北京景观水系的主要水源。对于再生水利用技术路线，有关专家认为，MBR（膜生物反应器）与BAF（曝气生物滤池）是两条相对比较合适的技术路线，但又有其不同的适用性。MBR适合新建和中小规模的污水处理厂，尤其适合在一座大型的污水处理厂（如 20 万 m^3/d）中建一小规模 MBR 工程（如 5 万 m^3/d），出水水质很好，可以直接回用。如果 MBR 工艺受到冲击，污水还可以流到 15 万 m^3/d 的工艺部分去处理。但 MBR 工艺有利也有弊，且投资大电耗高，要求运行精细，不适合大规模在大中型污水处理厂中推广。相对来说，BAF 在大、中、小型污水处理厂都可行，接在二级处理后，不影响二级处理后的排水。如果 BAF 工艺出现问题，排出的是经过二级处理后的出水。而 MBR 如果出现问题，排出的则是没处理过的原污水，如停电或膜出现问题等情况，只能溢流，对环境的损害远比二级出水要大（张洪涛等，2010）。常用膜处理工艺及其特点见表 3-14。

表 3-14　常用膜处理工艺特点对比分析

工艺	特点	优点	缺点
超滤/微滤	有效去除细菌 和悬浮物、氮、磷	可全自动运行，水质稳定， 受进水水质影响小，水头损失小	使用周期短，运行成本高
双膜法	有效去除细菌 和悬浮物、氨氮	药耗低，运行调度灵活， 占地面积小，自控程度高	运行费用高，投资成本高
MBR	有效去除悬浮物、浊度、 细菌、病毒	耐水质冲击，适应性好 耐冲击负荷，水质稳定	膜产品不统一，能耗高， 寿命短，运行成本高 对运行人员要求高

3.3.4　工艺案例

1. 天津某再生水厂 A

天津某再生水厂建立了规模为 $2\times10^4 m^3/d$ 的 CMF 中水回用示范工程，对城市污水经生化处理后的二沉池出水进行处理，去除细菌和悬浮物等杂质，工艺流程见图 3-10。

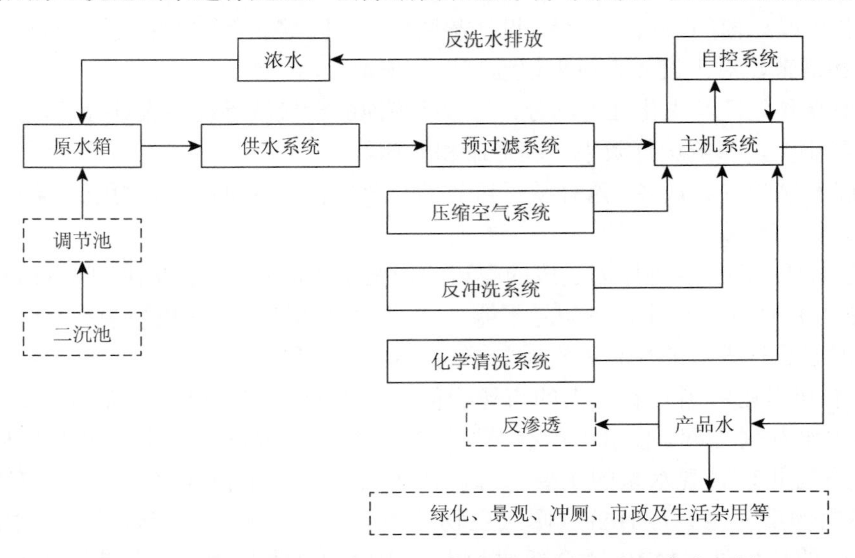

图 3-10　天津某再生水厂 A CMF 中水回用示范工程工艺流程图

1）工艺流程简介

（1）预过滤系统

为防止原水中的异物进入CMF系统，对膜造成损坏，在原水进入系统之前，设置了过滤精度为0.2mm的保安过滤器，将可能造成膜损坏的、较大的机械性杂质过滤掉。

该保安过滤器为自动清洗型过滤器，设备根据压差和定时时间，自动对过滤元件进行清洗，清洗过程排水极少，不影响设备的正常运行。过滤元件为不锈钢梯形丝，具有过滤压差小、耐腐蚀、寿命长、易清洗、全自动运行、连续产水的特点。

（2）主机系统

主机主要包括膜组件、机架、阀门等，膜组件采用天津膜天膜科技有限公司生产的CMF专用UOF4中空纤维膜组件，该组件为中空纤维外压式膜，材质为PVDF，膜孔径≤0.2μm，具有通量大、操作压力低、耐污染和易清洗等特点，可保证在规定工艺条件下长期运行使用。主机系统有10台设备，每台设备有50支膜组件，每台独立运行，产水恒流量控制。

（3）供水系统

CMF供水系统由供水泵以及管路阀门等组成，作用时将来水加压并打入CMF主机，并使产水透过膜进入CMF产水水箱。在CMF系统中，供水泵采用变频调节。PLC采集供水母管的压力，经PID调节控制供水泵的转速，达到使供水母管恒压的目的。

（4）反冲洗系统

反冲洗系统由反洗泵、加药泵及相应管路、阀门组成，其作用是在膜组件污染后对其进行在线气水清洗，保证膜组件正常、高效运行。反冲洗过程包括气水双洗、大流量反冲、排污等过程，在反洗过程中加入化学药品，可有效洗脱膜表面的各种污染物。

（5）压缩空气系统

压缩空气系统包括空气压缩机、空气储罐及相应管路阀门等，主要是为系统的气动阀门提供动力，在反洗过程中提供压缩空气，提高清洗效果。

（6）化学清洗系统

化学清洗系统包括酸洗泵、碱洗泵及相应管路阀门等，其作用是当CMF系统污染较为严重时，投加药剂对系统进行有效的清洗。

（7）自控系统

自控系统由PLC、流量传感器、压力传感器、变频器、触摸屏等组成。其作用是通过流量传感器和变频器对膜装置运行中的工作与清洗状态进行控制，采用压力检测实现超运行压力时自动进行清洗。

2）工艺特点

设备控制简单，系统自动化控制程度高；结构紧凑；模块化设计可根据用户需求灵活地扩大或缩小；高抗污染的聚偏氟乙烯膜材料耐氧化，使用寿命长；独特的在线气水双洗方法，优异的膜通量恢复率；运行费用低廉；可采用氧化性清洗剂进行系统清洗；产水水质优（浊度≤0.1NTU、SDI≤3）；作为反渗透的预处理系统，可替代传统的絮凝、机械过滤、精滤工艺，延长反渗透系统的使用寿命。

3）处理效果

该再生水回用系统是对污水处理厂二级排放水进行深度处理，净化后的水清澈透明，无异味，浊度<0.1NTU（低于设计值 0.2NTU），SDI 值<3，CMF 产水满足国家生活杂用水标准，可直接回用于绿化、景观、冲厕等；同时，CMF 产水满足反渗透系统进水要求，可进一步脱盐。该再生水回用系统进出水水质检测结果见表 3-15。

表 3-15　CMF 进、出水水质检测结果

检测项目	CMF 进水	CMF 产水
pH	7.52	6.66
硫化物/(mg/L)	<1	<1
氯化物/(mg/L)	2310	2130
硝酸盐氮/(mg/L)	8.1	8
氟化物/(mg/L)	2.4	2.2
钾/(mg/L)	82	81
镁/(mg/L)	82	81
铁/(mg/L)	94	90
钙/(mg/L)	301	283
SO_4^{2-}/(mg/L)	335	100
HCO_3^-/(mg/L)	196	116
浊度/NTU	7.8	0.074
余氯/(mg/L)	<1	<1
电导率/(μs/cm^2)	3610	3550
COD/(mg/L)	76	48
BOD_5/(mg/L)	38	<2
悬浮物/(mg/L)	50	未检出
色度/倍	20	10
TOC/(mg/L)	9.16	6.1
大肠杆菌/(个/L)	2400	<2
二氧化硅/(mg/L)	20.6	8.2
油脂/(mg/L)	1.1	<0.4

注：化验检测数据来自天津泰达威立雅水务有限公司化验室

2. 北京某再生水工程 B

北京某再生水工程 B 采用“微滤（MF）+反渗透（RO）”的膜过滤技术进行再生水处理，出厂水为高品质再生水，产水量为 2 万 t/d，工艺流程见图 3-11。

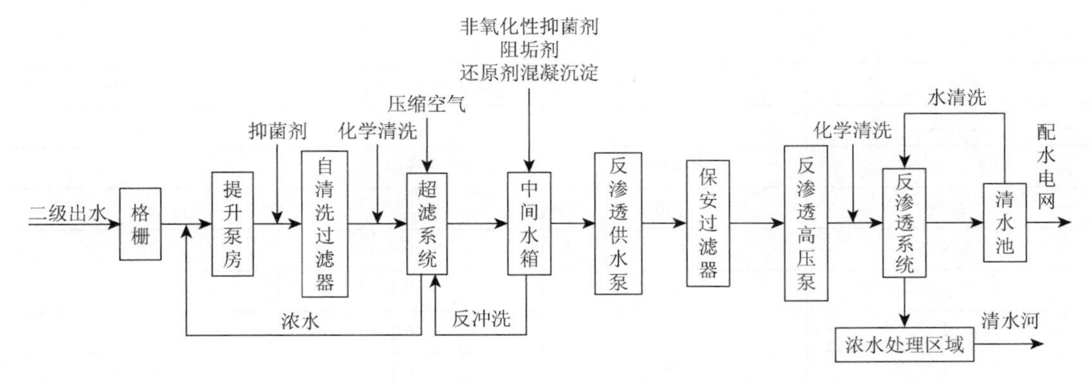

图 3-11　北京某再生水工程 B 双膜工艺流程图

工艺流程简介如下。

1）预处理

膜格栅：主要作用是去除污水中的大颗粒杂质、毛发等，防止污水从污水处理厂流入再生水厂过程中其他污染物的带入。自清洗过滤器：作用是去除水中大于 200μm 的大颗粒悬浮物，避免微滤膜遭受机械性破坏，保证微滤系统的长期稳定运行。

2）MF 系统

微滤：其去除机理为压力驱动下的“筛除”原理，可有效去除水中的悬浮颗粒及胶体物履、细蒲和病毒。中间水箱，又名微滤产水箱，通过微滤产水罐的调节作用，能够保证短时间内，微滤系统产水水量不足，或者微滤没有产水的情况下，反渗透能够正常运行。

3）RO 系统

中间水泵，又名反渗透低压供水泵，将中间水箱的微滤产水加压通过保安过滤，再输送至反渗透高压泵进口，为反渗透高压泵的运行提供启动压力。保安过滤器：作为反渗透进水的最后一道保障，主要作用是防止中间水箱、管道或因为药剂不纯带入的颗粒性物体进入反渗透膜，造成反渗透膜机械性损伤。反渗透设备：其原理是原水在足够的压力下，通过渗透膜而变成纯净的水。没有通过膜的水溶解物、悬浮物浓度逐渐增大。其作用是采用膜分离手段来去除水中的离子、有机物及微细悬浮物（细菌、胶体微粒），以达到水的脱盐纯化目的。工艺进出水水水质和各项污染物的去除率见表 3-16。

表 3-16　主要进水与出水水质和各项污染物去除率

项目	进水水质/（mg/L）	出水水质/（mg/L）	去除率/%
COD_{Cr}	≤100	＜15	85
BOD_5	≤10	＜3	70
悬浮物	≤30	＜1	97
氨氮	≤5	＜2.5	50
总氮	≤15	＜5	67

续表

项目	进水水质/（mg/L）	出水水质/（mg/L）	去除率/%
总磷	≤5	＜0.5	90
溶解性总固体	≤1000	＜150	90
色度	≤30	＜5	83
石油类	≤1	＜0.3	70
阴离子表面活性剂	≤0.5	＜0.3	40
铁	0.18	＜0.1	44
锰	0.06	＜0.1	60
粪大肠杆菌数	≤10^3个/L	未检出	100

从表 3-15 中可以看出，采用“MF+RO”的处理工艺对污水处理厂二级出水进行处理的出水 SS、总磷、粪大肠菌群数的总去除率达到了 90%以上，这主要是“MF+RO”微滤的截留作用；而对阴离子表面活性剂、Fe 的去除率为 40%左右，去除率较低，主要是因为它们在进水中含量较低，导致去除率效果不是很明显，但其产水满足高品质再生水的要求；COD_{Cr}、TDS、色度等其他水质指标的去除率均满足了高品质再生水指标的要求。

3. 北京某再生水厂 C

再生水厂 C 于 2006 年 12 月正式运行，是奥运会配套工程，是当时全国最大的采用超滤膜过滤工艺的再生水厂，设计处理能力为 8 万 m^3/d，出水主要供给奥林匹克森林公园、圆明园公园、清河、清洋河等景观水体，以及向海淀区、朝阳区和昌平区部分区域提供市政杂用水。水厂以清河污水处理厂二级出水为水源，采用微滤—超滤膜过滤—二氧化氯消毒—臭氧脱色—次氯酸钠补氯后向用户供水。

4. 北京某再生水厂 D

再生水厂 D 于 2008 年 7 月开始正式运行。设计处理能力为 6 万 m^3/d，出水主要供给奥林匹克森林公园景观水体、中心区体育场馆以及周边绿化冲厕杂用。水厂以市政污水为水源，经 MBR 工艺，臭氧脱色，二氧化氯消毒后进入城市再生水管网向用户供水。其中 1 万 m^3 的 MBR 出水在经过 RO 深度处理后作为高品质用水，主要供给奥运中心区鸟巢、水立方等体育场馆作为冲厕用水，龙形水系等景观水体补水。

5. 天津某再生水厂 B

该工程水源采用污水处理厂二级出水经深度处理后的再生水，系统产水量为 $15m^3/h$，再生水通过深度净化进一步去除 COD、氨氮、硬度、无机盐、总固体等污染物之后，出水达到《城市热力网设计规范》（CJJ 34—2002）热力网补给水要求和当时《工业锅炉水质》（GB 1576—2001）的水质标准，回用于低压热水锅炉、蒸汽锅炉、换热器及供热管网补给水，系统的工艺流程见图3-12。

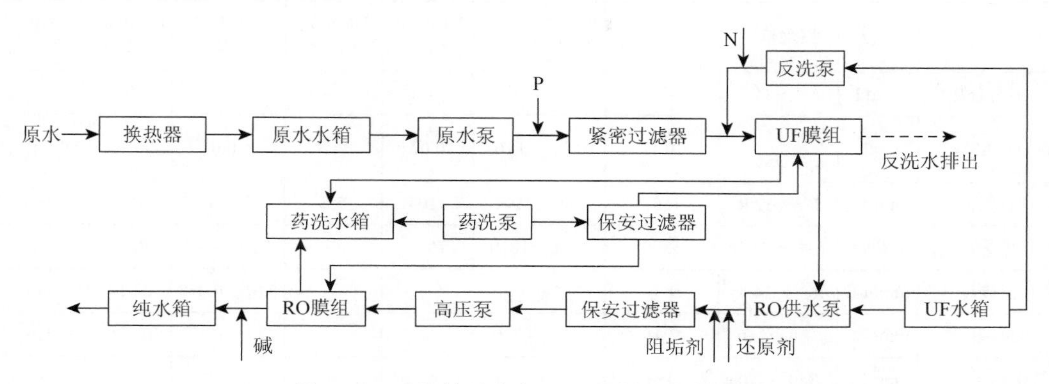

图3-12 天津某再生水厂B出水回用流程图

系统以UF+RO技术为核心技术，来自再生水厂的再生水经过换热器升温后进入原水水箱，然后通过原水泵增压进入精密过滤器，过滤之后进入超滤装置，超滤膜采用HYDRAcap的8英寸膜，每支膜长1.5m，每支膜产量为4～5m^3/h，共6支膜，并联排列，系统总产量为24～30m^3/h，超滤的产水进入超滤水箱。反渗透采用低污染反渗透膜，反渗透系统按3∶2∶1串联排列，每支压力容器装3支8英寸膜组件。

系统在2004～2005年、2005～2006年供暖季运行效果分别见表3-17及表3-18所示。其中，超滤的生产运行采用错流操作，膜前压力保持在1.4～2.0bar，TMP保持在0.8～1.2bar，水的回收率保持在97%以上，产水量为20m^3/h，浓水占5%～7%，运行周期为30min，每运行30min反洗30min。RO膜前压力在9.0～12.0bar变化，TMP保持在8～11bar，回收率在75%～80%。

表3-17 2004～2005年供暖季UF+RO系统处理结果一览表

项目	单位	原水范围	原水平均值	UF出水范围	UF出水平均值	UF单元去除率	RO出水范围	RO出水平均值	UF+RO去除率/%
pH	—	7.01～7.75	7.46	7.31～7.77	7.67	—	6.46～6.86	6.87	—
色度	度	15	15	10	10	33.3	＜5		66.7以上
浊度	NTU	0.79～5.47	2.42	0.08～0.47	0.31	87.2	0.07～1.44	0.41	83.1
氨氮	mg/L	1.18～33.72	26.3	23.84～30.72	27.14	—	0.584～3.4	1.18	93.9
总氮	mg/L	2.88～36.37	29.67	22.58～36.9	26.67	10.1	0.538～2.44	1.45	95.1
总磷	mg/L	0.014～0.1	0.04	0.014～0.101	0.07	—	＜0.01	—	75以上
游离余氯	mg/L	0.05～0.7	0.4	0.01～0.1	0.06	85.6	＜0.01	—	97.5以上
COD_{cr}	mg/L	18.34～28.54	23.92	13.26～26.0	21.71	9.2	＜5	—	97.9以上
BOD	mg/L	＜1	—	＜1	—	—	＜1	—	—
嗅	—	无不快感	—	无不快感	—	—	无不快感	—	—
总大肠菌群	个/L	＜3	—	＜3	—	—	＜3	—	—

续表

项目	单位	原水范围	原水平均值	UF 出水范围	UF 出水平均值	UF 单元去除率	RO 出水范围	RO 出水平均值	UF+RO 去除率/%
细菌总数	个/ml	1～34	7	0	—	—	0	0	
LAS	mg/L	0.036～0.154	0.1	0.033～0.108	0.07	25.8	＜0.01	—	89.5 以上
总固体	mg/L	858～1256	1168	840～1194	1104	5.5	2～80	41.6	96.1
电导率	μS/cm	1080～1840	1590	1130～1810	1658	—	12.5～40.5	32.5	98.2
总硬度	mmol/L	6.8～14.4	9.54	—	—	—	0.01～0.018	0.014	99.8
总碱度	mmol/L	7.0～8.0	7.41	—	—	—	0.1～0.18	0.156	97.9
氯化物（Cl^-）	mg/L	340～370	350	—	—	—	5～39	16.6	93.9
SDI	—	—	—	—	＜2	—			

注：水质范围指运行期间最大、最小值；平均值指运行期间全部数据的算术平均值

表 3-18　2005～2006 年供暖季 UF+RO 系统处理结果一览表

项目	单位	原水范围	原水平均值	RO 出水范围	RO 出水平均值	UF+RO 系统去除率/%
pH	—	5.57～7.61	7.0	4.2～6.65	5.86	—
总硬度	mmol/L	2.5～4.81	3.42	0～0.03	0.012	99
总碱度	mmol/L	1.54～5.61	3.50	0.02～0.28	0.11	97
氯化物（Cl^-）	mg/L	251～450	297	5～14	8.8	97
电导率	μS/cm	1276～1902	1681	22.3～115.9	39.8	98
悬浮物	mg/L	10～24	19	0～6	2.22	37
COD_{cr}	mg/L	45.76～87.55	69.09	2.45～4.65	3.65	95
溶解氧	mg/L	8.10～11.96	10.67	7.2～9.98	8.4	21

该项目采用 UF+RO 工艺对再生水进行深度处理，UF 作为 RO 的预处理单元，可以保证出水浊度＜1NTU，SDI＜2，满足反渗透进水 SDI＜3 的水质要求，但 UF 对氨氮、总氮、COD_{cr}基本没有去除作用。整个系统工艺可靠、运行稳定，在低能耗条件下实现了产水量稳定、出水水质优良，总体可以满足中低压蒸汽锅炉、热水锅炉补给水的水质要求。该系统的运行费为离子交换法的 1/3～1/4。由于再生水价格远低于工业用水价格，经过测算，3～5 年可以收回投资，而且由于出水水质较好，可以减少锅炉、换热器、送回水管道、散热器的清洗费用。系统产生的浓水和清洗水可做除硫除尘、冷却炉灰使用，实现了零排放。

6. 天津某再生水厂 C

天津再生水厂 C 是国家在全国重点扶持的 5 个中水项目之一，于 2002 年建成，设计规模 7 万 m^3/d，采用分质供水方案。2009 年经过改扩建，其中，工业区设计水量为 $5m^3/d$，

采用浸没式连续膜过滤（SMF）工艺，并建有1.2万m^3/d的反渗透脱盐系统；居住区设计水量为3万m^3/d，采用连续流微滤膜CMF—臭氧—消毒的处理工艺。

再生水厂C设计规模为5万m^3/d。该工程于2008年年底竣工，工程总投资约1.4亿元，采用混凝—沉淀—微滤—部分反渗透—臭氧工艺。

天津市中心城区各再生水厂处理工艺如表3-19所示。

表3-19 天津市中心城区再生水厂处理工艺

名称	处理工艺
再生水厂A	1、工业区：浸没式连续膜过滤（SMF）—消毒 2、居民区：连续流微滤膜（CMF）—臭氧—消毒
再生水厂B	混凝—沉淀—膜—臭氧—消毒

天津市新建再生水厂的处理工艺基本都采取以混凝沉淀作为预处理，以膜技术为主导的处理工艺，主要是因为天津市位于沿海地区，水中的氯化物和溶解性总固体含量较高，一些再生水厂采用微滤—部分反渗透膜处理工艺，部分微滤出水经反渗透膜进一步去除溶解有机物质、溶解盐类、金属离子、微生物、胶体物质、氨氮等，大部分微滤出水与反渗透出水混合加氯后进入清水池，可充分保证再生水水质的稳定性。

7. 大连

大连市2010年已经建成了5座以城市集中污水处理厂达标排放的出厂水为水源的再生水厂，再生水利用能力为14万m^3/d。主要有：春柳河污水处理厂再生水厂（泵站）（1万m^3/d）、开发区恒基新润水务公司再生水厂（2万m^3/d）、泰山热电厂再生水厂（4万m^3/d）、大连石化再生水厂（6万m^3/d）、北海头热电厂再生水厂（1万m^3/d）。

工艺如下。

再生水厂A采用自主独立研发的具有完全自主知识产权的551生物滤池技术，具有占地面积小、投资省、运行稳定高效、出水水质好等特点。再生水厂B、C、D都是工业用户将污水处理厂二级出水作为水源，建设管道将其引至厂内，根据各自生产工艺的需要进行深度处理，基本以老三段和超滤、反渗透等膜工艺为主，用于循环冷却水和锅炉补水。大连市各再生水厂处理工艺如表3-20所示。

表3-20 大连市各再生水厂处理工艺

名称	处理工艺
再生水厂A	曝气生物滤池—高效过滤池—消毒
再生水厂B	澄清—过滤和超滤—反渗透—电除盐深度处理
再生水厂C	生化处理—混凝—气浮过滤—超滤—反渗透和真空脱气
再生水厂D	高效生物反应塔—两级过滤—反渗透系统

第4章　再生水水质关键指标分析

再生水出水水质各项指标是否满足用户水质标准要求是再生水利用的一个重要因素。如果确定的出水水质标准过低，不能满足用户的要求，将会影响到再生水的推广应用。反之，如果确定的出水水质标准过高，虽然可以满足用户的要求，但是由于处理成本高，水价高，用户也很难接受。所以，水质标准很大程度上反映了再生水利用的水质安全，不同国家针对再生水利用中存在的风险，结合目前的检测技术，对不同利用方式的控制水质指标项目均有严格规定，并根据风险的级别制定相应的水质标准。因此，对再生水水质进行分析时，首先确定水质分析的关键指标，并对这些关键指标的水质检测方法进行简述。

4.1　水质关键指标筛选依据及原则

4.1.1　筛选依据

再生水水质指标筛选可以从标准层面分析再生水水质关键指标，也可以从用户端使用再生水存在的风险因子分析再生水水质关键指标。从标准层面分析，既要考虑国内相关再生水水质标准，又要考虑国外发达国家相关标准（杨茂钢等，2013）。因此，基于上述目标，国外主要选取美国、日本、新加坡等再生水利用相对成熟，且与中国国情相似的国家，收集这些国家再生水水质标准，为后面的指标分析提供依据；国内主要收集、整理再生水、饮用水、地表水等相关标准规范，从不同水源、不同使用途径分析中国再生水水质关键指标，如表4-1所示。

表4-1　指标筛选的主要标准依据

国家	分类	相关标准
中国	再生水	《再生水水质标准》（水利部，SL 368—2006）/《污水再生利用工程设计规范》（GB 50335—2002）/《城市污水再生利用分类》（GB/T 18919—2002）/《城市污水再生利用城市杂用水水质》（GB/T 18920—2002）/《城市污水再生利用景观环境用水水质》（GB/T 18921—2002）/《城市污水再生利用地下水回灌》（GB/T 19772—2005）/《城市污水再生利用工业用水水质》（GB/T 19923—2005）/《城市污水再生利用农田灌溉用水水质》（GB 20922—2007）
	地表水	《地表水环境质量标准》（GB 3838—2002）
	饮用水	《生活饮用水卫生标准》（GB 5749—2006）
美国		美国环保局《污水再生利用指南》 华盛顿州城市杂用水质指标 加利福尼亚州2001年紫皮书城市杂用水标准

续表

国家	分类	相关标准
日本		日本下水道协会《污水处理水循环利用技术指南》 建设省《污水处理水中景观、亲水用水水质指南》 东京《再生水利用事业实施纲要》 国土交通省《污水处理水的再利用水质标准》
新加坡		新加坡的再生水和饮用水执行同一标准，既包含了世界卫生组织《饮用水水质指引》，又考虑了新加坡供水安全，该标准共有292项指标
以色列		城市杂用再生水水质指标

注：水利部SL 368—2006部颁标准现正升国标

从用户端层面分析，主要针对中国再生水水质标准对再生水分类的要求进行分析。从目前中国现行的再生水标准看，主要执行建设部2002年颁布的《城市污水再生利用分类》（GB/T 18919—2002）（以下简称“国标”）和水利部2006年颁布的《再生水水质标准》（SL 368—2006）（以下简称“行标”）。对两个标准中再生水分类进行对比分析可以看出，两个标准在大的分类上没有原则性的差异，只是对分类的表述上存在不同，如GB/T 18919—2002中的城市杂用水，在SL 368—2006中为城市非饮用水，两个标准在分类上的异同点见表4-2。

表4-2 再生水用户分类

序号	选择性标准分类		分类项目		范围	
	国标	行标	国标	行标	国标	行标
1	补充水源水	地下水回灌用水	补充地表水	补充地下水	水源补给、防止海水入侵、防止地面沉降	同国标
			补充地下水			
2	工业用水	同国标	冷却用水	同国标	直流式、循环式	同国标
			洗涤用水	同上	冲渣、冲灰、消烟除尘、清洗	同上
			锅炉用水	同上	中压、低压锅炉	中压、低压锅炉
			工艺用水	—	溶料、水浴、蒸煮、漂洗、水利开采、水利输送、增湿、稀释、搅拌、选矿、油田回注	—
			产品用水		浆料、化工制剂、涂料	
3	农、林、牧、渔业用水	农、林、牧业用水	农田灌溉	农业用水	种籽与育种、粮食与饲料作物、经济作物	粮食作物、经济作物的灌溉、种植与育苗
			造林育苗	林业用水	种籽、苗木、苗圃、观赏植物	林木、观赏植物的灌溉、种植与育苗
			畜牧养殖	牧业用水	畜牧、家畜、家禽	家畜、家禽用水
			水产养殖			
4	城市杂用水	城市非饮用水	城市绿化	同国标	公共绿地、住宅小区绿化	同国标
			冲厕	同上	厕所便器冲洗	同国标

续表

<table>
<tr><th rowspan="2">序号</th><th colspan="2">选择性标准分类</th><th colspan="2">分类项目</th><th colspan="2">范围</th></tr>
<tr><th>国标</th><th>行标</th><th>国标</th><th>行标</th><th>国标</th><th>行标</th></tr>
<tr><td rowspan="4">4</td><td rowspan="4">城市杂用水</td><td rowspan="4">城市非饮用水</td><td>道路清扫</td><td>道路清扫、消防</td><td>城市道路的冲洗及喷洒</td><td>城市道路的冲洗及喷洒、消防用水</td></tr>
<tr><td>车辆冲洗</td><td>同国标</td><td>各种车辆冲洗</td><td>同国标</td></tr>
<tr><td>建筑施工</td><td>同上</td><td>施工场地清扫、浇洒、灰尘抑制、混凝土养护与制备、施工中混凝土构件和建筑物冲洗</td><td>同上</td></tr>
<tr><td>消防</td><td>—</td><td>消火栓、消防水炮</td><td>—</td></tr>
<tr><td rowspan="3">5</td><td rowspan="3">环境用水</td><td rowspan="3">景观环境用水</td><td colspan="2">娱乐性景观环境用水</td><td>娱乐性景观河道、景观湖泊及水景</td><td>同国标</td></tr>
<tr><td colspan="2">观赏性景观环境用水</td><td>观赏性景观河道、景观湖泊及水景</td><td>同上</td></tr>
<tr><td colspan="2">湿地环境用水</td><td>恢复自然湿地、营造人工湿地</td><td>同上</td></tr>
</table>

注：该表中分类既考虑 GB/T 18919—2002，也考虑 SL 368—2006 对再生水的分类；
"/" 表示没有此项内容

从表 4-2 中可以看出，除分类名称上存在差异外，国标和行标在工艺用水、产品用水、畜牧养殖、消防等范围的表述上也存在差异。行标中未予考虑；畜牧养殖范围，国标中考虑了畜牧用水，而行标中未予考虑；消防用水范围，国标中考虑了消火栓、消火炮等的用水，行标中未予考虑。总体上看，国标和行标在再生水分类上没有实质性的区别，主要不同在于分类的范围和称谓存在差异。

4.1.2　筛选原则

再生水水质分析的目的是为使再生水能够安全使用于景观环境、工业、农林牧业等社会生产、生活用水环节中。由于再生水利用于不同的用户，其标准中水质检测指标的数量和阈值存在较大差距，选择哪些指标能够作为再生水的关键指标，是一个十分棘手的问题。因此，本着再生水关键水质指标既要尽量全面地反映影响再生水水质安全的各个方面，又要求精炼、避免信息重复的原则，提出再生水关键指标筛选的基本原则：全面性、针对性、可操作性。全面性原则是指全面反映再生水各类用户对水质指标的要求，全面评价再生水水质指标，既不能以一概全，也不能一概而论，应在建立全面性原则的基础上进行划分与归类，并保证内容的充分性，但是不遗漏重要的指标（赵乐军等，2007）；针对性原则是指再生水在利用过程中，由于利用方式不同，风险的影响因子也不同，因此，不同的用户对水质的要求也不同，应针对不同用户的需求，提出具有针对性的关键指标；可操作性是指被选取的再生水水质指标应结合中国目前再生水的水质检测技术水平和普及程度，尽量选择关键性、综合性的指标，便于再生水水质安全分析工作的开展。

在再生水关键指标选取时，首先，参考国内外标准中的控制指标，以保护公众健康安全为前提。其次，要考虑特殊要求用水对水质的要求，应根据具体要求选择水质指标。最后，考虑不同用户对水质的要求不同，对于那些与人体密切接触，如景观环境用水，不仅需要感观上的要求，同时还应突出再生水的生物毒性效应①。因此，在筛选、确定再生水水质指标时，遵照筛选的基本原则，筛选出影响再生水水质安全的关键指标。

4.1.3　筛选方法

根据上述再生水关键指标筛选的依据和原则，关键指标筛选的方法可以采用类比法和归纳法。由于目前中国现行的再生水标准有国标和行标，两个标准在基础水质指标选取数量和阈值上存在差异外，还存在其他一些不同，故对于以再生水标准为依据选取再生水关键指标，采用类比法，针对不同用户对再生水水质的要求，分析国标和行标对同一用户水质检测数量和阈值的异同点，选取适于某一用户的水质关键指标，即指标集 1；再生水作为第二水源不仅能够缓解社会经济发展与水资源紧缺之间的矛盾，而且可以改善水环境，提高水资源的利用效率和效益。但再生水毕竟是污水经过一定的处理工艺后的水，其水质相对于自来水而言还是存在一定的风险，特别是作为水源经过输配后的二次污染问题也是再生水需要关注的问题之一。因此，在再生水水质关键指标筛选时，需要考虑不同用户在使用再生水后存在什么风险，即从风险角度考虑再生水水质关键指标。如再生水用于景观环境，则色度、浊度等感官性指标是需要关注的重点。本着这样的原则，以再生水利用风险为依据，考虑不同用户对再生水水质的要求不同，通过归纳法，总结出针对再生水的基础性关键指标和参考性关键指标，建立再生水水质关键指标集，即指标集 2；对筛选出来的指标集 1 和指标集 2 中的水质关键指标进行分析，确定再生水水质关键指标集，为再生水利用安全与风险分析做好指标筛选工作。

再生水水质关键指标筛选方法简图见图 4-1。

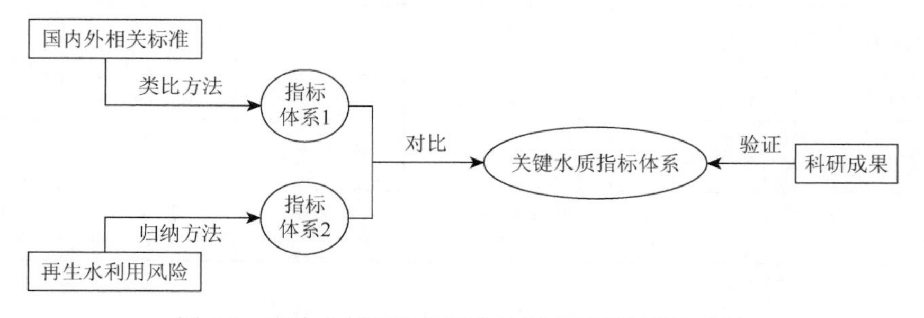

图 4-1　再生水城市非饮用水关键水质指标筛选方法

① 马进军. 2008. 城市再生水的风险评价与管理. 北京：清华大学博士学位论文.

4.2　水质关键指标筛选

4.2.1　国外水质关键指标

美国的再生水标准各州不一，针对不同的利用对象，各州制定了不同的再生水标准，但标准都很严格。具体体现在：①指标数量不同。各州的再生水分类及水质标准指标及限值不尽相同。如内华达州只对 BOD_5 和粪大肠菌提出了要求，而马萨诸塞州对 pH、BOD_5、浊度、粪大肠菌、TSS、总氮等各指标都提出了要求。内华达州主要关注可生物降解性有机物（BOD_5）和微生物（粪大肠菌），而马萨诸塞州在关注这两项指标的同时，还关注氢离子（pH）、感官指标（浊度）、悬浮固体（TSS）、营养物（总氮）。无论内华达州还是马萨诸塞州，其关注的水质指标主要是感官性指标和有机物指标，未对重金属物质、病原微生物、内分泌干扰物等指标进行关注（U.S.Environmental Protection Agency，2012）。分析其主要原因，一是美国污水收集系统健全，工业废水和医疗卫生排水需要达到处理标准后才能进入污水收集管网系统，二是美国污水处理后主要用于农业灌溉和景观环境用水，2011 年约占再生水利用量的 46%。②监测频次与指标阈值不同。亚利桑那州规定 A 类再生水中浊度 24h 平均值为 2NTU，最大值为 5NTU，而粪大肠菌群近 7 天内至少有 4 天未检出（未规定数值，只是规定 7 天中有 4 天不能检测出粪大肠杆菌）。而得克萨斯州规定浊度为 3NTU（没有规定是 24h 平均值还是最大值），粪大肠菌群平均值为 20 个/100ml，最大值为 75 个/100ml。③同一地区不同工艺出水水质指标不同。如加利福尼亚州规定以混凝、沉淀且经自然土壤或滤床过滤处理的再生水工艺，其浊度 24h 平均值为 2NTU，最大值为 10NTU，而以膜工艺处理的再生水出水中浊度 24h 平均值为 0.2NTU，最大值为 0.5NTU（U.S.Environmental Protection Agency，2012）。由此可见，美国再生水水质指标主要考虑感官性指标和有机物指标，且指标阈值根据工艺不同、地区不同、用户不同而不同。总体而言，指标相对较严。以美国加利福尼亚州杂用水为例，再生水各指标标准如表 4-3 所示。

表 4-3　加利福尼亚 2001 年紫皮书城市杂用水标准

指标	冲厕及消防	城市绿化用水	建筑施工	道路清扫	洗车
浊度/NTU	日均值≤2 最大值≤10	日均值≤2 最大值≤10			日均值≤2 最大值≤10
溶解氧/(mg/L)	保有溶解氧	保有溶解氧	≤30	保有溶解氧	保有溶解氧
余氯/(mg/L)	接触 30min≥1.0	接触 30min≥1.0		接触 30min≥1.0	接触 30min≥1.0
总大肠菌群/ MPN/100ml	30 日 50%≤2.2 最大值≤23	30 日 50%≤2.2 最大值≤23	30 日 50%≤23 最大值≤240	30 日 50%≤23 最大值≤240	30 日 50%≤2.2 最大值≤23

注：总大肠菌群采用“MPN”（多管发酵法），为最大可能数

日本再生水水质标准大部分指标是基于保护公众身体健康，防止病原微生物产生而制定的。总体来看，日本再生水利用在全国呈现不均衡现象，再生水利用与当地水资源短缺程度有关，主要以环保为目的的再生水利用，如景观用水、河流补水、戏水用水等，

约占再生水利用量的62%（张昱等，2011）。日本下水道协会于1981年9月制定了针对冲厕用水、绿化用水的《污水处理水循环利用技术指南》。1991年3月日本建设省召开的“深度处理会议”中制定了《污水处理水中景观、亲水用水水质指南》，如表4-4所示（张昱等，2011）。

表4-4　日本再生水水质标准

指标	用途			
	冲厕用水	绿化用水	景观用水	戏水用水
大肠菌数/（个/100ml）	≤1000	≤50	≤1000	≤50
余氯（结合态）/(mg/L)	无	≤0.4	—	—
色度	外观无不快感	外观无不快感	≤40	≤10
浊度	外观无不快感	外观无不快感	≤10	≤5
BOD/(mg/L)	≤20	≤20	≤10	≤3
嗅味	无不快感	无不快感	无不快感	无不快感
pH	5.8～8.6	5.8～8.6	5.8～8.6	5.8～8.6

日本不仅考虑不同用户对再生水水质要求不同，而且还对不同处理工艺出水水质提出要求。从开展再生水利用的地方政府制定的水质标准来看，一般均高出国家规定的标准，如1995年东京都制定的《再生水利用事业实施纲要》中，将大肠杆菌指标规定为“不得检出”。另外，2005年4月日本国土交通省颁布了《污水处理水的再利用水质标准》等相关指南，对采用深度处理工艺进行再生水生产时不同工艺应达到的水质标准进行了规定，如表4-5所示（张昱等，2011）。

表4-5　日本不同深度处理工艺水质标准的限定值

指标	原水（二级出水）		快速砂滤		絮凝沉淀+快速砂滤		快速砂滤+活性炭吸附		快速砂滤+臭氧处理+活性炭吸附		絮凝沉淀+快速砂滤+活性炭吸附	
	水质/(mg/L)	去除率/%	水质/(mg/L)	去除率/%	水质/(mg/L)	去除率/%	水质/(mg/L)	去除率/%	水质/(mg/L)	去除率/%	水质/(mg/L)	去除率/%
BOD	12	90	7	40	5	60	5	40	3	75	3	75
SS	10	91	4	60	4	60	2	50	2	80	2	80
COD	15	80	12	20	8	50	5	70	5	70	4	70
总氮	21	20	19	10	17	20	17	20	17	20	17	20
总磷	3	25	2.4	20	0.4	85	1.9	20	1.9	20	0.4	85

由此可见，日本的再生水标准体现了三个特点：首先，指标比较少，主要有卫生学指标、感官指标和余氯；其次，卫生学指标要求很严格，其中大肠菌群数在冲厕、洒水以及亲水用水中规定不得检出；最后，各再生水用途有相应的推荐设备。

以色列十分重视水资源的合理利用，并根据地区条件和社会经济结构采取不同的水回用原则（徐卫东和尉永平，2000）。在农业灌溉用水方面，由于水质要求较低，故污水处理的出水优先用于农业灌溉，其再生水利用量占全国城市污水的 70%（包括间接回用）。并且，即使对农业灌溉回用水，也应用节水型喷灌或滴灌技术。此外，对农作物、蔬菜、果树的灌溉水质制定了较严格的水质标准并进行卫生监测。以色列再生水用于灌溉水质指标如表 4-6 所示。

表 4-6　以色列灌溉再生水水质标准一览表

灌溉项目	BOD_5/(mg/L)	SS/(mg/L)	溶解氧/(mg/L)	大肠杆菌值/(个/100ml)	余氯/(mg/L)	其他要求
干饲料、纤维、甜菜、谷物、森林	60	50	0.5			限制喷灌
青饲料、干果	45	40	0.5			
果园、熟食蔬菜、高尔夫球场	35	30	0.5	100	0.15	
其他农作物、公园、草地	15	15	0.5	12	0.5	需过滤处理
直接食用作物	即使是再生水也不能用于灌溉					

从上述分析可以看出，日本的再生水质标准卫生学指标要求很严格，其中，大肠菌群数在冲厕、洒水以及亲水用水中规定不得检出；美国没有全国性的统一的再生水水质标准，各州再生水水质标准中对相关指标的规定各不相同；多数国家在标准中未规定氮、磷指标，而以常规的色度、浊度、悬浮物、余氯、粪大肠菌群为主，如日本、美国、以色列等国；在中国，再生水的水质要求由基本控制项目和选择控制项目组成。基本控制项目表达再生水的卫生安全等级与综合性水质要求，包括粪大肠菌群、浊度、SS、BOD_5、COD、pH、感官性状指标等。选择控制项目表达某一用水途径的特定水质要求，包括影响用水功能与用水环境质量的各种化学指标和物理指标。总之，美国、日本、以色列等国家在再生水利用标准制定时，主要考虑以 SS 为主的悬浮固体，以 BOD、总磷、总氮等为主的可生物降解性有机物，以大肠杆菌为主的微生物。无论美国还是日本在制定再生水水质标准时，不仅考虑不同用户对再生水水质要求不同，而且还对不同处理工艺提出水质要求。可以说，国外再生水水质标准虽然检测的水质数量少，但标准严，分类细化，这是中国今后再生水发展可以借鉴的方面。

4.2.2　国内水质关键指标

由于中国再生水水质标准是根据用户制定的，不同用户其水质标准不同。按照 GB/T 18919—2002 和 SL 368—2006 的分类，以中国再生水主要利用方向，分析景观环境用水、工业用水、农业用水、城市用水、地下水回灌用水 5 个方面的水质指标。

1. 景观环境用水

《城市污水再生利用景观环境用水水质》（GB/T 18921—2002）和《再生水水质标准》（SL 368—2006）两个标准对景观环境用水提出要求，如表 4-7 所示。

表 4-7　再生水用于景观环境用水的水质标准

序号	指标	观赏性景观环境用水					娱乐性景观环境用水					湿地用水
		河道		湖泊		水景	河道		湖泊		水景	
		国标	行标	国标	行标	国标	国标	行标	国标	行标	国标	行标
1	pH	6～9	—	6～9	—	6～9	6～9	—	6～9	—	6～9	—
2	BOD_5/(mg/L)≤	10	10	6	6	6	6	6	6	6	6	6
3	SS/(mg/L)≤	20	20	10	10	10	—	20	—	10	—	10
4	NTU/(mg/L)≤	—	—	—	—	—	5	—	5	—	5	—
5	溶解氧/(mg/L)≥	1.5	1	1.5	1	1.5	2	2	2	2	2	1
6	总磷/(mg/L)≤	1	0.5	0.5	0.5	0.5	1	0.5	0.5	0.5	0.5	0.5
7	总氮/(mg/L)≤	15	—	15	—	15	15	—	15	—	15	—
8	氨氮/(mg/L)≤	5	5	5	5	5	5	5	5	5	5	5
9	粪大肠菌群（个/L）≤	10000	—	10000	—	2000	500	—	500	—	不得检出	—
10	余氯/(mg/L)≥	0.05	—	0.05	—	0.05	0.05	—	0.05	—	0.05	—
11	色度（度）/(mg/L)≤	30	—	30	—	30	30	—	30	—	30	—
12	石油类/(mg/L)≤	1	1	1	1	1	1	1	1	1	1	1
13	阴离子表面活性剂/(mg/L)≤	0.5	0.3	0.5	0.3	0.5	0.5	0.3	0.5	0.3	0.5	0.3

注：“—”表示标准中对此项没有提出具体的阈值

从表 4-7 中可以看出，国标与行标中共同关注的水质指标为 BOD、SS、溶解氧、总磷、氨氮、石油类、阴离子表面活性这 7 个指标。国标关注的 pH、浊度、总氮、类大肠菌群、余氯、色度 6 个指标行标中未涉及，而行标中关注的湿地环境用水国标中未涉及；即使国标和行标中均关注的 BOD 等七类指标，除 BOD、SS、氨氮、石油类两个标准水质指标阈值一致外，溶解氧、总磷、阴离子表面活性剂行标比国标要求严格。

2. 工业用水

《城市污水再生利用工业用水水质》（GB/T 19923—2005）和《再生水水质标准》（SL 368—2006）两个标准对再生水用作工业用水水源的水质指标的规定如表 4-8 所示。

表 4-8　再生水用于工业用水的水质标准

序号	控制项目	敞开式循环冷却水系统补充水		洗涤用水		锅炉补给水		工艺与产品用水
		国标	行标	国标	行标	国标	行标	国标
1	pH	6.5～8.5	6.5～8.5	6.5～9.0	6.5～9.0	6.5～8.5	6.5～8.5	6.5～8.5
2	SS/(mg/L)≤	—	30	30	30	—	5	—

续表

序号	控制项目	敞开式循环冷却水系统补充水		洗涤用水		锅炉补给水		工艺与产品用水
		国标	行标	国标	行标	国标	行标	国标
3	浊度(NTU)≤	5	5	—	5	5	5	5
4	色度/度≤	30	30	30	30	30	30	30
5	生化需氧量 (BOD_5)/(mg/L)≤	10	10	30	30	10	10	10
6	化学需氧量 (COD_{cr})/(mg/L)≤	60	60	—	60	60	60	60
7	铁/(mg/L)≤	0.3	0.3	0.3	0.3	0.3	0.3	0.3
8	锰/(mg/L)≤	0.1	0.1	0.1	0.1	0.1	0.1	0.1
9	氯离子/(mg/L)≤	250	—	250	—	250	—	250
10	二氧化硅 (SiO_2)/(mg/L)≤	50	—	—	—	30	—	30
11	总硬度（以 $CaCO_3$ 计）/(mg/L)≤	450	450	450	450	450	450	450
12	总碱度（以 $CaC0_3$ 计）/(mg/L)≤	350	—	350	—	350	—	350
13	硫酸盐/(mg/L)≤	250	—	250	—	250	—	250
14	氨氮（以 N 计）/(mg/L)≤	10[a]	10[a]	—	10	10	10	10
15	总磷（以 P 计）/(mg/L)≤	1	1	—	1	1	1	1
16	溶解性总固体/(mg/L)≤	1000	1000	1000	1000	1000	1000	1000
17	石油类/(mg/L)≤	1	—	—	—	1	—	1
18	阴离子表面活性剂/(mg/L)≤	0.5	—	—	—	0.5	—	0.5
19	余氯[b]/(mg/L)≥	0.05	—	0.05	—	0.05	—	0.05
20	粪大肠菌群/（个/L）≤	2000	2000	2000	2000	2000	2000	2000

注：a 当敞开式循环冷却水系统换热器为铜质时，循环冷却系统中循环水的氨氮指标应小于 1mg/L；
b 加氯消毒时管末梢值；
"—"表示标准中对此项没有提出具体的阈值

从表 4-8 中可以看出，国标与行标中共同关注的水质指标为 pH、SS、浊度、色度、BOD_5、COD_{cr}、铁、锰、总硬度（以 $CaCO_3$ 计）、氨氮（以 N 计）、总磷（以 P 计）、溶解性总固体、粪大肠菌群 13 个指标，国标关注的氯离子、二氧化硅、总碱度（以 $CaCO_3$ 计）、硫酸盐、石油类、阴离子表面活性剂、余氯 7 个指标行标中未涉及，且国标中单独列出再生水用作工艺与产品用水的水质要求，行标对此未做要求。国标和行标中对相同水质指标的要求基本一致，除了悬浮物（SS），国标只对洗涤用水的再生水要求悬浮物≤30mg/L，对其他用途未做要求。

3. 农业、林业、牧业用水

《城市污水再生利用农田灌溉用水水质》（GB 20922—2007）和《再生水水质标准》（SL 368—2006）两个标准对再生水用作农林牧业用水的水质指标的规定如表 4-9 所示。

表 4-9　再生水用于农业、林业、牧业用水的水质标准

<table>
<tr><th rowspan="3">序号</th><th rowspan="3">基本控制项</th><th colspan="4">国标</th><th>行标</th></tr>
<tr><th colspan="4">灌溉作物类型</th><th rowspan="2">农业</th></tr>
<tr><th>纤维作物</th><th>旱地谷物
油料作物</th><th>水田作物</th><th>露地蔬菜</th></tr>
<tr><td>1</td><td>BOD_5/(mg/L)≤</td><td>100</td><td>80</td><td>60</td><td>40</td><td>35</td></tr>
<tr><td>2</td><td>COD_{cr}/(mg/L)≤</td><td>200</td><td>180</td><td>150</td><td>100</td><td>90</td></tr>
<tr><td>3</td><td>SS/(mg/L)≤</td><td>100</td><td>90</td><td>80</td><td>60</td><td>30</td></tr>
<tr><td>4</td><td>DO/(mg/L)≥</td><td colspan="4">0.5</td><td>—</td></tr>
<tr><td>5</td><td>pH</td><td colspan="4">5.5～8.5</td><td>5.5～8.5</td></tr>
<tr><td>6</td><td>TDS/(mg/L)≤</td><td colspan="4">非盐碱地区 1000，盐碱地区 2000</td><td>1000</td></tr>
<tr><td>7</td><td>氯化物/(mg/L)≤</td><td colspan="4">350</td><td>—</td></tr>
<tr><td>8</td><td>硫化物/(mg/L)≤</td><td colspan="4">1.0</td><td>—</td></tr>
<tr><td>9</td><td>余氯/(mg/L)≥</td><td colspan="2">1.5</td><td colspan="2">1.0</td><td>—</td></tr>
<tr><td>10</td><td>石油类/(mg/L)≤</td><td colspan="2">10</td><td>5.0</td><td>1.0</td><td>—</td></tr>
<tr><td>11</td><td>挥发酚/(mg/L)≤</td><td colspan="4">1.0</td><td>—</td></tr>
<tr><td>12</td><td>LAS/(mg/L)≤</td><td colspan="2">8.0</td><td colspan="2">5.0</td><td>—</td></tr>
<tr><td>13</td><td>汞/(mg/L)≤</td><td colspan="4">0.001</td><td>0.001</td></tr>
<tr><td>14</td><td>镉/(mg/L)≤</td><td colspan="4">0.01</td><td>0.01</td></tr>
<tr><td>15</td><td>砷/(mg/L)≤</td><td colspan="2">0.1</td><td colspan="2">0.05</td><td>0.05</td></tr>
<tr><td>16</td><td>铬（六价）/(mg/L)≤</td><td colspan="4">0.1</td><td>0.1</td></tr>
<tr><td>17</td><td>铅/(mg/L)≤</td><td colspan="4">0.2</td><td>0.1</td></tr>
<tr><td>18</td><td>粪大肠菌群数/（个/L）≤</td><td colspan="3">40000</td><td>20000</td><td>10000</td></tr>
<tr><td>19</td><td>蛔虫卵数/（个/L）≤</td><td colspan="4">2</td><td>—</td></tr>
<tr><td>20</td><td>色度/度</td><td colspan="4">—</td><td>30</td></tr>
<tr><td>21</td><td>浊度/NTU</td><td colspan="4">—</td><td>10</td></tr>
<tr><td>22</td><td>总硬度（以 $CaCO_3$ 计）/(mg/L)≤</td><td colspan="4">—</td><td>450</td></tr>
<tr><td>23</td><td>氰化物</td><td colspan="4">—</td><td>0.05</td></tr>
</table>

注：“—”表示标准中对此项没有提出具体的阈值

从表 4-9 中可以看出，国标对用作农林牧业用水的再生水从纤维作物、旱地谷物、油料作物、水田作物、露地蔬菜五种灌溉作物类型分别对再生水水质提出要求，而行标则统一为一个标准。国标与行标中共同关注的水质指标为 BOD_5、COD_{cr}、SS、pH、溶解性总固体、汞、镉、砷、铬（六价）、铅、粪大肠菌群数 11 个指标，相同的指标中，行标普遍比国标要求严格。另外，国标中对溶解氧、氯化物、硫化物、余氯、石油类、挥发酚、阴离子表面活性、蛔虫卵数 8 个指标提出要求，行标则对色度、浊度、总硬度（以 $CaCO_3$ 计）、氰化物 4 个指标提出要求。

4. 城市非饮用水

《城市污水再生利用城市杂用水水质》（GB/T 18920—2002）和《再生水水质标准》（SL 368—2006）两个标准对再生水用作城市非饮用水的水质指标的规定如表 4-10 所示。

表 4-10　再生水用于城市非饮用水的水质标准

序号	控制项目	冲厕		道路清扫消防		城市绿化		道路冲洗		建筑施工	
		国标	行标	国标	行标	国标	行标	国标	行标	国标	行标
1	pH	6.0～9.0									
2	色度/度≤	30									
3	嗅	无不快感									
4	浊度/NTU≤	5	5	10	10	10	10	5	5	20	20
5	溶解性总固体/(mg/L)≤	1500	1500	1500	1500	1500	1500	1000	1000	—	1500
6	BOD_5/(mg/L)≤	10	10	15	15	15	15	10	10	15	15
7	氨氮/(mg/L)≤	10	10	10	10	10	10	10	10	20	20
8	阴离子表面活性剂/(mg/L)≤	1.0	1.0	1.0	1.0	1.0	1.0	0.5	0.5	1.0	1.0
9	铁/(mg/L)≤	0.3	0.3	—	—	—	—	0.3	0.3	—	—
10	锰/(mg/L)≤	0.1	0.1	—	—	—	—	0.1	0.1	—	—
11	溶解氧/(mg/L)≥	1.0									
12	总余氯/(mg/L)	国标要求接触 30min 后≥1.0，管网末端≥0.2，行标未作要求									
13	总大肠菌群/（个/L）≤	3	—	3	—	3	—	3	—	3	—
14	粪大肠菌群/（个/L）≤	—	200	—	200	—	200	—	200	—	200

注：“—”表示标准中对此项没有提出具体的阈值

从表 4-10 中可以看出，国标与行标中共同关注的水质指标为 pH、色度、嗅、浊度、溶解性总固体、BOD_5、氨氮、阴离子表面活性剂、铁、锰、溶解氧 11 个指标，且相同的指标中，国标和行标的要求几乎一致，除了溶解性总固体，行标要求用作建筑施工的再生水的溶解性总固体指标≤1500，而国标未做要求。另外，行标还对粪大肠菌群做出限制，国标则限制了总余氯、总大肠菌群两个指标。

5. 地下水回灌用水

《城市污水再生利用地下水回灌水质》（GB/T 19772—2005）和《再生水水质标准》（SL 368—2006）两个标准对再生水用作地下水回灌的水质指标的规定如表 4-11 所示。

表 4-11　再生水用于地下水回灌的水质标准

序号	基本控制项目	国标		行标
		地表回灌[a]	井灌	补充地下水指标限制
1	色度/度≤	30	15	15（度）
2	浊度/NTU≤	10	5	5
3	pH	6.5～8.5	6.5～8.5	6.5～8.5
4	总硬度（以 $CaCO_3$ 计）/(mg/L)≤	450	450	450
5	溶解性总固体/(mg/L)≤	1000	1000	1000
6	硫酸盐/(mg/L)≤	250	250	—
7	氯化物/(mg/L)≤	250	250	—
8	挥发酚类（以苯酚计）/(mg/L)≤	0.5	0.002	—
9	阴离子表面活性剂/(mg/L)≤	0.3	0.3	—
10	COD/(mg/L)≤	40	15	15
11	BOD_5/(mg/L)≤	10	4	4
12	硝酸盐（以 N 计）/(mg/L)≤	15	15	—
13	亚硝酸盐（以 N 计）/(mg/L)≤	0.02	0.02	0.02
14	氨氮（以 N 计）/(mg/L)≤	1.0	0.2	0.2
15	总磷（以 P 计）/(mg/L)≤	1.0	1.0	—
16	动植物油/(mg/L)≤	0.5	0.05	—
17	石油类/(mg/L)≤	0.5	0.05	—
18	氰化物/(mg/L)≤	0.05	0.05	0.05
19	硫化物/(mg/L)≤	0.2	0.2	—
20	氟化物/(mg/L)≤	1.0	1.0	1.0
21	粪大肠菌群数/（个/L）≤	1000	3	3
22	嗅	—	—	无不快感
23	溶解氧/(mg/L)≥	—	—	1.0
24	汞/(mg/L)≤	—	—	0.001
25	镉/(mg/L)≤	—	—	0.01
26	砷/(mg/L)≤	—	—	0.05
27	铬/(mg/L)≤	—	—	0.05
28	铅/(mg/L)≤	—	—	0.05
29	铁/(mg/L)≤	—	—	0.3
30	锰/(mg/L)≤	—	—	0.1

注：a 表层黏性土厚度不宜小于 lm，若小于 lm 按井灌要求执行；
"—" 表示标准中对此项没有提出具体的阈值

从表 4-11 中可以看出，国标对用作地下水回灌用水的再生水从地表回灌、井灌两个方面分别对再生水水质提出要求，而行标则统一为一个标准。国标与行标中共同关注的水质指标为色度、浊度、pH、总硬度（以 $CaCO_3$ 计）、溶解性总固体、COD、BOD_5、亚硝酸盐（以 N 计）、氨氮（以 N 计）、氰化物、氟化物、粪大肠菌群数（个/L）12 指标，其中指标色度在国标中采用稀释倍数法，而行标中采用铂钴比色法，对于其他相同的指标，行标基本上采用国标中井灌较严格的标准。另外，国标还关注了硫酸盐、氯化物、挥发酚类（以苯酚计）、阴离子表面活性剂、硝酸盐（以 N 计）、总磷（以 P 计）、动植物油、石油类、硫化物 9 个指标，而行标则关注了嗅、溶解氧、汞、镉、砷、铬、铅、铁、锰 9 个指标。

4.3 水质关键指标分类

4.3.1 指标选取

再生水利用于景观环境、工业、农林牧业、城市非饮用水、地下水回灌 5 个方面，按照再生水水质指标筛选的相关分析，再生水可能会对人体健康、水生态环境、设施设备等存在危害。再生水中化学污染物和病原微生物的组成非常复杂，并可通过呼吸、皮肤接触等多种途径进入人体。再生水利用要求具有良好的水质状况，并且要有稳定良好的水生态结构，能够提供人类感官美的享受。

在对比国内外再生水水质标准的基础上，各国都比较关注色度、嗅、浊度、总大肠菌群等，从再生水的危害途径，针对再生水回用于不同用户过程中存在的安全风险，筛选了色度、嗅、浊度、总余氯、溶解性总固体、总大肠菌群、有毒有机物、重金属作为再生水水质关键指标。通过相关标准和利用风险两个筛选途径，分别筛选出一套水质指标体系。在对比分析两种指标体系的基础上，从是否有利于再生水的推广，是否有利于再生水利用安全性的角度，根据各水质指标的重要性，首先选取色度、嗅、浊度、总大肠菌群作为关键水质指标。其次，再生水利用水质指标的筛选是为确保再生水利用的安全性，即再生水在环境中的暴露不得危害人体健康、能满足利用对象的功能要求，对使用者有益且能满足环境质量的要求，不仅能保障人体健康安全，而且要保障生态安全。合理控制总余氯和有毒有机物指标，既可以保障再生水利用对人体健康的影响，又能够有利于降低再生水的生物毒性效应，保障再生水的生态安全。

再生水相关标准中主要规定了 pH、TSS、BOD 等常规指标，然而，再生水达到上述标准，并不意味着出水水质已经达到无害化，还需要对再生水的水质安全性做出全面的评价。考虑到含有其他污水的水源，其成分比较复杂，还需要选择一类具有代表性的有毒有机物作为水质安全关键指标。作为新兴污染物的内分泌干扰物，已经成为近年来的研究热点，它也是典型的有毒有机物质。内分泌干扰物是一类外因性干扰内分泌的化学物质，在水中能够通过皮肤接触及呼吸系统进入人体，扰乱人体内分泌系统、神经系统和免疫系统的机能，甚至造成对后代生殖功能的潜在影响，浓度水平虽低，危害性却很大（叶必雄等，2015）。随着再生水利用于不同途径，残留的内分泌干扰物质会进入水环境，由此会产生诸多潜在的健康风险（曹仲宏等，2005）。因此，必须对再生水中的内分泌干扰物质及其相关问题给予足够重视并进行深入研究，以保证再生水的安全利用。目前，内分泌干扰物没有统一的测定方法与程序，并且测定方法相对于常规指标更复杂。今后应研究简便易行的测定方法，对方法进行标准化；探索定量评价方法，制定指标的具体标准。因此，建议选择内分泌干扰物作为一项建议性指标。对于再生水的常见水质指标，如 pH、COD 等，这些指标基本上能达到再生水利用的水质标准，不会影响用户对再生水感官性和水质安全性的要求。综合以上分析，根据再生水利用的主要用途，参考现行国家标准确定感官性指标 3 项，卫生学指标 2 项。此外，还选取了建议性指标 1 项，详见表 4-12。

表 4-12　再生水利用关键水质指标体系

项目类型	关键指标
感官性指标	色度、浊度、嗅
卫生学指标	总大肠菌群、总余氯
建议性指标	内分泌干扰物

4.3.2　感官性指标

1. 色度

色度指水的颜色，分为真色和表色，真色是由水中溶解性物质引起的，也就是除去水中悬浮物后的颜色。而表色是没有除去水中悬浮物时产生的颜色。这些颜色的定量程度就是色度。水的色度主要由溶解性有机物、悬浮胶体、铁锰和颗粒物引起，其中，光吸收和散射引起的表色较易去除，溶解性有机物引起的真色较难去除。致色有机物的特征结构是带双键和芳香环，代表物是腐殖酸和富里酸（路晓波等，2011）。再生水水源的色度是由污水所含有机物腐烂或工业废水中含有染料、生物色素等造成的。再生水色度过高会减弱水体的透光性，给人以感官不悦，影响视觉和美观。中国城市非饮用水水质标准中规定“色度≤30 度”，但是，如果用于冲厕和洗车的杂用水颜色明显，会影响到使用者对再生水的信任度。因此，建议对冲厕和洗车的色度标准宜单独列出，标准值应更为严格一些。

2. 浊度

浊度是表示水中悬浮物和胶体杂质对光线透过时所发生的阻碍程度，是评价再生水水质感官性和衡量水质良好程度的重要指标之一。通过对浊度的测定，不但能表明该水样的物理外观是否可以使使用者接受，同时也是对水中内悬物和胶状物含量或污染程度的一种间接和快速的估计[①]。再生水的浊度低，意味着水中某些有害物质、细菌、病毒减少，可保证再生水的消毒效果，确保供水在微生物学方面的安全性。水中浊度与水中原虫（如隐孢子虫、贾第鞭毛虫等）存在相关性，浊度越低，其存在的可能性越小，即浊度的降低有利于减少病原微生物。

① 徐蕊. 2014. 城市再生水厂水质预警与应急管理的研究. 天津：天津大学硕士学位论文.

3. 嗅

中国水中的嗅味问题比较严重，而嗅味的检测评价及对致嗅物质的定性、定量分析技术是解决水中嗅味问题的前提和基础，限于设备、技术等方面的原因，中国在水中嗅味定性、定量分析技术方面的差距较大，还没有形成标准的水中致嗅物质的定性、定量分析方法，多数污水处理厂不具备水中嗅味测试的设备和技术力量（李勇等，2008）。目前根据研究表明，嗅和味产生的原因主要有三类：一是排入水体的无机物、化学制品及溶解性的矿物盐（表 4-13）；二是腐殖质等有机物、藻类放线菌和真菌的分泌物和残体产生的 Geosmin（地霉素）、MIB（2-甲基异莰醇）（表 4-14）；三是由过量投氯引起的。

表 4-13　60℃时一些化学制品的嗅阈值

化合物	平均嗅阈值/（mg/L）	嗅特征
1-丁醇	0.27	—
胆碱盐酸盐	0.16	鱼腥味
甲胺	—	烂鱼味
氯	0.0012	—
氯苯	0.08	甜
三氯苯	0.010	—

表 4-14　嗅阈极小的几种化合物的嗅阈值及嗅特征描述

化合物	嗅阈值/（mg/L）	嗅特征
地霉素（Geosmin）	10	土、霉烂
MIB	29	土、霉烂、樟脑
IPMP	2	土、霉烂
IBMP	2	土、霉烂、柿子椒
2，3，6-三氯苯甲醚（TCA）	7	霉烂

再生水处理工艺中如加入过多的氯进行消毒，造成余氯挥发会引起嗅污染，因此，处理上需控制好加氯量。由于城市非饮用水多与人直接接触，再生水水质标准中规定了嗅应无不快感。

4.3.3　卫生学指标

如再生水用于人口密集地区，居民暴露于环境中的频率高、时间长，再生水的安全风险增大，因此，对该类再生水的水质要求较高，需经深度处理和充分消毒后回用，出水中不含病原微生物。再生水城市非饮用水常要求再生水在消毒 30min 后或管网末梢具有一定浓度的余氯，以有效灭活病原微生物、控制管网中微生物的生长等问题。目前，中国再生水城市非饮用水标准中要求接触 30min 后余氯浓度大于 1.0mg/L，管网末端大于 0.2mg/L。此外，由于过高浓度的余氯对植物有害，因此，再生水用于城市绿化时余氯含量应低于一定限制。例如，在北京城市园林绿地使用再生水灌溉指导书中要求管网末梢的余氯含量应大于 0.2mg/L，但小于 0.5mg/L。由于城市非饮用水主要涉及人口众多，公众或职工人群暴露于再生水利用区域的频率高、暴露时间长，水中病原微生物可能通过呼吸吸入、皮肤接触等途径进入体内。因此，选择总大肠菌群和总余氯作为卫生学指标，对评价和控制再生水中的病原微生物意义重大。

1. 总大肠菌群

总大肠菌群是指一群在 37℃下培养 24h 能发酵乳糖产酸、产气、需氧和兼性厌氧的革兰氏阴性无芽孢杆菌。该菌群主要来源于人畜粪便，具有指示菌的一般特征，浓度高，易检测，城市非饮用水水质标准以此作为粪便污染指标评价再生水的卫生质量，要求≤3 个/L。从定义上讲，总大肠菌群涵盖了粪大肠菌群，再从指标要求来看，前者满足标准要求的话，后者也必然满足，因此选择了总大肠菌群作为卫生学控制指标（宫飞蓬等，2011）。事实表明，采用再生水灌溉或其他杂用的社区，人群暴露于污染物的概率明显高于不用再生水的社区。因此，再生水必须经过严格处理，保证不含病原微生物，尽可能降低人群误饮或不慎接触再生水而感染疾病的可能性。

2. 总余氯

总余氯是指水经加氯消毒接触一定时间后残留在水中的氯量。再生水的余氯包括游离性余氯和化合性余氯两种。而游离性余氯一般是指水中的氯分子（Cl_2）、次氯酸（HOCl）及次氯酸根离子（OCl^-），其杀菌和氧化能力强；化合性余氯一般是指氯与水中游离氨形成的一氯胺等化合物，其杀菌能力差。以上两种余氯加起来即为总余氯。余氯起到了继续维持消毒效果，抑制微生物再度繁殖的作用。因此，为了确保再生水使用的卫生安全，再生水回用时水体必须保持一定的余氯，防止供水管路中出现恶臭、黏液或微生物再生长等问题。

4.3.4　建议性指标

徐建英等以城市非饮用水再生水的水质安全为目标，从再生水中残留的化学污染物和病原微生物出发，通过全面分析污染物在回用过程中危害人体健康和生态环境的可能途径，结合当前国内外城市非饮用水的水质标准，提出了包括综合毒性指标、生物学指标、可吸附有机卤化物指标、挥发性有机物指标等在内的城市非饮用水再生水水质安全评价关键指标（徐建英等，2014）。内分泌干扰物是综合毒性指标的重要组成之一。

内分泌干扰物是指干扰生物体内维持自身稳定性、调节生殖发育和其他行为的荷尔蒙而产生、代谢、结合、交互作用和排泄的外源性物质（李轶等，2009）。内分泌干扰物的内分泌干扰性是较新的再生水生物毒性的评测方法。许多已被研究证实，即使在极微量的情况下，内分泌干扰性物质也可对机体健康产生危害，使生物体的内分泌失调和紊乱，从而出现生理异常现象，如内分泌感染、破坏生殖、影响免疫功能等（刘先利等，2003）。同时，它们还兼具高滞留性、高生物富集性以及毒性相乘作用等特点，被人们预测为危及人类生存和繁衍后代的环境“定时炸弹”。

中国污水中的主要内分泌干扰物有工业化学品、农药、雌激素、药物 4 类。天津市污水处理厂出水中检测出了 9 种典型内分泌干扰物，而现有污水处理工艺的去除能力有限（曹仲宏等，2005）。Wang 等（2005）用 GC-MS 法测定了污水处理厂对内分泌干扰物的去除效果，发现有 18%～70%的内分泌干扰物未被去除。随着全球经济和社会的发展，这类物质对环境的污染日趋严重，越来越受到科学界和公众的广泛关注。选择内分泌干扰物作为建议性指标，弥补了传统指标的不足，为再生水利用的人体健康安全和生态安全提供了有力保障。

目前，再生水的各种利用标准中并无对内分泌干扰物的相关要求，通过文献调研可知，内分泌干扰物种类众多，需要通过分析评价从中筛选出数量多、毒性大的几种物质作为安全评价的指标。而且，不同类的内分泌干扰物的毒性差异较大，单纯通过浓度比较没有任何意义。

4.4　主要指标检测方法

再生水监管部门应当成立专门部门负责再生水的监测，委托具有相应资质的机构对再生水厂的进水、出水及输配水系统应监测的指标按照频次要求或根据实际情况进行定期的水质监测，而具体的监测方法可采用实验室监测和在线监测。再生水进出水指标的监测以实验室监测为主，输配水管网可采用现场监测，并逐步进行到连续在线监测。

4.4.1　实验室监测

对需监测的水质从现场取样，在实验室进行各项要求指标的定期检测，以达到实时监视水质的变化情况，为实验室监测。

1. 采样与保存

目前净水厂和污水处理厂检测各指标时，对其采样和保存方法见表 4-15。

表 4-15　净水厂和污水处理厂对各指标的采样和保存方法

项目	采样容器		取样体积/L		保存方法	
	给水	污水	给水	污水	给水	污水
pH[a]	G，P	G	3～5	—	冷藏	冷藏
浊度[a]	G，P	—	3～5	—	冷藏	—
色度[a]	G，P	G	3～5	1	冷藏	置于暗处
嗅味[a]	G，P		3～5		冷藏	

续表

项目	采样容器		取样体积/L		保存方法	
	给水	污水	给水	污水	给水	污水
总大肠菌群[b]	G（灭菌）		0.5		每 125ml 水样加入 0.1mg 硫代硫酸钠除去残留余氯	
粪大肠杆菌		G（灭菌）		0.5		每 125ml 水样加入 0.1mg 硫代硫酸钠除去残留余氯
BOD_5[b]	溶解氧瓶	溶解氧瓶	0.2	—	冷藏	深度冷冻
氨氮[b]	G，P	G，P	0.2	—	每升水样加入 0.8ml 浓硫酸，并在 4℃保存	2～5℃下存放，或用硫酸将样品酸化使 pH＜2
溶解性总固体	—		—		—	
阴离子表面活性剂	—	G	—	—	—	4℃冷藏加入甲醛溶液氯仿饱和水样
铁	P	P	0.5～1	—	硝酸，pH≤2	0.45μm 滤膜过滤，硝酸酸化，使 pH 为 1～2
锰	P	P	0.5～1	—	硝酸，pH≤2	0.45μm 滤膜过滤，硝酸酸化，使 pH 为 1～2
溶解氧[a]	溶解氧瓶	溶解氧瓶	—	—	加入硫酸锰，碱性碘化钾叠氮化钠溶液，现场固定	—
总磷	—	G	—	0.5	—	加入硫酸使 pH＜1 或冷藏
总氮	—	G	—	1	—	低于 4℃冷藏
悬浮物		G		—		4℃冷藏
COD		G		≥0.1		加入硫酸使 pH＜2，置 4℃下保存
石油类 1		G		—		加盐酸酸化至 pH≤2，2～5℃下冷藏保存
动植物油 1		G		—		加盐酸酸化至 pH≤2，2～5℃下冷藏保存
余氯[b]	G，P		—		—	
总硬度	—		—		—	
硫酸盐[b]	G，P		—		—	
汞	G，P	—	0.2	—	硝酸（1+9，含重铬酸钾 50g/L）至 pH≤2	—
铬	G，P（内壁无磨损）	G	0.5～1	—	氢氧化钠，pH 为 7～9	加入 NaOH 使样品 pH 为 8
总铬		G		—		加入硝酸调节样品 pH＜2
镉	P	P	0.5～1	—	加入硝酸酸化至 pH 为 1～2	加入硝酸酸化至 pH 为 1～2
砷	G，P	—	0.5～1	—	硫酸，至 pH≤2	—
氯化物[b]	G，P		—		—	

续表

项目	采样容器		取样体积/L		保存方法	
	给水	污水	给水	污水	给水	污水
硫化物	G	棕色瓶	0.5	—	每100ml水样加入4滴乙酸锌溶液（220g/L）和1ml氢氧化钠溶液（40g/L），暗处放置	加入适量的氢氧化钠和乙酸锌-乙酸钠溶液使水样呈碱性，并形成硫化锌沉淀
硝酸盐[b]	G，P		—		每升水样加入0.8ml浓硫酸	
挥发酚[b]	G	G	0.5～1	—	氢氧化钠，pH≥12，如有游离余氯，加亚砷酸钠除去	加磷酸酸化至pH约4.0，并加适量硫酸铜（1g/L），5～10℃冷藏
亚硝酸盐[b]	G，P		—		冷藏	
氰化物[b]	G	G，P	0.5～1	—	氢氧化钠，pH≥12，如有游离余氯，加亚砷酸钠除去	加氢氧化钠固定，使pH>12
氟化物	—		0.5		加入硫酸银，蒸馏	

注：油类物质要单独采样，不允许在实验室内再分样。采样时，应连同表层水一并采集，并在样品瓶上做标记，用以确定样品体积。当只测定水中乳化状态和溶解性油类物质时，应避开漂浮在水体表面的油膜层，在水面下20～50cm处取样。当须报告一段时间内油类物质的平均浓度时，应在规定的时间间隔分别采样后而分别测定；

a表示现场测定；b表示应低温（0～4℃）避光保存；G为硬质玻璃瓶；P为聚乙烯瓶（桶）

净水厂和污水处理厂对各项指标采样和保存方法各有不同：①采样容器。对于指标pH、浊度、色度、嗅味、氨氮、余氯、硫酸盐、汞、铬、砷、氯化物、硝酸盐和亚硝酸盐采样时，净水厂采用硬质玻璃瓶或者聚乙烯瓶，而污水处理厂则采用硬质玻璃瓶或者没有明确要求，对于指标铁、锰、镉、挥发酚，净水厂和污水处理厂目前都采用的是聚乙烯瓶。②采样体积。pH、浊度、色度和嗅味，净水厂采样时取3～5L，而污水处理厂只有在检测色度时要求取1L，对pH、浊度和嗅味的取样体积没有明确要求，对于铁、锰、铬、砷、挥发酚、硫化物、总大肠菌群、氰化物和氟化物，净水厂采样时取0.5～1L，对于BOD_5、氨氮和汞，净水厂取0.2L，而污水处理厂对这些指标的取样体积没有明确要求。③保存方法。对于pH和镉，净水厂和污水处理厂的保存方法相同，保存时分别是冷藏和加入硝酸酸化至pH 1～2，其他指标的保存方法也是各不相同。

参考净水厂及污水处理厂对给水和污水对各指标采样和保存方法，结合再生水在检测时取样和保存的具体情况，按照再生水的利用特性及各用途水质标准规定，再生水水质应实时达标，故一般可瞬时采样，随时抽检。

采样地点：再生水厂为进入输水管网之前，一般为水厂清水池或对外输水管引出的水龙头处；管网采样点可按照表4-16中的原则布设；用户端一般为再生水利用点的最末端。再生水各指标采样及样品保存要求见表4-17。

表4-16　再生水输配水环节监测

监测指标	监测点位设置	监管监测频次
pH、浊度、碱度、氯离子、硫酸根离子、硬度、可同化有机碳、余氯	管网布置为树枝状：采用节点水龄法布监测点 管网布置为环状：采用最大面积法布监测点	根据实际情况可进行定期及不定期的监测，个别指标连续在线监测

表4-17　采样及样品保存要求

检测指标	采样瓶	采样量	保存方法	备注
pH、游离余氯、溶解氧、总大肠菌群	现场测定			
总大肠菌群、粪大肠菌群、菌落总数	预先加入0.4mg硫代硫酸钠的灭菌玻璃瓶	500ml	冷藏	
COD	玻璃瓶	100ml	加硫酸，使pH≤2	
BOD_5	溶解氧瓶	500ml	冷藏	
铅、铬、铁、锰、镉、汞	聚乙烯瓶	1000ml	加硝酸，使pH≤2	
氨氮、总氮、总磷、	玻璃瓶	500ml	加浓硫酸，使pH≤2	
硝酸盐氮、亚硝酸盐氮	玻璃瓶	500ml	冷藏	
氟化物、二氧化硅	聚乙烯瓶	250ml	冷藏	
色度、浊度、嗅、基本要求、悬浮物、氯化物、硫酸盐、溶解性总固体、总硬度、阴离子合成洗涤剂、总碱度	玻璃瓶	2500ml	冷藏	
六价铬	聚乙烯瓶	500ml	加氢氧化钠，使pH为7～9	
石油类、动植物油	玻璃瓶	500ml	加盐酸，使pH≤2	
硫化物	玻璃瓶	500ml	每100ml水样中加入4滴乙酸锌溶液（220g/L）和1ml氢氧化钠溶液（40g/L），暗处保存	
氰化物、挥发酚类	玻璃瓶	2500ml	加氢氧化钠，使pH≥12，如有余氯，加硫代硫酸钠去除	

2. 检测方法

再生水在进水、出水及输配水环节应监测的指标应包括常规物理化学指标、特征污染物指标及生物指标，各项指标的检测方法可参照《水和废水监测分析方法》（第四版）。

1）常规物理化学指标

（1）pH

目前净水厂对pH的测定执行的是标准GB/T 5750.4—2006，其适用范围：水的颜色、浊度、游离氯、氧化剂、还原剂及高含盐量均不干扰测定；在碱性溶液中，因有大量钠离子存在，产生误差，使读数偏低。

而污水处理厂对pH的检测执行标准GB/T 6920-1986，其适用范围：水的颜色、浊度、胶体物质、氧化剂、还原剂及高含盐量均不干扰测定；但在pH＜1的强酸性溶液中，会有所谓的“酸误差”，可按酸度测定；在pH＞10的碱性溶液中，因有大量钠离子存在，产生误差，使读数偏低，通常称为“钠差”。消除“钠差”的方法，除了使用特制的“低钠差”电极外，还可以选用与被测溶液的pH相近似的标准缓冲溶液对仪器进行校正。

（2）生化需氧量（BOD_5）

目前污水处理厂对 BOD_5 的检测采用的是稀释与接种法（HJ 505—2009），适用于 BOD_5 大于 2mg/L 并且不超过 6000mg/L 的水样。BOD_5 大于 6000mg/L 的水样仍可用本方法，但由于稀释会造成误差，有必要要求对测定结果做慎重的说明。

可能会被水中存在的某些物质所干扰，那些对微生物有毒的物质，如杀菌剂、有毒金属或游离氯等，会抑制生化作用。水中藻类或硝化微生物也可能造成虚假的偏高效果。

而在净水厂中采用的是容量法，水样呈酸性或含苛性碱，余氯、亚硝酸盐、亚铁盐、硫化物及某些有毒物质对测定有干扰，应分别处理后测定（GB/T 5750.7—2006 适用于生活饮用水源水中生化需氧量的测定）。

（3）化学需氧量（COD_{Cr}）

污水处理厂对化学需氧量的测定执行 GB/T 11914-89，此方法适用于 COD 值大于 30mg/L 的各类水样，对未经稀释的水样测定上限为 700mg/L。不适用于含氯化物浓度大于 1000mg/L（稀释后）的含盐水。

对于化学需氧量小于 50mg/L 的水样，应改为 0.025mg/L 重铬酸钾标准溶液。回滴用 0.01mol/L 硫酸亚铁铵溶液。对于 COD 大于 500mg/L 的水样应稀释后再来测定。

（4）浊度

净水厂对浊度的检测执行标准 GB/T 5750.4—2006，GB/T 5750.4—2006 分别介绍了目视比浊法和散射式浊度计法。目视比浊法：以福尔马肼为标准，用目视比浊法测定生活饮用水及其水源水的浊度。最低检测浑浊度为 1 散射浑浊度单位（NTU）。水样浑浊度超过 40NTU 时，需用纯水稀释。散射浊度计法：最低检测浊度为 0.5 散射浑浊度单位（NTU）。水样浑浊度超过 40NTU 时，需用纯水稀释。

（5）色度

净水厂对色度的测定采用 GB/T 5750.4—2006 的铂-钴比色法，采用铂钴比色法时水样不经稀释，本法最低检测色度为 5 度，测定范围为 5～50 度。测定前应除去水样中的悬浮物。即使轻微的浑浊度也干扰测定，浑浊水样测定时需先离心使之清澈。

污水处理厂对浊度的测定采用 GB/T 11903-1989 的稀释倍数法，即可将工业废水按一定的稀释倍数，用水稀释到接近无色时，记录稀释倍数，以此表示水样的色度，单位是倍。此法适用于污染较严重的地面水和工业废水。

目前两种方法均可用于检测色度，但由于稀释倍数法较多用于工业废水的测定，而工业废水的色度一般较再生水高，因此，再生水色度的检测推荐采用铂钴标准比色法。

（6）溶解氧

a. 碘量法：是测定水中溶解氧的基准方法。在没有干扰的情况下，此方法适用于各种溶解氧浓度大于 0.2mg/L 和小于氧的饱和浓度两倍（约 20mg/L）的水样。易氧化的有机物，如丹宁酸、腐殖酸和木质素等会对测定产生干扰。可氧化的硫的化合物，如硫化物硫脲，也如同易消耗氧的呼吸系统那样产生干扰。当含有这类物质时，宜采用电化学探头法。

b. 电化学探头法：本法可测定水中饱和百分率为 0～100%的溶解氧，大多数仪器能测定高于 100%的过饱和值。本方法不但可以用于实验室内的测定，还可用于现场测定和溶解氧的连续监测。本方法适用于测定色度高及浑浊的水，还适用于测定含铁及能与碘作用的物质的水，所有上述物质会干扰用碘量法的测定。一些气体和蒸气，像氯、二氧化硫、硫化氢、胺、氨、二氧化碳、溴和碘能扩散并通过薄膜，如果上述物质存在，会影响被测电流而产生干扰。样品中存在其他物质，会引起薄膜阻塞、薄膜损坏或电极被腐蚀而干扰被测电流。这些物质包括溶剂、油类、硫化物、碳酸盐和藻类。

2）特征污染物指标

（1）氨氮（以 N 计）

对氨氮的检测，给水采用 GB/T 5750.5—2006 的纳氏试剂比色法和水杨酸分光光度法。污水采用的是（HJ 537—2009）的蒸馏滴定法。

目前三种方法均可用于检测氨氮，但蒸馏滴定法仅适用于已进行蒸馏预处理的水样。纳氏试剂比色法最低检出浓度为 0.02mg/L，可适用于地表水、地下水、工业废水和生活污水中氨氮的测定。水杨酸分光光度法最低检出浓度为 0.01mg/L，适用于饮用水、生活污水和大部分工业废水中氨氮的测定。因此，再生水中氨氮的测定方法推荐使用水杨酸分光光度法。

（2）挥发酚类

净水厂对挥发酚的检测采用的是 4-氨基安替吡啉三氯甲烷萃取分光光度法，此法最低检测质量为 0.5μg 挥发酚（以苯酚计）。若取 250ml 水样测定，则最低检测质量浓度为 0.002mg/L 挥发酚（以苯酚计）。水中还原性硫化物、氧化剂、苯胺类化合物和石油等干扰酚的测定。

污水处理厂对挥发酚的检测采用蒸馏后 4-氨基安替比林分光光度法（参考 HJ 503—2009）。本方法的测定范围为 0.002～6mg/L。浓度低于 0.5mg/L 时，采用氯仿萃取法，浓度高于 0.5mg/L 时，直接采用分光光度法。

（3）溶解性固体和悬浮物

a. 溶解性固体采用重量法进行检测，参考 GB/T 5750.4—2006。

b. SS 采用重量法进行检测。水样通过孔径为 0.45μm 的滤膜，截留在滤膜上，并于 103～105℃烘干至恒重的固体物质。

（4）总硬度（以 $CaCO_3$ 计）

净水厂对总硬度的检测采用乙二胺四乙酸二钠滴定法进行检测。乙二胺四乙酸二钠滴定法：本法最低检测质量 0.05mg，若取 50ml 水样测定，则最低检测质量浓度为 1mg/L。本法主要干扰元素铁、锰、铝、铜、镍、钴等金属离子能使指示剂褪色或终点不明显。硫化钠及氰化钾可隐蔽重金属的干扰，盐酸羟胺可使高铁离子及高价锰离子还原为低价离子而消除其干扰。

（5）总磷（以 P 计）

污水处理厂对总磷的检测采用钼酸铵分光光度法（GB/T 11893—1989）。本标准的最低检出浓度为 0.01mg/L，测定上限为 0.6mg/L。在酸性条件下，砷、铬、硫干扰测定。此法适用于地表水、污水和工业废水。

（6）阴离子表面活性剂

污水处理厂（GB/T 7494-1987）：亚甲蓝分光光度法，本法适用于测定饮用水、地面水、生活污水及工业废水中的低浓度亚甲蓝物质，亦即阴离子表面活性物质。在实验条件下 LAS、烷基磺酸钠和脂肪醇硫酸钠。当采用 10mm 光程的比色皿，试份体积为 100ml 时，本方法的最低检出浓度为 0.05mg/L LAS，检测上限为 2.0mg/L 的 LAS。

（7）石油类

采用红外分光光度法进行检测。用四氯化碳萃取水中的油类物质，测定总萃取物，然后将萃取液用硅酸镁吸附，去除动、植物油等极性物质后，测定石油类。总萃取物和石油类的含量波数分别为 2930cm^{-1}（CH_2 基团中 C-H 键的伸缩振动）、2960cm^{-1}（CH_3 基团中 C-H 键的伸缩振动）和 3030cm^{-1}（芳香环中 C-H 键的伸缩振动）谱带处的吸光度 A2930、A2960、A3030 进行计算。动、植物油的含量为总萃取物与石油类含量之差。

（8）总氮

采用碱性过硫酸钾消解紫外分光光度法进行检测。在 120～124℃的碱性介质条件下，用过硫酸钾做氧化剂，不仅可将水样中的氨氮和亚硝酸盐氮氧化为硝酸盐，同时将水样中大部分有机氮化合物氧化为硝酸盐。而后，用紫外分光光度法分别于波长 220nm 与 275nm 处测定其吸光度，按 $A=A_{220}-2A_{275}$ 计算硝酸盐氮的吸光度值，从而计算总氮的含量。其摩尔吸光系数为 1.47×10^3L/（mol·cm）。

（9）总碱度

采用容量法进行检测。水样用标准酸溶液滴定至规定的 pH，其终点可由加入的酸碱指示剂在该 pH 时颜色的变化来判断。当滴定至酚酞指示剂由红色变为无色时，溶液 pH 即为 8.3，指示水中氢氧根离子已被中和，碳酸盐均被转为重碳酸盐。当滴定至甲基橙指示剂由橘黄色变成橘红色时，溶液的 pH 为 4.4～4.5，指示水中的重碳酸盐已被中和。

根据上述两个终点到达时所消耗的盐酸标准滴定溶液的量，可以计算出水中碳酸盐、重碳酸盐及总碱度。

（10）二氧化硅

采用分光光度法进行检测。在 pH 约为 1.2 时，钼酸铵与水中硅酸反应，生成黄色可溶的硅钼杂多酸络合物，加入 1，2，4-氨基萘酚磺酸还原剂，还原成硅钼蓝。在一定浓度范围内，其蓝色与二氧化硅的浓度呈正比，于波长 660nm 处测定其吸光度，求得二氧化硅的浓度。

（11）铁

给水对铁的检测执行 GB/T 5750.6—2006 的二氮杂菲分光光度法和火焰原子吸收分光光度法。

a. 火焰原子吸收分光光度法：本法适宜的测定范围，铜 0.2～5mg/L，铁 0.3～5mg/L，锰 0.1～3mg/L，锌 0.05～1mg/L，镉 0.05～2mg/L，铅 1.0～20mg/L。此法适用于生活饮用水源水中较高浓度的铁的测定。

b. 二氮杂菲分光光度法：本法的最低检测质量为 2.5μg/L，若取 50ml 水样，则最低检测质量浓度为 0.05mg/L。钴、铜超过 5mg/L，镍超过 2mg/L，锌超过铁的 10 倍时有干扰，铋、镉、汞、钼和银可与二氮杂菲试剂产生浑浊。

污水处理厂对铁的检测执行 GB/T 11911-1989 的火焰原子吸收分光光度法，铁的检测限是 0.03mg/L，校准曲线的浓度范围为 0.1～5mg/L。此法适用于地表水、地下水及工业废水中铁的测定。

（12）锰

净水厂对锰的检测执行 GB/T 5750.6—2006，采用火焰原子吸收分光光度法和过硫酸铵分光光度法。火焰原子吸收分光光度法适用于生活饮用水源水中较高浓度的锰的测定，锰的测定范围为 0.1～3mg/L。

a. 过硫酸铵分光光度法：本法最低检测质量为 2.5μg 锰，若取 50ml 水样测定，则最低检测质量浓度为 0.05mg/L。小于 100mg 的氯离子不干扰测定。本法适用于生活污水及其水源水中总锰的测定。

b. 火焰原子吸收分光光度法：GB/T 11911-1989，锰的检测限是 0.01mg/L，校准曲线的浓度范围为 0.05～3mg/L，适用于地表水、地下水及工业废水中锰的测定。

（13）汞

采用冷原子吸收分光光度法进行检测。汞原子蒸气对波长为 253.7nm 的紫外光具有选择性吸收作用，在一定范围内，吸收值与汞蒸气浓度成正比。在硫酸-硝酸介质和加热条件下，用高锰酸钾和过硫酸钾将试样消解，或用溴酸钾和溴化钾混合试剂，在 20℃以上室温和 0.6～2mol/L 的酸性介质中产生溴，将试样消解，使所含汞全部转化为二价汞。用盐酸羟胺将过剩的氧化剂还原，再用氯化亚锡将二价汞还原成金属汞。在室温下通入空气或氮气，将金属汞气化，载入冷原子吸收测汞仪，测量吸收值，求得试样中汞的含量。

（14）砷

采用原子吸收分光光度法进行检测。硼氢化钾（或硼氢化钠）在酸性溶液中产生新生态的氢，将水中无机砷还原成砷化氢气体，以硝酸-硝酸银-聚乙烯醇-乙醇溶液为吸收液。砷化氢将吸收液中的银离子还原成单质胶态银，使溶液呈黄色，颜色强度与生成氢化物的量成正比。黄色溶液在 400nm 处有最大吸收，峰形对称。

（15）镉

采用冷原子吸收分光光度法进行检测。在催化剂镍的作用下，水中镉被硼氢化钾还原成镉的气态组分，用氩气做载气导入石英管吸收池，根据对其特征谱线产生的吸收而定量。

（16）硝酸盐

采用酚二磺酸分光光度法进行检测。硝酸盐在无水情况下与酚二磺酸反应，生成硝基二磺酸酚，在碱性溶液中生成黄色化合物，进行定量测定。

（17）硫酸盐

采用离子色谱法进行检测。利用离子交换的原理，连续对多种阴离子进行定性和定量分析。水样注入碳酸盐-碳酸氢盐溶液并流经系列的离子交换树脂，基于待测阴离子对低容量强碱性阴离子树脂的相对亲和力不同而彼此分开。被分开的阴离子在流经强酸性阳离子树脂室，被转换为高电导的酸型，碳酸盐-碳酸氢盐则转变成弱电导的碳酸。用电导检测器测量被转变为相应酸型的阴离子，与标准进行比较，根据保留时间定性，峰高或峰面积定量。

（18）氰化物

可以采用异烟酸-吡唑啉酮比色法和吡啶-巴比妥酸比色法两种方法检测。

a. 异烟酸-吡唑琳酮比色法：在中性条件下，样品上的氰化物与氯胺T反应生成氯化氰，再与异烟酸作用，经水解后生成戊烯二醛，最后与吡唑啉酮缩合生成蓝色染料。其色度与氰化物的含量成正比，在638nm波长进行光度测定。

b. 吡啶-巴比妥酸比色法：在中性条件下，氰离子和氯胺T反应生成氯化氰，氯化氰与吡啶反应生成戊烯二醛，戊烯二醛与两个巴比妥酸分子结合生成红紫色染料，在一定浓度范围内，其色度与氰化物含量成正比。

（19）铬

采用原子吸收分光光度法进行检测。将试样溶液喷入空气-乙炔富燃火焰（黄色火焰）中，铬的化合物即可原子化，于波长357.9nm处进行测量。

（20）硫化物

可以采用亚甲基蓝分光光度法和直接显色分光光度法两种方法进行检测。

a. 亚甲基蓝分光光度法：在含高铁离子的酸性溶液中，硫离子对氨基二甲基苯胺作用，生成亚甲蓝，颜色深度与水中硫离子浓度成正比。

b. 直接显色分光光度法：将硫化物转化成气态硫化氢，用“硫化氢吸收显色剂”吸收，同时发生显色反应，在400nm处进行分光光度测定。

（21）氟化物

采用离子选择电极法进行检测。当氟电极与含氟的试液接触时，电池的电动势随溶液中氟离子活度的变化而改变（遵守能斯特方程）。

3）生物指标

（1）粪大肠菌群

可以采用多管发酵法和滤膜法两种方法进行检测。

a. 多管发酵法：根据粪大肠菌群在44.5℃温度下能生长并发酵乳糖产酸产气的特征，检测水样中粪大肠菌群的方法。

b. 滤膜法：滤膜是一种微孔性薄膜。将水样注入已灭菌的滤器中，经过抽滤，细菌即被截留在膜上，然后将滤膜贴于M-FC培养基上，在44.5℃下进行培养，粪大肠菌群在滤膜上长出具有特征性的菌落，直接计数，通过公式计算每1 L水样中含有的粪大肠菌群数。

（2）蛔虫卵数

采用沉淀集卵法进行检测。利用碱性溶液与样品充分混合，分离蛔虫卵，然后利用比重的不同，将分散在样品中的蛔虫卵集中起来，进行检查并计数。

（3）总大肠菌群

目前净水厂执行GB/T 5750—2006.1，采用多管发酵法进行检测。根据大肠菌群细菌能发酵乳糖、产酸产气，以及具备革兰氏染色阴性、无芽孢、呈杆状等有关特性，通过3个步骤进行检验，以求得水样中的总大肠菌群数。

（4）余氯

净水厂对余氯的检测执行的是 GB/T 5750.11—2006 中的邻联甲苯铵比色法。本法最低检测质量浓度为 0.005mg/L 余氯，超过 0.12mg/L 的铁和 0.05mg/L 的亚硝酸盐对本法有干扰。此外，还可采用 N，N-二乙基-1，4-苯二胺（DPD）分光光度法：本法最低检测质量为 0.1μg，若取 10ml 水样测定，则最低检测质量浓度为 0.01mg/L。高浓度的一氯胺对游离余氯的测定有干扰，可用亚砷酸盐或硫代乙酰胺控制反应以除去干扰。氧化锰的干扰可通过做水样空白去除。铬酸盐的干扰可用硫代乙酰胺排除。本法适用于经氯化消毒后的生活饮用水及其水源水中游离余氯和各种形态的化合性余氯的测定。

参考以上指标在给水和污水的检测方法，结合再生水的特点，以国家标准方法为主，参考相关行业标准，推荐再生水的检测方法，见表 4-18。

表 4-18　再生水的基本控制指标检测方法

序号	控制项目	测定方法	执行标准
1	pH	玻璃电极法	GB/T 6920-1986
2	浊度/NTU	散射式浊度计法 目视比浊法	GB 13200—1991
3	SS/（mg/L）	重量法	GB/T 11901-1989
4	色度	铂-钴标准比色法	GB/T 5750.4—2006
5	BOD_5/（mg/L）	稀释与接种法	HJ 505—2009
6	COD_{Cr}/（mg/L）	重铬酸钾法 快速消解分光光度法	GB/T 22597—2014 HJ/T 399—2007
7	溶解性总固体	重量法（烘干温度 180℃±1℃）	GB/T 5750.4—2006
8	总硬度 (以 $CaCO_3$ 计)/(mg/L)	乙二胺四乙酸二钠滴定法	GB/T 7477-1987
9	溶解氧/(mg/L)	碘量法 电化学探头法	GB/T 7489-1987 HJ 506—2009
10	余氯/(mg/L)	N，N-二乙基-1，4-苯二胺分光光度法（杂用、景观）	HJ 586—2010
		邻联甲苯胺比色法（工业）	GB/T 14424—2008
		N，N-二乙基对苯二胺（DPD）分光光度法（灌溉）	《生活饮用水卫生规范》
11	粪大肠菌群/(个/L)	多管发酵法、滤膜法	HJ/T 347—2007（杂用、工业） GB/T 8538—2008（灌溉、回灌） 《水和废水监测分析方法》（景观）
12	氨氮（以 N 计）	纳氏试剂比色法 水杨酸分光光度法	HJ 535—2009 HJ 666—2013
13	总磷（以 P 计）	钼酸铵分光光度法 流动注射-钼酸铵分光光度法	GB/T 11893-1989 HJ 671—2013
14	阴离子表面活性剂/(mg/L)	亚甲蓝分光光度法	GB/T 7494-1987
15	石油类/(mg/L)	红外光度法	HJ 637—2012
16	总氮/(mg/L)	碱性过硫酸钾消解紫外分光光度法	HJ 636—2012

续表

序号	控制项目	测定方法	执行标准
17	总碱度/(mg/L)	容量法	GB 6276.1—2008
18	氯化物/(mg/L)	硝酸银滴定法	GB/T 11896—1989
		离子色谱法（回灌）	GB/T 14642—2009
19	蛔虫卵数/(个/L)	沉淀集卵法（农业）	《农业环境监测实用手册》
20	二氧化硅/(mg/L)	分光光度法	GB/T 11446.6—2013
21	嗅	嗅气法	GB/T 1281—2011
22	动植物油/(mg/L)	红外光度法	HJ 637—2012
23	铁/(mg/L)	邻菲啰啉分光光度法 电感耦合等离子体发射光谱法 火焰原子吸收分光光度法（工业）	HJ/T 345—2007 CJ/T 51—2004 GB/T 11911-1989
24	锰/(mg/L)	原子吸收分光光度法（杂用） 火焰原子吸收分光光度法（工业）	GB/T 5750.6—2006 GB/T 11911-1989
25	总大肠菌群	多管发酵法	GB/T 5750.12—2006
26	氟化物	离子选择电极法 离子色谱法 氟试剂分光光度法	GB/T 7484-1987 GB/T 14642—2009 HJ 488—2009

由于再生水由污水处理而来，水中几乎含有自然界中的全部污染元素。再生水在污染物种类上接近污水，而在外观上接近饮用水。现有的检测方法不能完全适应再生水的特性，急需开发适用于再生水检测的方法标准，对原有检测方法的干扰因素做进一步的研究，提高方法的灵敏度，形成一套完整的再生水水质检测方法体系。

4.4.2　在线监测

水质在线自动监测是一个以在线分析仪表和实验室研究需求为服务目标，以提供具有代表性、及时性和可靠性的样品信息为核心任务，运用自动控制技术、计算机技术并配以专业软件。组成一个从取样、预处理、分析到数据处理及存储的完整系统，从而实现对再生水水样的在线监测。

自动监测系统一般包括 4 个部分：取配水，预处理系统，在线监测分析仪表和数据处理。取水点具体位置应能反映所在区域环境的污染特性，应可获取有足够代表性的水质信息，同时考虑采样时的可行性和方便性。水样预处理单元对水样进行一系列处理，以保证分析系统的连续长时间有效运行，主要包括自然沉降池、过滤装置、柱塞泵、样水杯。

第5章　再生水利用安全性分析

本章梳理了再生水生产、输配和使用3个环节中水质的安全性以及用户端可能面临的风险。在生产环节，从再生水厂进出水水质、处理工艺两个方面分析总结了水质安全性；在输配环节，从管网本身和水质安全性两个方面进行了分析；在使用环节，对工业、景观环境、农林牧、城市非饮用和地下水回灌五类用水进行了风险因子选择，并分析总结了这五类再生水利用方向可能对人体和环境健康所产生的风险。

5.1　生 产 环 节

本节根据实际案例从再生水厂进出水水质指标和工艺安全性（三类工艺污染物去除效果）两个角度对水质指标进行了分析。在再生水厂进出水水质指标分析部分，选取了北京、天津再生水厂，分析再生水厂进出水水质指标，并将出水水质与标准进行了对比，分析了水质的安全性；在工艺安全性部分，对三类工艺污染物的去除效果进行了分析，并将对三类工艺的出水水质与标准进行对比，分析工艺的安全性。

5.1.1　进出水水质指标分析

1）北京

（1）进水水质

北京市中心城区各再生水厂中，再生水厂A、再生水厂B、再生水厂C、再生水厂D进水分别以污水处理厂的二级出水为水源。再生水厂进水水质受对应的污水处理厂处理工艺影响较大。再生水厂E和再生水厂F以市政污水为水源，经过再生水厂MBR工艺直接由污水处理成再生水，进水水质主要受市政污水管网来水水质影响，各再生水厂进水水质指标如表5-1所示。

表5-1　北京市中心城区各再生水厂进水水质指标汇总表（2009年均值）

指标		再生水厂A	再生水厂B	再生水厂C	再生水厂D	再生水厂E	再生水厂F
浊度/NTU		4.18	2.05	1.71	2.43	150	71.6
色度/度		42	31	32	44	45	39
氨氮/（mg/L）	实际值	4.62	2.38	3.07	1.67	48.2	46.6
	设计值	≤15	≤15	≤15	≤15	≤70	≤71
总磷/（mg/L）	实际值	1.34	1.07	0.4	0.55	7.67	4.83
	设计值	≤3	≤1	≤1	≤1	≤8	≤7.5

续表

指标		再生水厂 A	再生水厂 B	再生水厂 C	再生水厂 D	再生水厂 E	再生水厂 F
粪大肠菌群/（个/L）		9.2×10^5	2.2×10^6	9.5×10^5	7.9×10^5	7.5×10^7	8.6×10^5
COD/（mg/L）	实际值	39.8	27.9	28.8	38.7	520	227
	设计值	≤60	≤60	≤60	≤60	≤550	≤310

由表 5-1 中的数据可以看出，各再生水厂年平均进水实际值基本满足设计要求。但再生水厂进水也有出现超过设计标准的情况，主要有三方面原因，一是个别工业用户超标排放以及垃圾渗滤液、高浓度粪便水偷排导致污水处理厂进水负荷过高；二是汛期大水量、冬季融雪剂等进入城市污水管网导致污水处理厂实际进水水质超过设计标准；三是污水处理厂生物处理工艺受季节、水量等因素影响，出水水质也有波动（沈连峰等，2007；庄宝玉等，2011）。

以污水处理厂出水为水源的各再生水厂，进水设计指标均是由污水处理厂出水设计指标确定的。北京市各污水处理厂处理出水水质执行《城镇污水处理厂污染物排放标准》（GB 18918—2002）中的一级 B 标准，即 COD≤60mg/L，BOD_5≤20mg/L，SS≤20mg/L，NH_4^+-N≤8mg/L，TN≤20mg/L，TP≤1mg/L。其中，再生水厂 A 混凝（BS）工艺采用石灰乳剂为混凝剂，对 TP 有很好的去除作用，所以其进水 TP 指标设计值为≤3mg/L，可以满足较大范围的 TP 波动。

再生水厂 E 和再生水厂 F 直接以市政污水为水源，其设计进水水质指标根据各厂收集范围内的市政污水的性质、特点来确定。在实际运行中，进水水质基本满足设计标准。

（2）出水水质

各再生水厂工艺主要有老三段工艺（混凝-沉淀-过滤）、超滲膜工艺和 MBR 工艺三类工艺。污水处理厂出水经过各类再生水处理工艺处理后，浊度、色度、COD、总磷、微生物等指标都得到不同程度的去除。

北京市中心城区各再生水厂出水水质主要指标汇总如表 5-2 所示。

表 5-2　北京市中心城区各再生水厂出水水质主要指标汇总表（2009 年均值）

水厂	再生水厂 A	再生水厂 B	再生水厂 C	再生水厂 D	再生水厂 E	再生水厂 F
浊度/NTU	1.01	0.49	0.32	1.4	1.37	0.73
色度/度	11	8	9	24	23	16
氨氮/（mg/L）	4.51	2.07	2.11	3.14	1.03	0.24
总磷/（mg/L）	0.62	0.86	0.31	0.39	0.37	0.16
粪大肠菌群/（个/L）	120	4	7	32	14	39
化学需氧量/（mg/L）	23.6	22.1	18.2	31.9	18.6	16.1

北京市中心城区各再生水厂出水指标的设计值、标准值及用户要求对比见表 5-3。

表 5-3　北京市中心城区各再生水厂出水指标对比表（2009 年均值）

水质指标	设计值	出水年平均值	标准值（SL 368—2006）	用户要求
浊度/NTU	≤5	0.32～1.40	≤5.0	≤3.0
色度/度	≤30	8～24	≤30	≤20
氨氮 (以 N 计)/(mg/L)	≤5	2.11～4.51	≤5.0	≤5.0
总磷 (以 P 计)/(mg/L)	≤0.5	0.31～0.86	≤0.5	≤0.5
粪大肠菌群/(个/L)	≤3	4～120	≤200	≤200
化学需氧量/(mg/L)	≤30	18.2～31.9	≤30.0	≤30.0
pH	6.0～9.0	7.13～7.50	6.5～8.5	6.5～8.5
嗅		无不快感	无不快感	无不快感
五日生化需氧量/(mg/L)	≤6.0	<2.0	≤6.0	≤6.0
溶解氧/(mg/L)	≥1.0	8.5～11.6	≥2.0	≥4.0
悬浮物/(mg/L)	≤5	<5	≤5.0	≤5.0
阴离子表面活性剂/(mg/L)	≤0.5	0.07～0.15	≤0.5	≤0.5
石油类/(mg/L)		0.06～0.10	≤1.0	≤1.0
溶解性总固体/(mg/L)		573～1490	≤1000	≤1000
铁/(mg/L)		0.05～0.14	≤0.3	≤0.3
锰/(mg/L)		0.02～0.09	≤0.1	≤0.1
总硬度 (以 $CaCO_3$ 计)/(mg/L)		245～493	≤450	≤450
汞/(mg/L)		<0.001	≤0.001	≤0.001
镉/(mg/L)		<0.05	≤0.01	≤0.01
砷/(mg/L)		0.0005～0.001	≤0.05	≤0.05
铬/(mg/L)		<0.03	≤0.10	≤0.10
铅/(mg/L)		<0.05	≤0.10	≤0.10
氰化物/(mg/L)		0.004～0.012	≤0.05	≤0.05
余氯/(mg/L)		0.18～1.06		0.02～1.0
氯化物/(mg/L)		110～399		≤250
总碱度/(mg/L)		127～186		≤350
硫酸盐/(mg/L)		90.0～228		≤250
二氧化硅/(mg/L)		13.6～16.1		≤30

注：表中采用的标准（SL 368—2006）为各种用途标准取值的综合，取其最严的限值，但不含地下水回灌用途要求

通过对表 5-2 和表 5-3 分析以及运行管理人员多年经验得出如下结论。

第一，北京市中心城区各再生水厂出水水质能达到设计值，基本满足《再生水水质标准》（SL 368—2006）的要求，但氨氮、总磷、COD、粪大肠菌群在各种因素的影响下偶有超标现象（甘一萍，2003）。

第二，通过北京市中心城区再生水厂出水水质的监测数据分析得出，再生水感官类指标，如浊度、色度等，一直保持在很低的数值，远远低于设计值和水质标准限值，完全满足用户要求。不论是传统的老三段工艺，还是先进的超滤膜工艺、MBR 工艺，对浊度均有很高的去除率，出水浊度保持在标准限值以下。北京市各再生水厂均有臭氧脱色工艺，

经过臭氧处理后，再生水的色度一般保持在 15 度以下（赵奎霞等，2003）。

浊度、色度是用户（尤其是冲厕、洗车和景观等用户）非常关注且要求较高的指标，直接影响用户对再生水水质的信任度，通过再生水工艺处理可以保持在很低的数值（汪琳等，2011），因此，在标准制定或修订时可将标准限值适当降低以满足需求，进而有利于再生水的推广使用。

第三，余氯是各类用户最关注的指标之一，且要求不同。如工业用户既要求再生水中含有余氯以杀菌，又不希望余氯过高而腐蚀设备；景观和绿化用户要求余氯含量低以免抑制植物生长；一般用户要求余氯在 0.2～1.0mg/L。在实际生产中，由于余氯的消耗量不易定量计算，严格控制出水余氯指标困难较大，且在供水过程中，余氯的消耗与管道长度、水流速度以及紊动程度等因素都有很大关系，到达不同的用户端后，余氯量会有很大差异（朱佳等，2015），所以可将再生水厂出水余氯指标范围适当放宽，建议出厂余氯值控制在 0.2～3.0mg/L。

第四，氯化物、总碱度、硫酸盐、二氧化硅等指标是工业用户十分关注的指标（杨京生等，2008），而《再生水水质标准》（SL 368—2006）中未作要求。同时氯化物、总碱度、硫酸盐、二氧化硅，以及总硬度、溶解性总固体是污水处理工艺及再生水处理工艺中均不能去除的物质，建议将此类指标列入《污水排入城镇下水道水质标准》中，实现源头控制。

第五，目前国内污水处理回用主要以住建部和水利部的标准为执行依据。结合实际工作需要，应对《城镇污水处理厂污染物排放标准》（GB 18918—2002）和《再生水水质标准》（SL 368—2006）做衔接与部分指标调整。

（3）进出水水质分析

北京市中心城区现正在运行的再生水厂中的三类工艺对浊度、色度、COD、总磷、微生物等，经过这三类再生水处理工艺后，分别得到不同程度的去除。现对各再生水厂进出水水质分析如下。

第一，老三段（混凝-沉淀-过滤）工艺较为成熟，运行稳定，调控操作简单，处理对象主要是悬浮物和胶体物质，对浊度指标去除效果较好。再生水厂采用 BS（石灰）法再生水处理工艺，以石灰为混凝剂，对总磷去除有独到优势，而且对色度、微生物指标处理效果也较好。

第二，超滤膜处理工艺较为先进，由于超滤膜孔径范围较小（0.001～0.02μm），水中的胶体、铁锈、悬浮物、泥沙、大分子有机物甚至细菌等都能被截留下来，从而实现水质净化。正常运行条件下，超滤膜出水浊度在 0.5NTU 以下，优于其他工艺。超滤膜可将粪大肠菌群全部截留，从而减少消毒剂的用量，出水通过补氯措施就能保证水质要求。

第三，MBR 工艺先进，流程较短，可以将污水直接处理至再生水，并能实现完全自动化控制，出水浊度、COD 等指标稳定。对氨氮难降解有机物有较好的去除效果，但是膜的造价高，膜易污染，能耗较高，对来水水量水质冲击变化的适应能力较差。

第四，臭氧脱色工艺，出水色度较好，臭氧的投加量可根据来水色度随时调整，实现完全自动化控制，能够保证出水色度满足用户要求。

综上所述，老三段工艺较为成熟，运行稳定，调控操作简单；膜工艺对浊度的去除效果较好；臭氧脱色效果好且稳定；BS（石灰）法混凝工艺在总磷的去除上有优势。

2）天津

（1）进水水质

天津市中心城区各再生水厂进水水源均为污水处理厂出水，各污水处理厂出水水质均达到《城镇污水处理厂污染物排放标准》（GB 18918—2002）二级标准。近年来，由于部分污水处理厂升级改造，出水水质由二级提升到一级 B 标准。

天津市中心城区各再生水厂进水水质指标如表 5-4 所示。

表 5-4　天津市市中心城区各再生水厂进水水质指标

水厂	BOD_5/(mg/L)	COD/(mg/L)	SS/(mg/L)	总氮/(mg/L)	氨氮/(mg/L)	总磷/(mg/L)	色度/度	粪大肠菌群/(个/L)
再生水厂 A	19.7	45.1	15.9		32.2	2.1		
再生水厂 B	≤20	≤60	≤20	≤15	≤5（8）	≤3	≤40	$\leq 10^4$

注：括号外数值为水温＞12℃时的控制指标，括号内数值为水温≤12℃时的控制指标

（2）出水水质

天津市区再生水以污水处理厂的出水（二级排放标准）作为源水进行深度处理，以集中回用为主，采用统一管网、统一水质的方式供水（纪涛等，2007）；主要应用于城市非饮用水、工业用水、观赏性景观用水。

天津市中心城区各再生水厂出水水质指标如表 5-5 所示。天津市中心城区各再生水厂出水指标同设计值，标准值对比如表 5-6 所示。

表 5-5　天津市中心城区各再生水厂出水水质

水厂	BOD_5/(mg/L)	浊度/NTU	总氮/(mg/L)	氨氮/(mg/L)	总磷/(mg/L)	色度/度	总大肠菌群/(个/L)
再生水厂 A	＜10	＜5	＜15	＜5	＜1	＜30	＜3
再生水厂 B	＜10	＜5	＜15	＜5	＜1	＜30	＜3

表 5-6　天津市中心城区各再生水厂出水指标同设计值、标准值对比表

序号	水质指标	单位	设计值	年出水平均值	标准值（SL 368—2006）	备注
1	浊度	NTU	5	0.36	5	
2	色度	度	30	25	30	
3	氨氮（以 N 计）	mg/L	10	14.1	10	
4	总磷（以 P 计）	mg/L	1	1.12	1	
5	粪大肠菌群	个/L	3	3	200	控制总大肠菌群小于 3
6	化学需氧量	mg/L	60	47.3	30	
7	pH	—	6～9	7.34	6～9	
8	嗅	—	无不快感	无不快感	无漂浮物、无不快感	
9	五日生化需氧量	mg/L	5	2	5	
10	溶解氧	mg/L	1.5	6.97	1.5	
11	悬浮物	mg/L	10	2.7	10	

续表

序号	水质指标	单位	设计值	年出水平均值	标准值（SL 368—2006）	备注
12	阴离子表面活性剂	mg/L	1	0.46	0.5	
13	石油类	mg/L	1	＜0.2	1	
14	溶解性固体	mg/L	1000	1319	1000	
15	铁	mg/L	0.3	0.28	0.3	
16	锰	mg/L	0.1	0.1	0.1	
17	总硬度	mg/L	450	395	450	
18	汞	mg/L	—	—	—	未检测
19	镉	mg/L	—	—	—	未检测
20	砷	mg/L	—	—	—	未检测
21	铬	mg/L	—	—	—	未检测
22	铅	mg/L	—	—	—	未检测
23	氰化物	mg/L	—	—	—	未检测
24	余氯	mg/L	0.2	0.9	0.2	
25	氯化物	mg/L	250	312	250	
26	总碱度	mg/L	350	328	350	
27	硫酸盐	mg/L	250	297	250	
28	二氧化硅	mg/L	50	8.23	50	

由表 5-5 和表 5-6 可以看出，天津市中心城区各再生水厂出水水质均能达到设计值，基本满足《再生水水质标准》（SL 368—2006）的要求，但氨氮、总磷、溶解性固体、氯化物、硫酸盐等指标在各种因素的影响下有超标现象。由于污水处理厂目前升级改造尚未全部完成，因此，存在波动和不能满足标准的现象，如氨氮、总磷等。另外，由于处于沿海地区的特殊性和差异性，溶解性固体、氯化物等指标明显偏高。

（3）分析

天津市再生水厂进水基本满足《城镇污水处理厂排放标准》（GB 18918—2002）中的二级排放标准。再生水厂出水年均值除氨氮、总磷、溶解性固体、氯化物、硫酸盐等指标在各种因素的影响下有超标现象以外，基本满足《再生水水质标准》（SL 368—2006）的要求。

3）乌鲁木齐

（1）进水水质

某再生水厂 A 水源为某污水处理厂 A 的二级排放出水，某再生水利用工程 B 的水源为某污水处理厂 B 的二级排放出水。各再生水厂进水水质值见表 5-7。

表 5-7　乌鲁木齐市各再生水厂进水水质指标值

再生水厂	COD/(mg/L)	SS/(mg/L)	BOD_5/(mg/L)	氨氮/(mg/L)	总磷/(mg/L)
再生水水厂 A	≤120	≤30	≤30	≤30	
再生水利用工程 B	67.9	26.3	16.2	27.3	2.0

由表5-7可以看出，乌鲁木齐再生水厂的进水普遍高于其他地区，主要原因有两方面，一方面，污水处理厂A采用AB两段活性污泥法，污水处理厂B采用的是氧化沟工艺，两种均属于生物处理法工艺。而乌鲁木齐处于中国最西北端，冬季水温较低，污泥活性较差，造成的污水处理厂出水，即再生水厂进水数值偏高。另一方面，可能与当地的技术管理水平有关。

（2）出水水质

两个再生水厂主要用户都是电厂，出水主要用于补充循环冷却水。再生水厂主要的出水指标值都是以满足循环冷却水水质为目的的。乌鲁木齐市各再生水厂出水水质指标值见表5-8。

表5-8 乌鲁木齐市各再生水厂出水指标值

再生水厂	COD/(mg/L)	BOD_5/(mg/L)	浊度/NTU	悬浮物/(mg/L)	氨氮/(mg/L)	总磷/(mg/L)	色度/度
深度处理厂A	≤60	≤10	≤5	≤30	≤10	≤1	≤30
再生水利用工程B	≤60	≤10	≤5	≤30	≤10	≤1	≤30

根据实地调研的资料分析得知：再生水利用工程B取水口位于某污水处理厂一、二期汇合口之后，由于调研时二期出水正在调试过程中，大量不合格水排入取水口，水质不能满足电厂深度处理的水质要求，导致水处理费用加大，单位水处理成本已达到4～6元。以上情况说明，再生水厂出水的水质受污水处理厂来水的影响很大。排入市政管网的污水水质如果严重超标，在远远超过污水处理厂负荷的情况下，其出水，即再生水厂进水，同样也会严重超出设计值，从而造成再生水水质恶化影响用户使用或处理成本大幅度增加。因此，市政排水管网、污水处理厂、再生水厂以及用户应作为一个完整的系统综合考虑，应从源头，即从排入市政排水管网的污水加强管理，严格控制源头水质。

（3）分析

乌鲁木齐再生水厂进水（即污水处理厂出水）水质标准满足《污水综合排放标准》（GB 8978—1996）中的二级排放标准。再生水厂的出水设计标准为满足《污水再生利用工程设计规范》（GB 50335—2002）中的“再生水回用工业项目用水控制项目和指标限值”中的“冷却用水”水质标准。

4）深圳

（1）进水水质

中水回用厂A水源为中心区内建筑物排放的综合生活污水，中心区内建筑物污水排放采用污废水合流的方式进行排放。

再生水厂B的水源是西丽片区和白芒关外片区的工业污水和生活污水。

污水处理厂改造工程C水源为A^2/O二级生物处理工艺出水。

深圳市各再生水厂进水水质如表5-9所示。

表5-9 深圳市再生水厂进水水质

再生水厂	BOD_5/（mg/L）	SS/（mg/L）	氨氮/（mg/L）	总氮/（mg/L）	粪大肠/（个/L）
中水回用厂A	—	840～1620	20～24	34～37	9.2×10^5

（2）出水水质

从表 5-10 中的数据可以看出，深圳市中水回用厂 A 出水水质各项指标满足《城市污水再生利用城市杂用水水质》（GB/T 18920—2002）和《城市污水再生利用景观环境用水水质》（GB/T 18921—2002）中的严格的限值。

再生水厂 B 出水达到《城镇污水处理厂污染物排放标准》（GB 18918—2002）一级 A 标准，某些指标优于一级 A 的标准，直接达到景观环境用水的水质标准。

污水处理厂改造工程 C 改造后总规模为 30 万 m^3/d，其中，20 万 m^3/d 出水达到《城镇污水处理厂污染物排放标准》（GB 18918—2002）一级 A 标准，排入深圳河，10 万 m^3/d 达到再生水标准，作为福田河、新洲河景观用水补水。

再生水厂 B 和污水处理厂改造工程 C，改善了大沙河、福田河、新洲河水体质量，解决相关片区的污水出路，实现了处理出水就近排放，同时经深度处理后的出水还作为大沙河、福田河、新洲河的生态补水，实现污水资源化。

深圳市各再生水厂出水水质指标见表 5-10。

表 5-10　深圳市各再生水厂出水水质指标

再生水厂	BOD_5/（mg/L）	SS/（mg/L）	氨氮/（mg/L）	总氮/（mg/L）	色度/度	粪大肠/（个/L）
中水回用厂 A	1	＜0.1	＜0.1	0.1～0.2	1	20～70
再生水厂 B	≤10	≤10	≤5	≤15	≤30	≤1000
污水处理厂改造工程 C	≤10	≤10	≤5	≤15	≤30	≤1000

5）大连

（1）进水水质

再生水厂 A 来水为开发区市政污水管网收集的市政污水，再生水厂 B 进水为马栏河污水处理厂（生物滤池工艺）二级出水，再生水厂 C 进水为春柳河污水处理厂（活性污泥法-LINPOR 工艺）二级出水，再生水厂 D 进水为春柳河污水处理厂（活性污泥法-LINPOR 工艺）二级出水。大连市各再生水厂进水水质指标见表 5-11。

表 5-11　大连市各再生水厂进水指标

再生水厂	COD/(mg/L)	SS/(mg/L)	BOD_5/(mg/L)	氨氮/(mg/L)	pH	Cl/(mg/L)
再生水厂 A	400～500	200～300	200	30～50		
再生水厂 B	≤40	≤10	≤10	≤5	6～9	≤300
再生水厂 C	≤100	≤30	≤30	≤30	6～9	≤150
再生水厂 D	≤100	≤30	≤30	≤30		

大连市各再生水厂中，再生水水厂 A 为市政污水管网来水，再生水厂 B 进水满足《城镇污水处理厂污染物排放标准》（GB 18918—2002）一级 A 标准，再生水厂 C 和再生水厂

D 进水满足《城镇污水处理厂污染物排放标准》（GB 18918—2002）二级排放标准。

（2）出水水质

再生水厂 A 工艺采用曝气生物滤池技术，即生物滤池—高效过滤池—加氯消毒，常年出水指标：BOD_5：3～4mg/L、SS＜5mg/L、NH_4^+-N＜0.3mg/L，与用水企业约定的水质指标近 20 项，基本满足循环冷却水水质标准。再生水厂 B、C、D 均为自定水质标准。大连市各再生水厂出水指标见表 5-12。

表 5-12　大连市各再生水厂出水指标

再生水厂	COD/(mg/L)	浊度/度	BOD_5/(mg/L)	氨氮/(mg/L)	pH	Cl/(mg/L)
再生水厂 A	25	＜5	3～4	＜0.3	6～9	＜250
再生水厂 B	＜30	＜5	＜10	＜10	6～9	＜250
再生水厂 C	＜30	＜5	＜10	＜10	6～9	＜250
再生水厂 D	＜30	＜5	＜10	＜10	6～9	＜250

（3）分析

大连市再生水厂出水的用户均为工业用户，没有市政绿化和居民用户等其他用户。除再生水厂 A 外，均是直接利用城市污水处理厂出水，并在再生水厂进行相应的处理，水质标准均依据各自企业用水标准制定，达到工艺使用的要求。再生水厂 B 通过对澄清、过滤和超滤、反渗透、电除盐进行深度处理，作为电厂的循环冷却水和锅炉补给水；再生水厂 C 采用生化处理、混凝、气浮过滤、超滤、反渗透和真空脱气等工艺，生产一级除盐水和循环水补充水。再生水厂 D 工艺采用高效生物反应塔+两级过滤+反渗透工艺，作为电厂的循环冷却水。

6）其他城市

（1）呼和浩特市

呼和浩特市再生水厂有三座：再生水厂 A 处理能力为 5 万 m^3/d，再生水厂 B 处理能力为 3 万 m^3/d，再生水厂 C 处理能力为 3 万 m^3/d。其中，再生水厂 B 和再生水厂 C 处于试运行阶段，尚未为用户供水。故以再生水厂 A 为分析对象。

a. 工艺

经过膜生物反应器-离子交换树脂进行处理后用于电厂循环冷却水，采用 ZENON 的超滤膜，膜孔径为 0.4μm。再生水厂 A 处理工艺见表 5-13。

表 5-13　再生水厂处理工艺

名称	处理工艺
再生水厂 A	MBR（膜生物反应器）-离子交换树脂

b. 进水指标

再生水厂 A 水源为某污水处理厂（A^2/O 污水处理工艺）二级出水。再生水厂 A 进水水质见表 5-14。

表 5-14　金桥电厂再生水厂 A 进水指标

再生水厂	BOD_5/(mg/L)	COD/(mg/L)	SS/(mg/L)	氨氮/(mg/L)	总磷/(mg/L)
再生水厂 A	20	50	25	25	0.8

再生水厂 A 进水水质各项指标中，COD 满足一级 A 标准，BOD 和总磷满足《城镇污水处理厂污染物排放标准》（GB 18918—2002）一级 B 标准，其他指标，如 SS 和氨氮，满足二级标准。

c. 出水水质

再生水厂 A 处理后，出水 COD≤40mg/L，NH_4^+-N≤0.5mg/L，BOD_5≤10mg/L，浊度≤0.5NTU，部分指标达到地表水Ⅲ类标准，满足电厂循环水水质标准。同时再生水厂 A 的用户有黄河水备用系统。

呼和浩特市各再生水厂出水水质指标见表 5-15。

表 5-15　呼和浩特市各再生水厂出水水质指标

再生水厂	COD/(mg/L)	浊度/NTU	BOD_5/(mg/L)	氨氮/(mg/L)	pH
再生水厂 A	≤40	≤0.5	≤10	≤0.5	6～9

注：再生水厂 B、C 出水指标为设计值

d. 分析

再生水厂 A 以某污水处理厂二级达标出水为水源，经过 MBR-离子交换树脂工艺处理，供给电厂补充循环冷水及锅炉用水。再生水用户针对性强，出水水质要求明确，工艺简单，可以根据生产用水的变化随时调节再生水工艺运行参数，满足用水需求，方便灵活。

（2）西安市

现有 3 个再生水厂，总处理能力为 16 万 m^3/d，其中再生水厂 A 为 16 万 m^3/d，再生水厂 B 为 25 万 m^3/d，再生水厂 C 为 35 万 m^3/d。由于用户较少，实际外供水量仅为 2 万 m^3/d，主要用户为两家电厂。园林绿化用户刚刚发展，入户冲厕正在洽谈。现有再生水管线 25.8km，没有形成环状管网。

a. 工艺

三家再生水厂均采用老三段（混凝—沉淀—过滤—消毒）处理工艺。

西安市各再生水厂处理工艺见表 5-16。

表 5-16　西安市各再生水厂处理工艺

名称	处理工艺
再生水厂 A	混凝—沉淀—过滤—消毒（液氯）
再生水厂 B	混凝—沉淀—过滤—消毒（液氯）
再生水厂 C	混凝—沉淀—过滤—消毒（液氯）

b. 进水水质

再生水厂 A 进水为西安市某污水处理厂（A^2/O 工艺）二级处理出水，再生水厂 B 进水为污水处理厂出水，再生水厂 C 进水为污水处理厂（奥贝尔氧化沟工艺）二级处理出水。

西安市各再生水厂进水指标见表 5-17。

表 5-17　西安市各再生水厂进水水质

再生水厂	COD/（mg/L）	BOD_5/（mg/L）	SS/（mg/L）	氨氮/（mg/L）	总磷/（mg/L）
再生水厂 A	20.9	6.2	11.6	0.6	1.1
再生水厂 B	50.8	13.6	16.4	9.4	0.7
再生水厂 C	≤60	≤20	≤20	≤15	

注：其中再生水厂 C 再生水水质为设计值

c. 出水水质指标

西安市各再生水厂的老三段再生水处理工艺经过多年运行，效果较好，出水水质各项指标基本能满足设计值和用户需要。西安市各再生水厂出水水质指标见表 5-18。

表 5-18　西安市各再生水厂出水指标

再生水厂	COD/（mg/L）	BOD_5/（mg/L）	浊度/NTU	氨氮/（mg/L）	总磷/（mg/L）	色度/度
再生水厂 A	20～30	＜10	＜5	＜5	＜1	20～30
再生水厂 B	20～30	＜10	＜5	＜5	＜1	20～30
再生水厂 C	20～30	＜10	＜5	＜5	＜1	20～30

注：表中各数据为西安市现场调研数据

d. 分析

根据再生水的用途，西安市各再生水厂目前执行三个水质标准：《城市污水再生利用城市杂用水水质》（GB/T 18920—2002）、《城市污水再生利用景观环境用水水质》（GB/T 18921—2002）、《城市污水再生利用工业用水水质》（GB/T 19923—2005）。具体情况如下。

氮磷：再生水厂 A 由于进水是 A^2/O 工艺处理出水，氨氮多数在 1mg/L 以下，总磷为 1.1mg/L，经过再生水水厂 A 处理以后，出水氮磷能容易实现达标。城市杂用替换为城市非饮用水。

色度：各再生水厂出水色度在 20 度以上。

无机离子：由于北方地区无机物离子含量较高，再加上工业废水的影响，无机离子含量过高，达不到工业用户的要求，影响推广使用。北石桥水厂出水的氯化物一般在 160～180mg/L。

COD：一般在 20～30mg/L，能达到 30mg/L 以下。

溶解氧：100%达标，并远远高于标准。

（3）郑州市

某污水处理厂分为一期工程和二期工程，日处理能力为 20 万 m^3。其中，目前一期工程日处理量为 10 万 m^3，排放标准由原来的《城市污水处理厂污染物排放标准》（GB 18918—2002）二级标准改造升级成一级 B 标准。其中，5 万 m^3/d 回用于郑州市燃气电厂，作为循环冷却水，月使用量为 14 万～18 万 m^3；威尼斯水城小区景观、绿化及居民冲厕月用水量约 5500m^3；补给金水河和熊儿河作为景观用水。二期工程日处理量为 10 万 m^3/d，出水水质执行《城镇污水处理厂污染物排放标准》（GB 18918—2002）一级 A 标准，主要用于电厂循环冷却水。

a. 工艺

该污水处理厂污水处理工艺采用改良氧化沟工艺，再生水工艺采用老三段常规处理工艺。该污水处理厂再生水处理工艺见表 5-19。

表 5-19　郑州市某污水处理厂再生水处理工艺

名称	处理工艺
再生水厂	混凝平流沉淀—V 型滤池过滤—消毒

b. 进水水质

该污水处理厂再生水处理单元进水为污水处理工艺（改良氧化沟工艺）出水。再生水处理单元进水水质见表 5-20。

表 5-20　郑州市某污水处理厂再生水处理单元进水水质

再生水厂	BOD_5/(mg/L)	COD/(mg/L)	SS/(mg/L)	氨氮/(mg/L)	总磷/(mg/L)
某污水处理厂出水	7	28	18	3	1.5

该污水处理厂再生水处理单元进水水质基本满足《城镇污水处理厂污染物排放标准》（GB 18918—2002）一级 B 标准，进水水质较好。主要原因是该污水处理厂改良型氧化沟工艺有机负荷比较低，运行稳定，有较好的脱氮除磷作用。

c. 出水水质

经过老三段处理工艺，水中的 BOD_5、COD、SS、氨氮和总磷有了大幅度的降低，具体值见表 5-21。

表 5-21　郑州市某污水处理厂再生水处理单元出水指标

再生水厂	BOD_5/(mg/L)	COD/(mg/L)	SS/(mg/L)	氨氮/(mg/L)	总磷/(mg/L)
再生水厂出水	2	19	7	2.9	1.1

该污水处理厂再生水处理单元出水各项指标，除总磷外，均达到《城镇污水处理厂污染物排放标准》（GB 18918—2002）一级 A 标准。

d. 分析

该污水处理厂再生水工艺进水为改良型氧化沟工艺出水，经过老三段再生水工艺处理后，基本达到《城镇污水处理厂污染物排放标准》（GB 18918—2002）一级 A 标准。但总磷出水略有超标，可以通过投放化学除磷混凝剂来解决。

5.1.2　进水水质对出水的影响

以污水处理厂二级出水为水源的再生水厂，出水水质在很大程度上取决于污水处理厂出水的水质。再生水厂某些进水水质的变化对出水有很大的影响，以总磷、COD、浊度和色度 4 个指标为例进行分析。

1. 再生水厂进水总磷变化对出水水质的影响

北京市中心城区某再生水厂出水总磷受进水水质的影响，如图 5-1 所示。

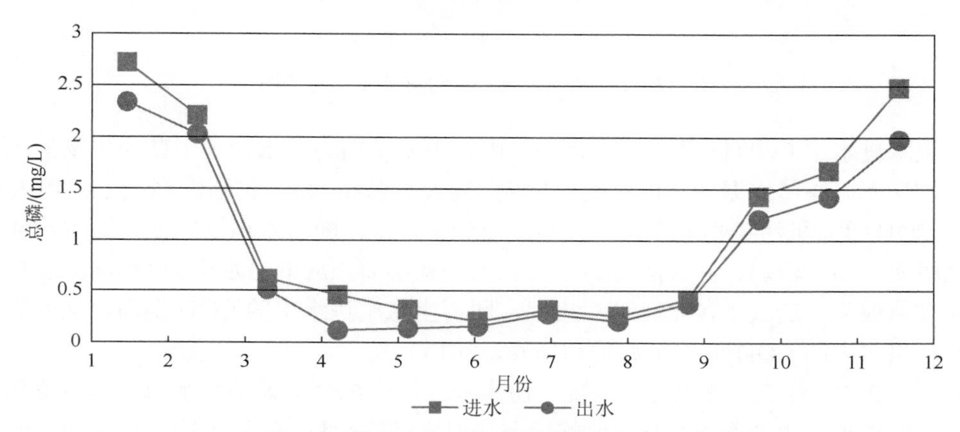

图 5-1　某再生水厂总磷随季节变化趋势图

由图 5-1 可以看出，在一年之内的不同月份，再生水厂进水中的总磷指标有比较明显的变化趋势。在 3～9 月，进水中的总磷一直保持在 1.0mg/L 以下，而 10～次年 3 月期间，进水中的总磷明显升高，最高值月均达到 2.0mg/L 以上。由于部分再生水厂没有除磷工艺，所以再生水厂出水中的总磷会随着进水中总磷的变化而变化，到了冬季，总磷会在较长时间内超标，影响出水水质。引起进水总磷超标的主要原因是，冬季污水处理厂的生物除磷工艺随着水温的降低，微生物的活性逐渐降低，影响了生物除磷的效果（贾哲峰等，2014）。

针对此种情况，可以考虑在污水处理厂内适当增加化学除磷工艺，将总磷超标问题解决在污水处理厂内，从而避免影响再生水水质。

2. 再生水厂进水 COD 变化对出水水质的影响

再生水厂进水的 COD 变化对出水同样有着较大的影响，图 5-2 是北京市中心城区某再生水厂进出水 COD 年内随季节变化的趋势图。

从图 5-2 中可以看出，再生水厂进、出水中的 COD 指标在年内出现了随着季节变化而变化的情况。由于再生水厂的处理工艺，无论是老三段、超滤膜还是 MBR 工艺，都对 COD 有一定的去除，一般在 5～10mg/L 之间。图 5-2 中，进水 COD 在 12～4 月期间，均大于 30mg/L，对应的再生水出水中的 COD 在 20mg/L 左右，而在 5～11 月期间，进水的 COD 均在 30mg/L 以下，对应的再生水出水中的 COD 基本保持在 15mg/L 左右，相对较低的水平。

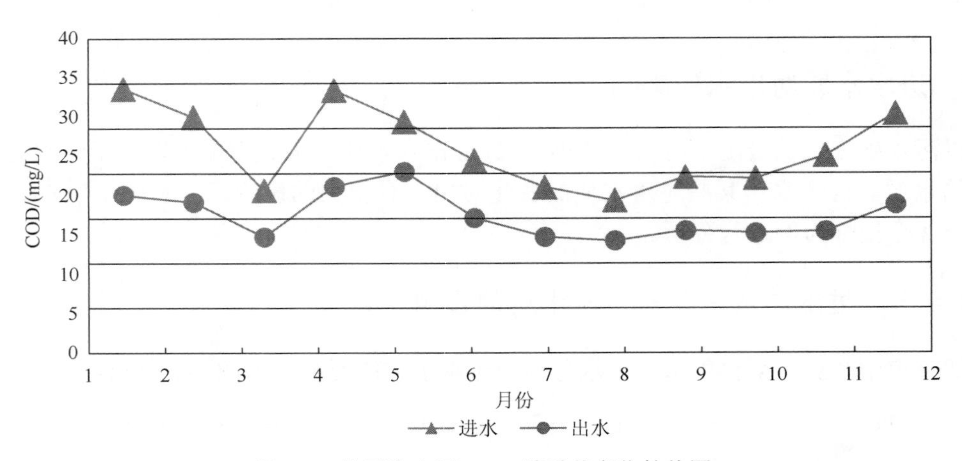

图 5-2　某再生水厂 COD 随季节变化趋势图

再生水进水中 COD 随着季节变化的原因，主要是因为污水处理工艺为生物处理，好氧微生物受不同季节水温变化的影响比较大，夏天水温高，微生物活性高，代谢能力旺盛，从而对 COD 等有机污染物质去除率较高；而到了冬季，随着水温的降低，微生物活性降低，代谢能力相对较弱，同时随着冬季用水量的变小而相应的污水中的 COD 浓度相对夏季来说数值偏大，造成了污水处理厂出水，即再生水厂进水中的 COD 偏高，从而影响了再生水厂出水中的 COD 值（王德帅和杨开，2014）。

针对 COD 随着季节变化这种情况，污水处理厂应综合考虑来水水质、季节变化、水温等因素对处理效果的影响，及时调整污水处理厂运行参数，保持生物处理系统较低的有机负荷，从而保证污水处理厂较高的 COD 去除率，达到再生水厂进水 COD 稳定较好水平的目的。

3. 再生水厂进水浊度变化对出水水质的影响

再生水厂的进出水浊度在一年之内也有比较大的变化，北京市中心城区某再生水厂进出水浊度在一年之内的变化曲线见图 5-3。

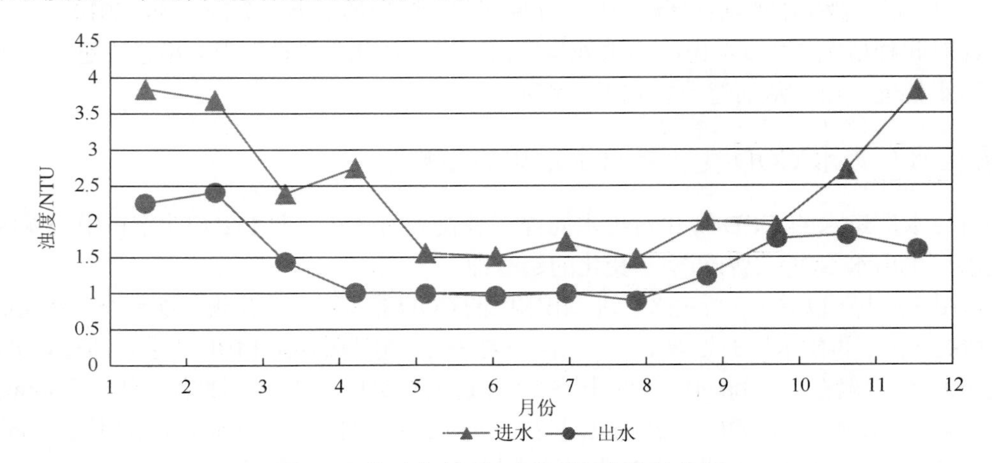

图 5-3　某再生水厂浊度随季节变化趋势图

从图 5-3 中可以看出，再生水厂的浊度在不同季节也有明显的变化。5～10 月，进水浊度基本保持在 2.0NTU 以下，对应的出水浊度大部分保持在 1.0NTU 以下；11～4 月，进水浊度基本保持在 3.0NTU 以上，相应的出水浊度升高到 1.6NTU 以上。

再生水水厂进水浊度随着季节变化的原因：一方面，在污水处理厂的生物处理工艺中，好氧微生物受到不同季节水温变化的影响比较大，夏季水温高，微生物活性高，菌胶团的吸附能力强，从而保证出水浊度较低；进入冬季，随着水温的降低，微生物活性降低，菌胶团比较松散，吸附能力变弱，从而造成出水悬浮物升高，污水处理厂出水浊度偏高，从而导致再生水厂出水浊度偏高。另一方面，在北方地区，11～4 月，污水处理容易发生丝状菌膨胀现象，污泥不易沉淀，SVI 值增高，污泥菌胶团的结构松散，体积膨胀，含水率上升，一定时间内二沉池会有漂泥现象，从而造成再生水厂进水浊度升高（韩漪，2014）。

针对浊度随着季节变化这种情况，污水处理厂应进行精细化管理，在水温较低的季节及时进行运行参数的调整，选择合理的工艺参数，加强微生物镜检检测，及时发现并解决丝状菌膨胀等问题，保证再生水厂进水浊度稳定在较低的水平。

4. 再生水厂进水色度变化对出水水质的影响

再生水厂进水色度同样随季节变化有较明显变化趋势，图 5-4 是北京市中心城区某再生水厂进出水色度一年之内随着季节变化的趋势图。

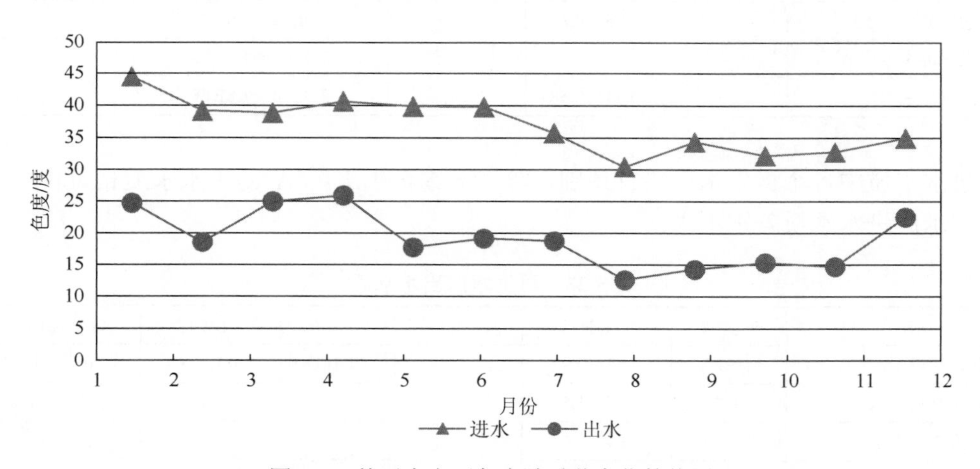

图 5-4　某再生水厂色度随季节变化趋势图

从图 5-4 中可以看出，再生水厂进、出水色度随着季节也有不同的变化趋势。在 11～6 月，再生水厂进水色度一直保持在 35 倍以上，出水色度基本保持在 20 倍以上；而在 7～10 月，进水色度一般为 31～37 倍，出水色度保持在 12～19 倍相对较低的水平。污水及再生水色度主要是由溶解在水中的有机污染物质以及胶体物质形成的。在冬季，由于水温较低，污水处理工艺中的微生物对有机污染物质去除能力下降，造成再生水厂进水色度较高。另外，老三段工艺在水温较低的情况下，絮凝效果也较差，从而造成絮凝矾花变小，沉淀效果变差，对胶体物质去除能力下降，也影响到色度的去除。

针对色度随着季节变化这种情况，污水处理厂在水温较低的季节要及时进行运行参数的调整，选择适合水温低的工艺参数，提高有机污染物的去除率。另外，在冬季，再生水厂内要及时调整混凝剂投加量，合理调整搅拌强度和搅拌时间，保证再生水厂混凝沉淀效果，从而避免再生水厂出水的色度升高。此外，再生水处理工艺中如果增加臭氧脱色工艺，将能很好地保证再生水出水的色度保持在较低的水平。

5.1.3　水质安全性分析

1. 感官性指标及卫生学指标

再生水厂进出水中色度、浊度、嗅、总大肠菌群、总余氯 5 个水质指标在七家再生水厂的变化见表 5-22 和表 5-23。

表 5-22　再生水厂进水水质

水厂	色度/度	浊度/NTU	嗅	总大肠菌群/(个/L)	总余氯/(mg/L)
北京某再生水厂 A	20～35	1.27～6.95	无不快感	1.24E+6～9.69E+6	—
北京某再生水厂 B	—	—		1.0E+5～1.0E+6	—
天津再生水厂	18～30	1.73～3.9		1.0E+6～2.8E+6	—
银川某再生水厂	7～20	6.5～13.1		1.0E+4～1.0E+5	—
西安某再生水厂	20～29	2.5～4.8		1.0E+4～1.9E+4	—
无锡再生水厂 A	—	—		7.0E+3～1.7E+4	—
无锡再生水厂 B	—	0.41～0.58		3.0E+4～1.8E+5	—

进水水质中各个再生水厂略有差别，除了无锡再生水厂 A 的进水水质相对较好，其他再生水厂进水水质差别不大。

表 5-23　再生水厂出水水质

水厂	色度/度	浊度/NTU	嗅	总大肠菌群/(个/L)	总余氯/(mg/L)
北京某再生水厂 A	5～20	0.54～0.92	无不快感	1.10E+03～1.58E+03	0.56～0.97
北京某再生水厂 B	＜3	0.7～1.5		＜3	0.76～1.36
天津再生水厂	5～20	0.4～1.6		≤3	1.02～1.32
银川某再生水厂	3～7	2.0～4.5		1.0E+03～1.0E+04	0.45～1.00
西安某再生水厂	20～27	0.9～1.8		＜3	0.3～0.7
无锡某再生水厂 A	＜5	＜0.1		0	0.4～0.6
无锡某再生水厂 B	＜5	0.11～0.24		6.3E+02～1.5E+03	0.57～1.18
城市非饮用水标准	≤30	冲厕、洗车≤5		≤3	接触 30min≥1.0

由表 5-23 可以看出，无锡再生水厂 A 出水色度、浊度较好，这主要是由于再生水厂进水水质较好，保证了出水水质的稳定。与城市非饮用水水质标准相比较，大部分再生水

厂出水达到了城市非饮用水水质标准。北京某再生水厂 A、银川某再生水厂以及无锡再生水厂 B 出水中总大肠菌群偏高，已经超出城市非饮用水水质标准。

通过分析各再生水厂进出水水质指标的变化，结合现行的相关标准，分析再生水用于城市非饮用水的水质安全性。表 5-24 是再生水厂进水水质指标范围，表 5-25 是《城镇污水处理厂污染物排放标准》（GB 18918—2002）。表 5-26 是再生水厂出水水质指标范围。

表 5-24　再生水厂进水水质范围

指标	色度/度	浊度/NTU	嗅	总大肠菌群/(个/L)	总余氯/(mg/L)
范围	≤35	≤13.1	无不快感	7.0E+3～9.69E+6	—

表 5-25　城镇污水处理厂污染物排放标准 mg/L（摘自 GB 18918—2002）

序号	基本控制项目	一级 A 标准	一级 B 标准
1	BOD_5	10	20
2	SS	10	20
3	阴离子表面活性剂	0.5	1
4	色度（稀释倍数）	30	30
5	pH	6～9	
6	粪大肠菌群数/（个/L）	10^3	10^4

表 5-26　再生水厂出水水质范围

指标	色度/度	浊度/NTU	嗅	总大肠菌群/（个/L）	总余氯/（mg/L）
范围	＜27	＜4.5	无不快感	＜1.0E+4	0.3～1.36

1）色度

所谓色度，就是表示以溶解状态或胶体状态存在于水中的物质引起的淡黄色至黄褐色的深浅，规定 lL 水中加 1ml 色度标准溶液（1mg 铂和 0.5mg 钴）时所呈现的色为 1 度。从表 5-23 和表 5-25 中可以看出，在城市非饮用水水质标准和《城镇污水处理厂污染物排放标准》（GB 18918—2002）中，两者对色度规定的测定方法不一致，前者要求采用铂钴标准比色法，单位为度；后者采用的方法为稀释倍数法，单位为倍；两者之间的数值无法直接比较，一般情况下，稀释倍数法比铂钴标准比色法测得的数值大很多，这就要求城市污水处理回用工艺具有一定的脱色功能。

水体中显色物质是多种多样的，主要分以下几类：显色有机物、藻类和悬浮物、可溶性显色离子及其与有机物形成的螯合物等。经过污水再生工艺处理后，如混凝沉淀工艺，通过絮凝作用形成较大的絮体，经沉淀后将污染物质从水中去除，藻类、悬浮物、胶体有机物以及金属离子螯合物等都可在混凝沉淀中去除，表现为对真色和表色均有一定处理效果（周军等，2008）。

再生水厂出水色度小于 27 倍，表明出水中溶解性有机物质较低，对再生水管道没有不利影响。

2）浊度

《城市污水再生利用城市杂用水水质》（GB/T 18920—2002）标准中对浊度数值有所要求，《城镇污水处理厂污染物排放标准》（GB 18918—2002）中对 SS 有要求，浊度与 SS 不是一个概念，两者之间的关系需要深入研究才能得到。

浊度是水对光的散射和吸收能力的量度，与水中颗粒的数目、大小、折光率及入射光的波长有关。形成水的浊度的颗粒大小变动于 1nm～1mm，可分为三类：黏土颗粒最大直径约 0.002mm；由植物和动物碎片分解而成的有机颗粒；纤维状颗粒，如石棉等。二级出水中浊度或是经过混凝沉淀的作用，或是经生物代谢分解，或是被膜阻隔，再生水厂出水中浊度明显降低。

对比表 5-24 和表 5-26 可以看出，经过处理后，再生水浊度值均大大降低，出水浊度小于 4.5NTU，不会使管道内发生结垢及腐蚀现象。

3）嗅

《城市污水再生利用城市杂用水水质》（GB/T 18920—2002）标准中对嗅指标有要求，而《城镇污水处理厂污染物排放标准》（GB 18918—2002）对此没有明确要求。

再生水厂处理工艺对水中嗅味能够达到良好的去除效果，出水无不快感，表明水中矿物盐、腐殖质等有机物以及余氯都在合理的范围内，对再生水管网没有影响。

4）总大肠菌群

根据《城镇污水处理厂污染物排放标准》（GB 18918—2002）一级 A、一级 B 排放标准要求，每升粪大肠菌群数为 1000～10000 个，而且粪大肠菌群属于总大肠菌群的一部分。再生水厂进水，即污水处理厂二级出水符合污水排放标准。

表 5-26 中再生水厂出水总大肠菌群小于 10^4 个/L，对再生水管道基本没有不利影响。如果管网中微生物过多，在管网中沉积，形成生物垢，随着时间的延续，管道有效截面积缩小，在流量变化的情况下会产生脱落，直接威胁着水质安全。

微生物是影响再生水水质的主要因素，其原因与消毒效果有关，消毒工艺的选择对总大肠菌群的影响较大。典型的再生水工艺本身对微生物的去除作用有限，因此，保证卫生学指标主要依靠消毒工艺。但是消毒后的效果有时并不理想，可能主要是由三个方面原因引起的。首先是消毒剂的剂量不足，不能起到有效的消毒作用；其次是虽然使用了大量的消毒剂，但由于作用时间不充分或消毒剂没有充分溶解混匀，同样消毒效果不理想；最后是一些生产企业不做消毒效果监测，并且不能科学使用消毒剂（宫飞蓬等，2011）。为此为了充分考虑消毒副产物的影响，建议使用消毒剂的剂量要科学合理，既要保证消毒效果，又要尽量减少由于消毒产生的副产物对环境造成的二次污染。对于城市非饮用水等对卫生学指标要求较高的用户，一方面可以适当增加消毒药剂的投加量，另一方面可以选择不同消毒方式，如液氯、紫外、二氧化氯、次氯酸钠、超声波等组合。

5）总余氯

再生水厂出水总余氯过低会导致铁细菌、硫酸盐氧化菌和硝酸盐氧化菌的滋生，这些细菌直接参与管材的微生物腐蚀过程。《城镇污水处理厂污染物排放标准》（GB 18918—2002）中对总余氯没有明确要求。表 5-26 中再生水厂出水总余氯为 0.3～1.36mg/L，余氯浓度较高，对再生水管道不会产生不利的影响。

目前，氯消毒仍是再生水的主要消毒方式。再生水需要足够的投氯量并延长消毒时间，以保证病毒或寄生虫卵灭活或死亡。再生水厂出水自由氯控制在 0.2mg/L，总余氯控制在 0.5mg/L 以上能够显著控制总大肠菌群的再生长繁殖。出水总余氯在《城市污水再生利用 城市杂用水水质》（GB/T 18920—2002）标准中，规定接触 30min 后≥1.0mg/L。

2. 建议性指标

在《城市污水再生利用城市杂用水水质》（GB/T 18920—2002）标准和《城镇污水处理厂污染物排放标准》（GB 18918—2002）中都没有关于对内分泌干扰物的要求。但是，内分泌干扰物已经广泛存在。周海东等对北京市三个污水处理厂进、出水中内分泌干扰物的浓度研究表明，污水处理厂出水中最高的物质是 BPA、EE2，分别为 56～140ng/L、78～115ng/L（周海东等，2009）。曹仲宏等对天津市连续膜过滤-O_3 工艺再生水厂出水进行检测，发现了 9 种典型内分泌干扰物。

再生水厂进出水中内分泌干扰物（EDCs）的浓度变化范围见表 5-27。

表 5-27　再生水厂进出水中内分泌干扰物浓度的变化范围

EDCs	E1	E2	EE2	OP	NP	BPA
水厂进水	0.22～253.8	N.D.～64.3	N.D.～112.4	0.66～103.7	4.4～7649	N.D.～1180
水厂出水	N.D.～2.1	N.D.～2.03	N.D.～3.72	N.D.～1.2	N.D.～25	N.D.～11

从表 5-27 中可以看出，再生水厂进水内分泌干扰物浓度差别较大，出水中内分泌干扰物浓度大幅下降。再生水处理工艺的差异对内分泌干扰物的去除影响明显，采用膜工艺的再生水厂内分泌干扰物去除率可以达到 85%以上。在对北京采用 UF+O_3 和 MBR+RO 工艺的再生水厂进出水中 EDCs 变化研究表明，出水中雌二醇当量浓度（EEQ）低于 YES 法（重组酵母雌激素活性筛检法）检出范围，这两种工艺均可降低再生水的环境风险，保障其使用安全（曹仲宏等，2005）。通过查阅文献可知，不同类型的雌激素类内分泌干扰物的毒性差异较大（陈虎等，2014），因此，需要对雌激素类内分泌干扰物的内分泌干扰性进行评价。

由再生水厂出水中 EDCs 的浓度变化范围计算再生水厂出水中 EDCs 的内分泌干扰性，如表 5-28 所示。

表 5-28　再生水厂出水中 EDCs 的内分泌干扰性 EEQ　　单位：ng/L

EDCs	E1	E2	EE2	OP	NP	BPA
范围	0～0.31	0～2.03	0～1.74	0～6.31E−4	0～2.50E−2	0～1.72E−4
均值	0.12	0.43	0.11	3.11E−4	1.15E−2	8.41E−5
∑EEQ	最大值为 0.67					

再生水厂出水中 EEQ 为最大值 0.67ng/L，小于 1ng/L，生态风险和健康风险小。生物毒性评估表明水厂出水如不经过有效处理，出水 EEQ 大于 1ng/L，会导致人类和野生动物的内分泌系统、免疫系统、神经系统出现异常现象，甚至还会严重干扰人类和动物的生殖遗传功能的风险。

周海东等（2007）研究发现来自二沉池出水中的 EEQ 为 8.3ng/L，具有较高的水平，经过 UF 后，降低至 2.5ng/L 左右，在 O_3 出水中，EEQ 已低于 YES 方法的检出范围，检测结果表明，UF+O_3 工艺具有较好的降低雌激素活性的能力。也有研究说明，O_3 消毒对降低污染水体中的环境内分泌干扰物的健康风险效果令人满意，O_3 消毒深度处理能有效降低影响健康的风险（蒋以元等，2008）。

相对于 O_3 消毒工艺，氯消毒有时表现出了一些不利的影响。胡建英和杨敏（2001）已证实自来水消毒工艺所使用的一些氯消毒剂能与部分 EDCs 发生反应，生成毒性更强的消毒副产物，如双酚 A 能在氯氧化过程中生成内分泌干扰活性更高的副产物，天然有机物腐殖酸因其具有类 E2 结构也具有一定的内分泌干扰活性，经氯消毒后其内分泌干扰活性也能升高。饶凯锋等（2004）对南、北方水厂的研究也发现，原水经混凝、氯消毒等传统工艺处理后其出水仍具有一定内分泌干扰活性，甚至有时较进水有升高现象发生。

5.1.4 工艺安全性分析

1. 混凝沉淀过滤工艺

以北京市采用混凝沉淀工艺的某再生水厂的实际出水水质为例，分析其出水供给电厂循环冷却水的安全性影响。该再生水厂的主体工艺流程见图 5-5，进水水质为上游污水处理厂基本达到一级 B 的排放标准。

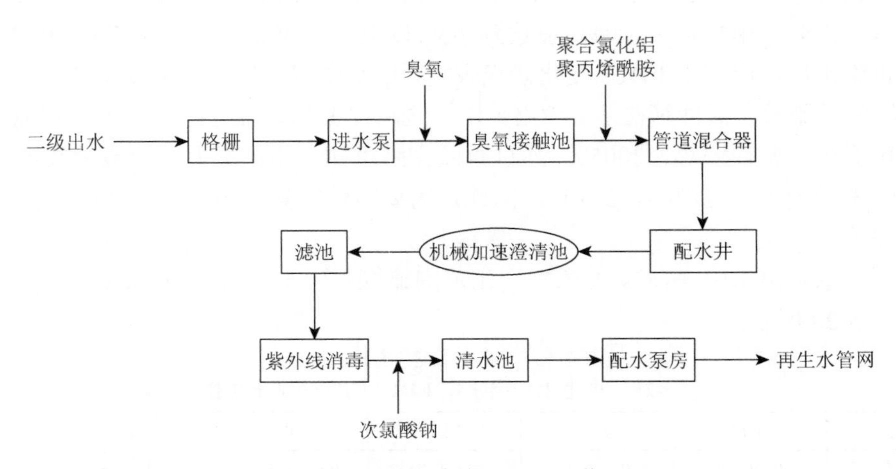

图 5-5 某再生水厂处理工艺

该工艺在 2009～2012 年年平均出水数值与循环冷却水水质比较见表 5-29。

表 5-29　混凝沉淀过滤工艺再生水厂出水水质与循环冷却水水质要求对比表

序号	控制项目	敞开式循环冷却水系统补水	再生水厂出水		备注
			平均值	范围	
1	pH	6.5～8.5	7.47	7.25～7.67	
2	悬浮物 (SS)/(mg/L)	—	＜5		＜5 为检出限
3	浊度/NTU	≤5	0.79	0.36～1.13	
4	色度/度	≤30	11.77	5.81～16.45	
5	生化需氧量 (BOD_5)/(mg/L)	≤30	2.9	＜2～5.88	
6	化学需氧量 (COD)/(mg/L)	≤60	21.52	17.3～33.46	
7	铁/(mg/L)	≤0.3	0.08	＜0.03～0.2	＜0.03 为检出限
8	锰/(mg/L)	≤0.1	0.05	＜0.01～0.1	＜0.01 为检出限
9	氯离子/(mg/L)	≤250	116.48	78.5～146.5	
10	二氧化硅/(mg/L)	≤50	13.0	9.6～17.6	
11	总硬度(以 $CaCO_3$ 计)/(mg/L)	≤450	283.1	223.0～328.0	
12	总碱度(以 $CaCO_3$ 计)/(mg/L)	≤350	202.31	124～286	
13	硫酸盐/(mg/L)	≤250	—	—	
14	氨氮(以 N 计)/(mg/L)	≤10a	4.51	0.43～10.31	
15	总磷(以 P 计)/(mg/L)	≤1	0.47	0.08～2.26	
16	溶解性总固体/（mg/L）	≤1000	593.36	552.0～627.0	
17	石油类/(mg/L)	≤1	0.05	＜0.02～0.09	＜0.02 为检出限
18	阴离子表面活性剂/(mg/L)	≤0.5	0.07	0.05～0.10	
19	余氯/(mg/L)	≥0.05	0.69	0.34～1.86	
20	粪大肠菌群/(个/L)	≤2000	30.55	＜3～70	＜3 为检出限

从表 5-29 中可以看出，该再生水厂混凝沉淀过滤工艺的出水水质完全能符合循环冷却水水质的要求，各项数值都在冷却用水水质要求范围内。

根据全国其他调研城市及资料检索得知，全国其他使用混凝沉淀过滤工艺的再生水出水水质也基本能符合再生水水质标准（韩玉珠和马青兰，2011）。根据以上实际情况，可以得出结论，混凝沉淀过滤工艺出水水质能满足循环冷却水水质要求。该工艺用于循环冷却水有以下几种优势：①工艺成熟，运行稳定可靠；②投资运行费用低；③对浊度和悬浮物等指标去除效果好。

此外，由于各地的实际情况不同，该工艺用于循环冷却水也存在一些问题。一些沿海城市，如营口，存在海水倒灌原因造成进水氯离子含量较高，局部地区可达到 9000～10000mg/L。营口西部污水处理厂再生水全年出水氯离子指标偏高，其中 8 个月达 400mg/L 左右，4 个月高达 600mg/L，与电厂签订合约氯离子指标为 450mg/L。“老三段”处理工艺对于氯离子去除效果较弱，这类地区应根据实际情况，在再生水厂或循环水用户端增加处理水中氯离子的工艺。有些城市，如营口、大连、太原、银川等，污水处理厂来水中含有部分工业生产污水，如化工厂、印染厂的排放水等，来水中氯离子、氨氮及色度等一些指标偏高，也对再生水厂出水水质造成一定的影响。对于这种情况，应该控制工业企业排入下水道水质要求，满足再生水工艺进水水质要求。另一个解决方式是在再生水厂或用户端增加去除此类物质的工艺或工段（叶雯和刘美南，2002）。

2. 膜处理工艺

北京市某再生水厂采用超滤膜工艺，其出水供应于电厂循环冷却水，主要工艺具体如图 5-6 所示。

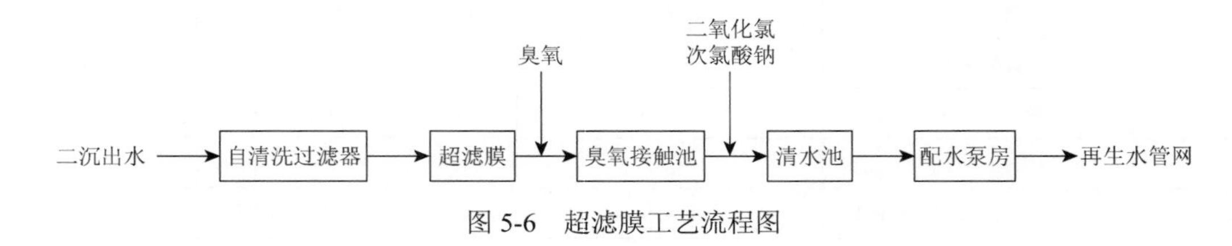

图 5-6 超滤膜工艺流程图

该再生水厂自从 2008 年开始向工业用户供应循环冷却水，运行一直稳定，出水水质稳定，得到了用户的认可。该厂从 2009～2010 年出水水质平均值及范围与循环冷却水水质标准对比见表 5-30。

表 5-30 超滤膜工艺再生水厂出水水质同循环冷却水水质要求对比表

序号	控制项目	敞开式循环冷却水系统补水	某再生水厂		备注
			平均值	范围	
1	pH	6.5～8.5	7.01	6.9～7.27	
2	SS/(mg/L)	—	<5	<5	<5 为检出限
3	浊度/NTU	≤5	0.50	0.24～0.74	
4	色度/度	≤30	9.66	5.94～13.45	
5	BOD_5/(mg/L)	≤30	2.67	<2～4.22	<2 为检出限
6	COD/(mg/L)	≤60	18.03	13.55～30.62	
7	铁/(mg/L)	≤0.3	0.07	0.05～0.14	<0.03 为检出限
8	锰/(mg/L)	≤0.1	0.05	0.03～0.07	<0.01 为检出限
9	氯离子/(mg/L)	≤250	113.06	84.4～153	
10	二氧化硅/(mg/L)	≤50	13.61	9.87～18.7	
11	总硬度 (以 $CaCO_3$ 计)/(mg/L)	≤450	293.75	240～393	
12	总碱度 (以 $CaCO_3$ 计)/(mg/L)	≤350	184	144～212	
13	硫酸盐/(mg/L)	≤250	—	—	
14	氨氮(以 N 计)/(mg/L)	≤10a	1.87	0.61～5.98	
15	总磷(以 P 计)/(mg/L)	≤1	0.12	0.05～1.03	

续表

序号	控制项目	敞开式循环冷却水系统补水	某再生水厂		备注
			平均值	范围	
16	溶解性总固体/(mg/L)	≤1000	596.19	546.4～644.67	
17	石油类/(mg/L)	≤1	0.04	0.02～0.11	<0.02为检出限
18	阴离子表面活性剂/(mg/L)	≤0.5	0.07	0.04～0.12	
19	余氯/(mg/L)	≥0.05	0.17	0.08～0.27	
20	粪大肠菌群/(个/L)	≤2000	<3	<3～11.86	<3为检出限

通过以上数据分析，可以看出，超滤膜工艺出水水质基本都能满足循环冷却水水质标准要求，而且一直很稳定。

膜工艺特点应用于工业用户循环冷却水补充用水时，具有以下优点：①运行稳定；②自控程度高；③能完全去除细菌和病毒等微生物，减少消毒剂使用量；④对悬浮物、浊度、有机物有很好的去除能力；⑤占地小，出水水质好。膜工艺的缺点主要是投资、维护成果高；膜污染问题随着运行时间逐渐严重等（张玲玲和顾平，2008）。

在各地调研时发现，膜工艺除了应用于将污水处理厂出水处理为供循环冷却水外，有些企业增加反渗透或离子交换工艺将再生水进一步处理为锅炉用水，替代新鲜水源，取得了很好的效果。

3. 生物处理工艺

再生水处理工艺中的生物工艺主要应用模式为曝气生物滤池工艺（BAF）。典型的用于工业用户循环冷却水的水厂出水水质见表5-31。

表5-31　BAF工艺再生水厂出水水质与循环冷却水水质要求对比表

序号	控制项目	敞开式循环冷却水系统补水	大连某再生水厂	银川某再生水厂	备注
1	pH	6.5～8.5	6.0～8.5	7.76（7.01～8.22）	
2	SS/(mg/L)	—	5		
3	浊度/NTU	≤5		4.51（0.59～5.36）	
4	色度/度	≤30		4（3～5）	
5	BOD_5/(mg/L)	≤30	10	2.74（0.4～9.0）	
6	COD/(mg/L)	≤60	30	204.08（111～373）	
7	铁/(mg/L)	≤0.3	0.1	0.15（0.08～0.3）	
8	锰/(mg/L)	≤0.1			
9	氯离子/(mg/L)	≤250	150		
10	二氧化硅/(mg/L)	≤50			
11	总硬度(以$CaCO_3$计)/(mg/L)	≤450	150		

续表

序号	控制项目	敞开式循环冷却水系统补水	大连某再生水厂	银川某再生水厂	备注
12	总碱度 (以 $CaCO_3$ 计)/(mg/L)	≤350	300		
13	硫酸盐/(mg/L)	≤250			
14	氨氮(以 N 计)/(mg/L)	≤10[a]	1	8.77（2.3～15.8）	
15	总磷(以 P 计)/(mg/L)	≤1	0.1		
16	溶解性总固体/(mg/L)	≤1000	800	957（920～981）	
17	石油类/(mg/L)	≤1	0.5		
18	阴离子表面活性剂/(mg/L)	≤0.5		0.22（0.093～0.38）	
19	余氯[b]/(mg/L)	≥0.05	0.5		
20	粪大肠菌群/(个/L)	≤2000		未检出	

注：a 当敞开式循环冷却水系统换热器为铜质时，循环冷却系统中循环水的氨氮指标应小于 1mg/L；
b 加氯消毒时管末梢值

某再生水厂工艺为生物陶粒技术。氨氮进水水质为 15～20mg/L，总氮为 20mg/L，出水色度小于 20 倍，SS＜5mg/L。某再生水厂设计出水指标见表 5-32。

表 5-32　某再生水厂设计出水指标

序号	水质指标	限值
1	色度	≤15
2	pH	6.5～8.5
3	NTU	≤5
4	SS	≤5
5	TDS	≤1000
6	总硬度	≤400
7	总碱度	≤250
8	钙	≤100
9	镁	≤50
10	铜	≤0.1
11	铝	≤0.1
12	铁	≤0.3
13	氧化物	≤100
14	硫酸根	≤250
15	二氧化硅	≤50
16	氨氮	≤15
17	石油类	≤1.0
18	COD	≤30
19	BOD	≤10
20	余氯	≤0.3～0.5
21	细菌总数	100 个/L

通过再生水厂数据分析，可以看出，曝气生物滤池工艺出水基本能满足工业循环冷却水用水水质。

在实际运行中，曝气生物滤池工艺出水回用于工业用户有以下优点：①抗冲击负荷能力强；②能进一步去除来水中的氨氮和总氮。由于曝气作用，可以将水中的氨氮转化为硝态氮；反硝化滤池，通过投加碳源，进行反硝化，将硝态氮还原为氨气，从而有效去除总氮；③能进一步去除有机物，如 BOD、COD 等。由于填料上附着生物膜，能进一步降解有机物。缺点是基建投资大，运行管理复杂，运行费用高（谢旭东等，2007）。

总之，曝气生物滤池更适合于污水处理厂出水排放水质不稳定，有机物、氮磷有超标情况的地区。

4. 三种处理工艺去除率比较分析

以下按指标类别就三种典型再生水处理工艺进、出水水质情况分别进行对比分析，主要分为感官类指标、营养盐类指标、有机物指标、金属离子及无机盐类指标和卫生学指标等。

1）感官类指标

通过对比分析表 5-33 可以看出，三种工艺对悬浮物的去除效果都非常好，出水悬浮物均小于 5mg/L。三种工艺中，膜工艺对浊度去除效果最好，混凝沉淀过滤工艺及膜工艺对色度均无去除效果，曝气生物滤池工艺对色度去除效果最好。

表 5-33 感官类指标对比表

序号	水质指标	单位	典型工艺		
			混凝沉淀过滤工艺	膜工艺	曝气生物滤池工艺
1	色度	倍	10	10	4
2	浊度	NTU	0.64	0.41	4.51
3	悬浮物	mg/L	<5	<5	<5

2）营养盐类指标

通过对比分析表 5-34 可以看出，曝气生物滤池工艺对氨氮、总氮、总磷去除效果最好。膜工艺对氨氮、总氮、总磷基本无去除效果。混凝沉淀过滤工艺对总磷有一定的去除效果，而对氨氮、总氮基本无去除效果。

表 5-34 营养盐类指标对比表

序号	水质指标	单位	典型工艺		
			混凝沉淀过滤工艺	膜工艺	曝气生物滤池工艺
1	氨氮	mg/L	3.29	1.98	1.56
2	总氮	mg/L	13.03	15.99	11.12
3	总磷	mg/L	0.67	0.22	0.74

3）有机物指标

通过对比分析表 5-35 可以看出，三种工艺对有机物指标均有较好的去除效果。

表 5-35　有机物指标对比表

序号	水质指标	单位	典型工艺		
			混凝沉淀过滤工艺	膜工艺	曝气生物滤池工艺
1	BOD_5	mg/L	2.94	2.34	2.7
2	COD	mg/L	21.81	19.10	23.5
3	阴离子表面活性剂	mg/L	0.07	0.07	—
4	石油类	mg/L	0.05	0.04	—

4）金属离子及无机盐类指标

表 5-36　金属离子及无机盐类指标对比表

序号	水质指标	单位	典型工艺		
			混凝沉淀过滤工艺	膜工艺	曝气生物滤池工艺
1	铁	mg/L	0.08	0.07	—
2	锰	mg/L	0.05	0.05	—
3	总硬度	mg/L	283	292	480
4	总碱度	mg/L	202	179	191
5	溶解性总固体	mg/L	593	603	—
6	氯化物	mg/L	116	115	204
7	二氧化硅	mg/L	13.00	13.59	—

通过对比分析表 5-36 可以看出，混凝沉淀过滤工艺对金属离子及无机盐类均有一定的去除效果，曝气生物滤池工艺和膜工艺本身对该类指标基本无去除效果。

5）卫生学指标

通过对比分析表 5-37 可以看出，三种工艺对卫生学指标均有较好的去除效果。

表 5-37　卫生学指标对比表

序号	水质指标	单位	典型工艺		
			混凝沉淀过滤工艺	膜工艺	曝气生物滤池工艺
1	总大肠菌群	个/L	1.33 E+03	4.68+E3	—
2	粪大肠菌群	个/L	＜3	4	＜3
3	余氯	mg/L	0.77	0.17	—

6）其他指标

通过对比分析表 5-38 可以看出，三种工艺的出水 pH 和溶解氧指标均满足标准要求。

表 5-38　其他指标对比表

序号	水质指标	单位	典型工艺		
			混凝沉淀过滤工艺	膜工艺	曝气生物滤池工艺
1	pH	—	7.49	7.08	7.77
2	溶解氧	mg/L	10.08	12.79	—

5.2　输 配 环 节

本节从管网在输送再生水的过程中面临的风险（安全风险分析）和再生水水质在管网输送过程中的变化（水质安全性分析）两个方面进行了分析。在安全风险分析部分，从再生水输送管网风险、输送管网对再生水水质产生的污染风险两个方面总结了面临的风险；在水质安全性分析部分，以城市非饮用水为例，分析了再生水管网输配过程中的水质变化情况。

5.2.1　安全风险分析

1. 再生水输送管网风险

再生水中氯离子、无机盐、铁、悬浮物、病原微生物等污染物会造成管道壁腐蚀、管网末端堵塞、管线内壁结生污垢，从而缩短管线的使用寿命，降低管网输水能力，增加管网漏失率，增加故障率，从而对管网的安全运行造成危害。此外，再生水 pH 较高会造成管道内壁易于结垢；pH 较低时，水呈酸性，会造成输送管道内壁受到腐蚀。

2. 输送管网对再生水水质产生的污染风险

管网材质的不同对水质的影响程度也不同。钢管输水对水质影响较小，但是投入费用较高；目前再生水管网管道一般选取球墨铸铁内衬水磨砂浆管材；铁管与预应力钢筋混凝土管（PPCP 管）需对管道内壁做相应处理（李靖和周君，2010）。

5.2.2　水质安全性分析

再生水在管网输配过程中，与管道内壁和附属设备内表面接触会发生许多复杂的物理、化学和生物反应，从而不可避免地导致水质发生不同程度的变化。此外，如果管网系统疏于维护而出现管漏，将导致管道封闭性降低，输配系统极易遭受外界污染。一般来说，导致管网水质变化的一个重要问题是输配过程中微生物在管网系统内的生长繁殖或外界微生物、致病菌的入侵（张本赫和刘显智，2009）。

如果管内发生腐蚀、沉淀及结垢的情况，结垢层的厚度和管道输配水的年限（管龄）有关，随着时间的延续，管道有效截面积缩小，在流速和水流紊动程度发生变化的情况下会产生脱落，直接威胁着水质安全（胡洪营等，2005）。

再生水城市非饮用水管网输配水质指标是满足缺水城市对城市非饮用水的迫切需要而制定的一个安全、可靠、实用的污水再生利用的量化依据。感官性指标、卫生学指标以及建议性指标是为保障再生水使用区域的公众健康，反映了城市非饮用水的人的感官接受能力和生物毒性等生态安全。

1. 感官性指标和卫生学指标

感官性指标和卫生学指标，在再生水管网输配过程中的水质变化见表 5-39。

表 5-39　再生水厂管网输配过程水质变化

再生水厂	色度/度		浊度/NTU		嗅	总大肠菌群/(个/L)		总余氯/(mg/L)	
	水厂出水	管网末端	水厂出水	管网末端	管网末端	水厂出水	管网末端	水厂出水	管网末端
某再生水厂 A	5～20	5～15	0.4～1.6	0.4～1.4	无不快感	—	—	—	—
某再生水厂 B	—	—	0.3～0.9	0.3～1.2	无不快感	$<1\times10^2$	$<4.4\times10^5$	0.8～1.7	0.1～0.3

从表 5-39 中可以看出，再生水在管网输配过程中嗅味基本没有变化，色度、浊度变化不大，总大肠菌群数明显增多，总余氯下降。卫生学指标的恶化增大了再生水利用的安全风险。总大肠菌群数的增加是由于管线输送路程长，且沿线用户少，流速缓慢，余氯被消耗，微生物滋生。同时，浊度略有升高，而浊度会促进细菌的生长繁殖。余氯的持续下降是水中氯与各种杂质发生化学反应发生衰减引起的。余氯的衰减既包括管道紊流水中氯与各种杂质发生化学反应的自然衰减，也包括与管壁上“生长环”的反应衰减（Urkiaga et al.，2008）。

通过再生水厂管网输配过程中的水质变化，结合现行城市非饮用水水质标准，分析再生水回用于用户的水质安全性。表 5-40 是管网输配过程中水质变化与《城市污水再生水利用城市杂用水水质》（GB/T 18920—2002）标准中相应指标的对比。

表 5-40　再生水管网输配过程水质变化范围

项目	色度/度		浊度/NTU		嗅	总大肠菌群/(个/L)		总余氯/(mg/L)	
	水厂出水	管网末端	水厂出水	管网末端	管网末端	水厂出水	管网末端	水厂出水	管网末端
范围	5～20	5～15	0.3～1.6	0.3～1.4	无不快感	$<10^2$	$<4.4\times10^5$	0.8～1.7	0.1～0.3
标准	—	≤30	—	冲厕、洗车≤5	无不快感	—	≤3	—	≥0.2

由表 5-40 可以看出，管网末端色度、浊度、嗅均达到城市非饮用水水质标准，总大肠菌群和总余氯值有不达标的情况。管网中总大肠菌群和总余氯的变化是由于再生水输配过程中停留时间过长，导致管网中的微生物繁殖生长，同时水中总余氯持续下降。如果再

生水回用于城市非饮用水，需要做进一步的深度处理，或者调整生产工艺，以达到用户对水质的要求。

1）色度

色度、嗅以及浊度会引起人体感官的不适。色度过高会对感官产生不良影响，降低城市非饮用水水体的美学价值。再生水厂出水以及到达管网末端时的再生水色度均达到城市非饮用水标准，不会产生感官上的不适。

色度主要是由溶解在水中的有机污染物质以及胶体物质形成的。管网中再生水色度的变化与管网材质也有一定的关系，如从铁管道中溶解出来的铁离子所生成的胶体化合物会引起水的淡黄色至黄褐色。经过污水再生处理系统后，再生水厂出水的色度稳定，没有随管网输配而发生较大变化（Hallam et al.，2002）。色度在管网中基本没有变化，说明再生水中致色有机物质没有太大变化，到达管末用户端，色度指标安全。

2）浊度

再生水厂出水以及管网末端再生水中的浊度都达到了城市非饮用水利用水质标准。

水的浊度是表达水中不同大小、相对密度、形状的悬浮物、胶体物质、浮游生物和微生物等杂质对光所产生效应的表达语，它并不直接表示水样中各种悬浮物、胶体物质、浮游生物和微生物等杂质的含量，但与其存在的数量是相关的，因此，对人类健康具有重大意义。

现代的观点认为，浊度不仅是一项替代水中颗粒物质含量的感观性水质指标，也是与微生物相关的代表卫生安全性的水质指标。美国饮用水标准已将浊度归类为微生物学指标，并提高了滤后水浊度合格率的要求。有报道大量微生物积聚形成的浑浊水，如管网中铁细菌的碎屑，管网水的化学不稳定性及生物不稳定性导致管道腐蚀，会使管网水浊度增加（童祯恭和刘遂庆，2005）。

浊度的另一主要问题是影响消毒，削弱消毒剂对微生物的杀灭作用。浊度会促进细菌的生长繁殖，因为营养物质吸附在颗粒的表面上，因而使附着的细菌较那些游离的细菌生长繁殖更快，并增加需氯量与需氧量。游离氯为0.1～0.5mg/L，接触至少30min的水中曾发现大肠杆菌；浑浊水中余氯为0.35mg/L以上时，发现艾氏大肠杆菌的存在。中国城市非饮用水水质标准中规定冲厕与车辆冲洗的浊度限值是5NTU，严于城市绿化等用途标准（Edwards，2004）。但是，再生水管网末端浊度达0.3～1.4NTU，水质较好，同时考虑浊度会影响消毒的效果，因此，为了更好地保障再生水利用的安全性，应适当严格浊度指标。例如，美国环保局《污水再生利用指南》（2004年版）规定非限制性城市非饮用水和非限制性娱乐用水的浊度限值为2NTU。

3）嗅

嗅，与色度和浊度一样，是保证再生水美学价值和公众接受程度的前提条件，也是最直接的影响因素。再生水在管网输配过程中没有产生令人不愉快的嗅味，感官性较好。

嗅味主要是由排入水体的无机物、化学制品及溶解性的矿物盐、腐殖质等有机物以及投氯过量引起的。再生水输配过程中余氯量一般是逐渐减少的，到达用户时的水质不会由于过量余氯而导致刺激性气味（石晔等，2012）。此外，其他因素的影响也较小。因此，到达管网末端用户再生水不会有异味。

4）总大肠菌群

再生水的风险主要由其中的微生物和化学物质含量控制，对于再生水的大多数用途来说，必须考虑病原生物对人体健康的影响，尤其当再生水用于与人体接触可能性较大的城市非饮用水时，必须考虑再生水的卫生学指标对人体健康的影响。

经研究发现，如果以城市非饮用水为目的，再生水管网末端总大肠菌群指标出现超标的情况，可能会带来一些健康风险。在经济技术可行的情况下，需要做进一步的深度处理，或者调整生产工艺、优化消毒技术。如天津纪庄子再生水厂工业区段回用工艺为超滤+反渗透+消毒，而居民区段回用于小区等地方城市非饮用水工艺为混凝（PAC，投加量约6mg/L）+沉淀+连续微滤膜过滤（孔径为0.2μm）+氯消毒（液氯，投加量为8～10mg/L），并在氯消毒之前投加臭氧（投加量为1～3mg/L）（庞宇辰等，2014）。

另一方面，可以适当降低标准的要求。目前的再生水处理和消毒技术要达到《城市污水再生利用城市杂用水水质》（GB/T 18920—2002）对总大肠菌群3个/L的要求需要投加大量的消毒剂，增加了再生水的处理成本以及再生水中的消毒副产物，并且过量的余氯也会影响再生水在景观、绿化方面的使用。宫飞蓬等从理论评价到实际结合再生水厂运行数据的研究结果也说明该指标对总大肠菌群数的要求过于严格。他们建议以粪大肠菌群数作为再生水卫生学指标，根据目前再生水回用过程水质要求较高的标准《城市污水再生利用地下水回灌水质》（GB/T 19772—2005）建议将粪大肠菌群数限值定为≤3个/L（宫飞蓬等，2011）。

管网中总大肠菌群的增多与再生水厂消毒工艺有关，此外，管网中微生物的生长繁殖与出厂水含有一定的有机物有密切关系。王海波等研究发现再生水在输配过程中DOC（溶解性有机碳）的变化是由于管网微生物会利用有机物进行生长繁殖，从而造成管网进出水微生物指标的变化，证明管网中微生物的生长繁殖与出厂水含有一定的有机物有密切关系。对再生水厂处理工艺的选择，既要能有效去除水中有机物，又要考虑合理有效的消毒技术。因此，总大肠菌群作为卫生学控制指标，将有利于保障再生水使用的卫生安全。

5）总余氯

表5-40中再生水厂管网末端再生水，总余氯为0.1～0.3mg/L，而城市非饮用水质标准限值要求管网末端总余氯≥0.2mg/L。管网末端再生水中总余氯会出现不达标的情况，如果再生水供给城市非饮用水用户使用，将带来一定的健康风险。管网中总余氯量较低，可能无力抑制管网中微生物的生长，可以通过中途加氯等方法，保证管网末端一定余氯量，保障再生水城市非饮用水用户的安全、健康使用。

再生水作为城市非饮用水，涉及人体卫生条件的保障问题，在中国目前的经济条件下，消毒方式主要以加氯为主。有关试验表明，加氯可以有效减少再生水中的大肠菌群。但是余氯过高，不仅会引起嗅觉上的刺激，而且由于加氯产生的消毒副产物，还会成为致癌因素（Noack and Doerr，1978）。此外，余氯过高，对城市绿化过程中的植被具有毒害作用，北京市再生水城市绿化要求管网末端余氯≤0.5mg/L。

根据城市非饮用水管网末端用户的不同，可以将总余氯指标分为城市绿化控制指标和非城市绿化控制指标。对于城市绿化总余氯控制指标，考虑余氯过高对植被的毒害作用，建议管网末端总余氯指标为 0.2～0.5mg/L。再生水余氯值超过 1mg/L，就会对环境产生较大的负面影响（Boccellia et al.，2003），所以对于非城市绿化总余氯控制指标，建议管网末端总余氯指标为 0.2～1mg/L。

总余氯在管网中的消耗受到许多因素的影响，包括：与管道水中有机物和无机物的反应；与管壁附着的细菌膜的反应；在管壁腐蚀过程中的消耗；在管壁与水流之间余氯的质量传输。余氯在再生水管网中的衰减相当迅速。管网末梢的管道直径一般在 50mm 以下，相应的节点水龄会进一步延长，余氯在 DN400 以下的管道中会出现持续衰减，为保证再生水的水质，城市非饮用水的再生水出厂时的余氯浓度应保持在 1～3mg/L。

2. 建议性指标

将生物毒性测试作为水质安全性评价的补充手段是当前水质评价的新趋势，并已被广泛应用。

生物毒性评估表明水厂出水如不经过有效处理，当出水 EEQ 大于 1ng/L 时，会导致人类和野生动物的内分泌系统、免疫系统、神经系统出现异常现象，甚至还存在严重干扰人类和动物的生殖遗传功能的风险。

再生水内分泌干扰性，与管网材质紧密相关。再生水在管网输送过程中存在二次污染，即有 EDCs 从管材中释放出来。包括以环氧树脂做保护膜的水管，会释放 BPA，衬塑管、塑料管、接头密封橡胶圈等可能会释放壬基酚、辛基酚、邻苯二甲酸酯类等。同时，再生水管网水中还存在一定量的余氯、微生物，余氯的氧化作用和微生物的降解作用对水中有机物浓度会产生影响，余氯以及微生物的作用可能会降低再生水中的内分泌干扰性，但是两者作用均较弱（Clark and Sivaganesan，2002）。因此，再生水经管网输配到管末用户端，内分泌干扰性会有增大的风险。

再生水经管网输配后，内分泌干扰性上升小于 44.9%，再生水厂出水中 EEQ 最大值为 0.67ng/L，则到达管网末端 EEQ 最大值＜0.97ng/L。当出水 EEQ＞1ng/L 时，存在影响人体健康的风险，因此，管网末端再生水 EEQ＜0.97ng/L 时，再生水的使用对人体健康和生态环境都是安全的。

5.3　使 用 环 节

本节对再生水用于景观环境用水、工业用水、农业、林业、牧业用水、城市非饮用水、地下水回灌用水的风险因子进行了筛选，并对再生水用于这些用途时对人体和环境健康产生的风险进行了分析。

5.3.1 景观环境用水

1. 风险因子选择

1）美国水质标准

美国非常重视再生水在景观环境方面的利用，国家级水质标准针对两大类利用类型规定了不同净化工艺和检测项目，此外，美国各州也制定了再生水利用标准。

美国国家再生水水质标准见表 5-41。

表 5-41　美国国家再生水水质项目（1992 年）

利用类型	处理要求	水质监测指标	监测频率要求
娱乐用蓄水池 允许偶然接触（如钓鱼和划船）和全身接触的再生水	二级处理 过滤 消毒	pH BOD 浊度 粪大肠菌群 最小余氯	pH　每周 BOD　每周 浊度　连续 粪大肠菌群　每日 余氯　连续
景观蓄水池 不允许公众与再生水接触的再生水	二级处理 消毒	BOD SS 风大肠菌群 最小余氯	BOD　每周 SS　每日 粪大肠菌群　每日 余氯　连续

夏威夷州很重视再生水利用，并制定了较为详细的水质标准，见表 5-42。

表 5-42　美国夏威夷州景观用再生水水质指标（2003 年）

<table>
<tr><th>利用类型</th><th>处理要求</th><th>水质指标及监测频率</th></tr>
<tr><td>限制性娱乐蓄水池</td><td>R-3 类再生水：未经消毒工艺的二级处理水</td><td rowspan="4">BOD　每周
余氯　连续
TSS　每日
BO　每日
浊度　连续
粪大肠菌群　每日</td></tr>
<tr><td>未设置装饰性喷泉的景观蓄水池</td><td>R-2 类再生水：经过二级处理和消毒工艺，消毒后出水中粪大肠菌群连续 7 日测定值的中值不超过 23 个/100ml，连续 30 日内的任意测定值不超过 200 个/100ml</td></tr>
<tr><td>设置装饰性喷泉的景观蓄水池</td><td rowspan="2">R-1 类再生水：再生水中的病毒和细菌病原体明显得到去除，始终经氧化、过滤，并经阳光照射的再生水。消毒后出水中粪大肠菌群连续 7 日测定值的中值不超过 2.2 个/100ml，连续 30 日内的任意测定值不超过 23 个/100ml，任何样品浓度不超过 200 个/100ml</td></tr>
<tr><td>装饰性喷泉</td></tr>
</table>

注：①限制性娱乐蓄水池是指仅限于进行钓鱼、划船和其他非人体接触水体娱乐活动的蓄水池；②景观蓄水池是指用于储存或再生水储存或没有公众接触的观赏水体，可用于景观灌溉或其他相似用途

该标准将景观用再生水分为 R-1、R-2、R-3 三大类，分别规定了不同的处理要求和水质指标。R-1 类景观用再生水水质要求最高，要求再生水中病毒和细菌病原体需明显得到去除，并经氧化、过滤，并经阳光照射；R-2 类景观用再生水水质要求居中，要求再生水经过二级处理和消毒工艺；R-3 类景观用再生水水质要求最低，可以为未经消毒工艺的二级处理水。

2）日本水质标准

日本建设省及东京用于景观环境的再生水水质指标见表5-43和表5-44。

表5-43　日本建设省再生水水质指标

利用类型	水质指标
用于改善环境景观用水	大肠菌群、BOD_5、pH、浊度、臭气、色度、外观
用于亲水用水	

注：改善环境景观用水是指住宅区用于人工建造的水池、喷泉和小溪等的水。亲水用水是指人可接触的水

表5-44　日本东京再生水水质指标

利用类型	水质指标
冲洗厕所用水	大肠菌群、余氯、外观、浊度、BOD_5、臭气、pH
改善环境景观用水	大肠菌群、余氯、外观、浊度、BOD_5、臭气、pH、MBAS、TP、TN、DO

注：MBAS：阴离子表面活性剂；TP：总磷；TN：总氮；DO：溶解氧

3）中国水质标准

中国目前执行的水质标准是《城市污水再生利用景观环境用水水质》（GB/T 18921—2002），具体水质检测项目见表5-45。

表5-45　中国再生水利用景观环境用水水质指标一览表

分类	序号	控制项目名称	序号	控制项目名称
基本控制项目	1	基本要求（无漂浮物，无令人不愉快的嗅和味）	8	总氮
	2	pH（无量纲）	9	氨氮（以N计）
	3	BOD_5	10	粪大肠菌群
	4	SS	11	余氯[a]
	5	浊度/NTU	12	色度（度）
	6	溶解氧	13	石油类
	7	总磷（以P计）	14	阴离子表面活性剂
选择控制项目	1～5	总汞、烷基汞、总镉、总铬、六价铬	37～39	乙苯、氯苯、对-二氯苯
	6～10	总砷、总铅、总镍、总铍、总银	40～41	邻-二氯苯、对硝基氯苯
	11～14	总铜、总锌、总锰、总硒	42	2，4-二硝基氯苯
	15～17	苯并（a）芘、挥发酚、总氰化物	43～44	苯酚、间-甲酚
	18～21	硫化物、甲醛、苯胺类、硝基苯类	45	2，4-二氯酚
	22	有机磷农药（以P计）	46	2，4，6-三氯酚
	23～25	马拉硫磷、乐果、对硫磷	47	邻苯二甲酸二丁酯
	26～28	甲基对硫磷、五氯酚、三氯甲烷	48	邻苯二甲酸二辛酯
	29～31	四氯化碳、三氯乙烯、四氧化碳	49	丙烯腈
	32～34	苯、甲苯、邻-二甲苯	50	可吸附有机氯化物（以Cl计）
	35～36	对-二甲苯、间-二甲苯		

a 氯接触时间不应低于30min的余氯。对于非加氯消毒方式无此项要求

与其他国家水质标准相比，中国再生水用于景观环境的水质指标没有对处理工艺作出相应的要求，但是增加了50项化学毒理指标的要求。

4）风险因子选择

综合分析美国、日本和中国景观环境用再生水水质标准，中国水质标准要求检测的水质项目范围更广，水质检测指标要求也较为严格，但是缺少对处理工艺的相关要求。

此外，对比中国《城市污水再生利用景观环境用水水质》（GB/T 18921—2002）标准与《地表水环境质量标准》（GB 3838—2002）得出，再生水水质标准的14个基本控制项目中pH、BOD_5、溶解氧、石油类和水温5个水质指标能满足地表水Ⅴ类水质要求；粪大肠菌群指标能够达到Ⅲ类水质要求；悬浮物、浊度、氨氮、余氯和色度5个水质指标未作要求，只有总磷、总氮和阴离子表面活性剂3个水质指标要求超出了Ⅴ类水质要求，其中，总氮指标要求超出幅度较大（刘祥举等，2011）。

在再生水水质达到景观环境利用标准的情况下，为防止景观环境水体富营养化，将总磷和总氮指标列为风险因子。此外，再生水用于景观环境时，应保障再生水使用区域的公众健康，因此，将气溶胶、病原微生物、挥发性有机物也列为风险因子。再生水用于景观环境时的风险因子见表5-46。

表5-46 再生水用于景观环境用水的风险因子列表

风险对象	风险因子
人体健康	气溶胶、病原微生物、挥发性有机物（VOCs）
环境健康	总磷、总氮

2. 人体健康风险

利用再生水的景观水体可以是全部采用再生水的人工水体，也可以是将再生水作为天然水体补充水的半人工水体。景观环境接受的水体不同，导致环境健康风险也不同；景观环境水体与人体接触的程度不同，造成的人体健康风险也相应不同。

《城市污水再生利用景观环境用水水质》（GB/T 18921—2002）标准中将再生水分为观赏性景观环境用水和娱乐性景观环境用水。观赏性景观环境用水指人体非直接接触的景观环境用水，包括不设娱乐设施的景观河道、景观湖泊及其他观赏性景观用水。娱乐性景观环境用水指人体非全身性接触的景观环境用水，包括设有娱乐设施的景观河道、景观湖泊及其他娱乐性景观用水。因人体与景观水体接触程度不同，面临的健康风险也不同（李春丽等，2005）。

1）气溶胶的危害风险

景观瀑布和人工曝气等利用方式都会产生气溶胶。气溶胶悬浮在空气中，直径小，可被人体吸入，病毒和多数致病菌的尺寸都在此范围内，因此，吸入气溶胶成为人体感染疾病的直接途径之一，会给人体健康带来风险。

2）病原微生物的危害风险

观赏性景观环境用再生水，由于所排放的河道、湖泊等水体中禁止设置娱乐设施，因此对人体健康的危害较少。娱乐性景观环境用再生水，允许与人体身体性接触（非全身性），再生水中含有的各种病原微生物可以通过皮肤接触感染疾病，从而对人体健康产生危害（佟魏等，2003）。此外，水中病原微生物通过附着在气溶胶上进入人体，导致呼吸道、肠胃等疾病，在人群聚集的游览景区造成的危害程度比较大。

3）挥发性有机物（VOCs）的危害风险

当再生水用于如景观瀑布等人体非直接接触方式的使用途径时，水中含有的各种挥发性、半挥发性有害物质通过挥发、喷溅等过程进入空气中，以气体或气溶胶的形式存在，从而导致景观瀑布附近产生异味。

再生水中挥发性有机物（VOCs）含量与原水的种类密切相关，若原水中包括有机类废水，就会使水中 VOCs 含量和种类增加。再生水利用过程有害 VOCs 挥发进入空气，主要通过呼吸途径进入人体内部器官，从而对人体健康产生危害。

3. 环境健康风险

1）总磷和总氮的危害风险

为保持河道水面景观，节约用水成本，景观水体一般流动性较差。缺水城市一般在市区河道筑砌橡胶坝，将河道中的水拦蓄其中，以保持水量能满足景观展示的需要。根据“八五”国家科技攻关项目（85-908-05-02-02）“城市污水回用于景观水体的研究”成果，夏季高温条件下的人工湖泊水体，若其静止时间超过 1d 就会出现影响水体观赏效果的富营养化问题。再生水中总氮、氨氮和总磷等营养物质是造成水体富营养化的主要因素，其含量较高时会加速河道、湖泊等缓流水体富营养化程度。

2）污染地下水的危害风险

由于地表水系与地下水系有不同程度的连通，人工河湖和自然河湖通过地表渗滤、岩溶通道，甚至人为开发的水井等方式补充地下水，因此，若地表水受到污染，与之相连的地下水系也面临被污染的风险。

自然地理和地质条件不同，地表水补充地下水的方式也不同，其中，岩溶通道的补充方式会使地表水和地下水转化迅速，如果地表水已被污染，那么被补充的地下水可能面临的污染风险也最大。

综合分析再生水用于景观环境的利用风险，其中，两个方面的风险应重点关注。第一，再生水用于娱乐性用水时，对人体健康产生的危害风险。例如，水景瀑布、喷泉等娱乐性景观用水，水中病原微生物、挥发性有机物通过附着气溶胶或直接接触皮肤，从而对人体健康产生危害，此类风险对于游客较为集中的景区发生概率更高，危害范围较广；第二，再生水用于景观环境造成水体富营养化的危害风险（李鑫等，2009）。水体中氮磷等营养物质过剩会导致藻类迅速生长，引发水华现象，破坏了水生态系统正常的生态结构，同时水面附着的水藻层阻断了水体与大气之间的物质流通，严重时会导致大量鱼类窒息死亡，水体伴有腥臭味产生，水生态环境恶化，最终水体丧失其利用功能，因此，水体富营养化危害程度较大。

5.3.2　工业用水

1. 风险因子选择

1）美国水质标准

美国再生水用于工业方面开展得较早，并制定了相关水质标准。其中，美国国家科学院针对直流冷却水和敞开式循环冷却系统用水制定了水质标准，具体的水质控制指标见表 5-47。

表 5-47　美国国家科学院再生水利用水质指标统计表

利用方向	水质控制指标
直流冷却用水	pH、COD_{Cr}、氯离子、二氧化硅（SiO_2）、硫酸盐、总硬度、总碱度、溶解性总固体
敞开式循环冷却系统用水	浊度、COD_{Cr}、铁、锰、氯离子、二氧化硅（SiO_2）、硫酸盐、总硬度、总碱度、石油类

2）日本水质标准

日本是工业国，为发展经济，节约水资源，政府大力发展污水再生利用工程，各大城市均规划并建设了“工业用水道”，此外还制定了再生水用于工业的水质标准，具体水质指标见表 5-48。

表 5-48　日本城市工业水道水质控制指标

城市名称	水质指标
工业水协会	pH、浊度、BOD_5、COD_{Cr}、氨氮、总硬度、总碱度、氯离子
东京工业水道	水温、pH、浊度、铁、氯离子、总硬度
川崎工业水道	水温、pH、浊度、蒸发残渣、氯离子、总硬度、总铁
名古屋工业水道	水温、pH、浊度、蒸发残渣、氯离子、总硬度、碱度、总铁

3）中国水质标准

中国针对工业用水对再生水水质要求制定了《城市污水再生利用工业用水水质》（GB/T 19923—2005）水质标准，具体水质指标见表 5-49。

表 5-49　中国再生水利用工业用水水质指标一览表

序号	项目名称	冷却水		洗涤用水	锅炉补给水	工艺与产品用水
		直流冷却水	敞开式循环冷却水系统补充水			
1	pH	√	√	√	√	√
2	SS	√	—	√	—	—
3	浊度/NTU	—	√	√	√	√

续表

序号	项目名称	冷却水		洗涤用水	锅炉补给水	工艺与产品用水
		直流冷却水	敞开式循环冷却水系统补充水			
4	色度/度	√	√	√	√	√
5	BOD_5	√	√	√	√	√
6	COD_{Cr}	—	√	—	√	√
7	铁	—	√	√	√	√
8	锰	—	√	√	√	√
9	氯离子	√	√	√	√	√
10	SiO_2	√	√	—	√	√
11	总硬度（以$CaCO_3$计）	√	√	√	√	√
12	总碱度（以$CaCO_3$计）	√	√	√	√	√
13	硫酸盐	√	√	√	√	√
14	氨氮（以N计）	—	√	—	√	√
15	总磷（以P计）	—	√	—	√	√
16	溶解性总固体	√	√	√	√	√
17	石油类	—	√	—	√	√
18	阴离子表面活性剂	—	√	—	√	√
19	余氯[a]	√	√	√	√	√
20	粪大肠菌群数	√	√	√	√	√

a 加氯消毒时管末梢值；“√”表示有此水质指标要求；“—”表示无此水质指标要求

在中国制定的标准中，没有对再生水的水温做出相关规定。

4）风险因子选择

再生水利用于工业时与其他利用方式不同。在利用过程中只有少数工作人员接触，公众接触的机会较少，再生水利用方向与生产工艺用水方式密切相连，因此，工业回用再生水风险因子分析按工业用水方式进行分类。

综合分析美国国家科学院、日本相关工业利用再生水的水质标准，并根据中国目前执行的相关水质标准，针对工艺安全和产品质量方面的影响，总结出再生水用于工业时的风险因子，见表5-50。

表5-50 再生水用于工业回用的风险因子列表

利用方向		风险因子	
		特有风险因子	共有的风险因子
冷却用水	直流冷却水	悬浮物、二氧化硅	pH、色度、BOD_5、氯离子、总硬度、总碱度、硫酸盐、余氯、溶解性总固体、粪大肠菌群
	敞开式循环冷却水系统补水	浊度、COD_{cr}、铁、锰、二氧化硅 氨氮总磷、石油类、阴离子表面活性剂	
洗涤用水		悬浮物、铁、锰	
锅炉补给水		浊度、COD_{cr}、铁、锰、二氧化硅、氨氮、总磷、石油类、阴离子表面活性剂	
工艺与产品用水			

2. 人体健康风险

再生水用于工业生产过程中，仅与少数工作人员接触，输送和利用过程中不会因扰动产生气溶胶，因此，对人体健康危害很小。

3. 环境健康风险

再生水用于工业生产时，对环境健康产生的风险主要来自两个方面。一是再生水输送过程中的泄漏对沿线生态环境的影响。工业用水量相对较大，输送距离远，穿越的地形复杂，一旦泄露会对沿线生态环境产生影响，也可能污染河流；二是工业用后的浓水排放对生态环境产生的影响。再生水参与工业冷却循环后，水中含盐量增高和水温升高，如果再生水参与工业工艺生产，水中会增加化学污染物质（田雄超和甄丽娟，2014）。因此，工业利用废水排放可能对自然生态环境造成危害。净水作为工业用水也存在相同风险，但是再生水中含有的污染物种类较多，成分复杂，浓缩后对环境的危害程度会增大。

4. 其他风险

1）工艺安全风险

工业生产中的不同行业，生产工艺存在很多差别，对水质的要求也有较大不同，面临的风险也不同。

（1）再生水中有机物浓度过高，会带来管道腐蚀、水垢增加和生物结垢的风险。

（2）再生水回用于锅炉用水时，非溶解性钙盐和镁盐易造成锅炉形成水垢；此外，给水的碱度过高会导致锅炉过热器、回热器和涡轮处出现沉淀。

（3）再生水用于冷却塔用水时，碱度过高会加速钙碳沉淀的形成，从而在热交换和塔池中形成沉淀物。

（4）再生水中氯化物、硫化物含量过高会腐蚀生产设备。

2）产品质量下降的风险

再生水中的可溶性固体含量过高可能会造成产品纯度达不到要求。例如，纺织行业对用水的水质要求较高，水质过硬会在纺织品上形成絮状沉淀，并且在使用肥皂清洗织品时可能产生问题。再生水中硝酸盐和亚硝酸盐的存在也会造成染色的风险。

综合分析再生水用于工业回用的各种风险，其中两个方面的风险需重点关注。第一是再生水利用对工艺安全和产品品质的影响。不同工业生产工艺对水质的要求不同，而且相差较大，对工艺安全和产品品质都存在很大风险。第二是再生水参与工业生产过程后，其排放对自然环境的影响。排放的再生水水温、含盐量、化学污染物对接纳的自然生态环境产生影响（王晓昌和金鹏康，2012）。

5.3.3　农业、林业、牧业用水

1. 风险因子选择

1）联合国粮食及农业组织水质标准

联合国粮食及农业组织规定了农业用水水质标准，检测项目见表 5-51。

表 5-51　联合国粮食及农业组织灌溉水质检测项目一览表

潜在的灌溉问题	检测项目
盐分（影响作物吸收水分）	电导率（ECW）或 TDS（溶解性总固体）
渗透性（影响水分渗透性）	电导率（ECW）、钠吸附率
特殊离子毒性	钠（Na）、氯化物（Cl）、硼（B）
复合效果	氮（硝态氮或氨态氮）、碳酸氢盐（HCO_3^-）
pH	6.5～8.4
痕量元素	铝、砷、铍、镉、钴、铬、铜、氟、铁、锂、锰、钼、镍、铅、硒、钒、锌

资料来源：R. S. Ayers & D. W. Westcot 农业用水水质——联合国粮食及农业组织 1985 年（罗马）

2）世界卫生组织（WHO）水质标准

WHO 建议处理后的污水再生用于农业灌溉时以大肠杆菌和肠线虫为微生物指示物，对于非人体直接接触的灌溉用水水质标准规定是 1000FC/100ml 和 1 个肠内寄生虫卵/L。对于公众草坪，WHO 建议采用更加严格的标准。

3）以色列国家水质标准

以色列农业大量使用再生水灌溉，国家有关部门制定了相应的水质标准，具体检测项目见表 5-52。

表 5-52　以色列再生水灌溉水质标准检测项目一览表

作物种类/主要作物	水质指标
A 类：棉花、糖用甜菜、谷物干饲料、种子、森林等	总 BOD_5、悬浮物、溶解氧、规定与居住区、铺设道路距离
B 类：青饲料、橄榄、花生、柑橘香蕉、扁桃、干果等	
C 类：果树、存储蔬菜、烹调及去皮蔬菜、绿化带、足球场、高尔夫球场	总 BOD_5、可溶 BOD_5、悬浮物、溶解氧、大肠杆菌、余氯、氯气处理时间
D 类：任何农作物、包括可生食的蔬菜、公园和草地	总 BOD_5、可溶 BOD_5、悬浮物、溶解氧、大肠杆菌、余氯、氯气处理时间、处理工艺要求为砂滤

以色列国家再生水灌溉标准针对四类农作物的灌溉分别制定了水质标准。同时对处理工艺、灌溉区与居住区和铺设道路的安全距离分别做了相应的规定。

4）中国水质标准

（1）农林牧业用水水质标准

中国农林牧业用水水质标准为《农田灌溉水质标准》（GB 5084—2005），控制项目包括基本控制项目和选择控制项目两类，针对水作、旱作和蔬菜三类农作物制定了相应的水质要求，水质检测项目见表 5-53。

表 5-53　农林牧业用水水质标准检测项目一览表

分类	序号	控制项目名称	序号	控制项目名称
基本控制项目	1	BOD_5	9	硫化物
	2	COD_{cr}	10	总汞
	3	SS	11	镉
	4	阴离子表面活性剂	12	总砷
	5	水温	13	铬（六价）
	6	pH	14	铅
	7	全盐量	15	粪大肠菌群数/(个/L)
	8	氯化物	16	蛔虫卵数
选择控制项目	1～4	铜、锌、硒、氟化物	10	丙烯醛
	5～6	氰化物、石油类	11	硼
	7～9	挥发酚、苯、三氯乙醛	—	

（2）再生水利用于农林牧业用水的水质标准

目前中国农林牧业用水再生水执行标准为《城市污水再生利用农田灌溉用水水质》（GB 20922—2007），具体检测项目见表 5-54。

表 5-54　中国再生水利用农田灌溉用水水质检测项目一览表

分类	序号	控制项目名称	序号	控制项目名称
基本控制项目	1	BOD_5	9～11	余氯、石油类、挥发酚
	2	COD_{cr}	12	阴离子表面活性剂/LAS
	3	SS	13～15	汞、镉、砷
	4	DO	16～17	铬（六价）、铅
	5	pH	18	粪大肠菌群数/(个/L)
	6	TDS	19	蛔虫卵数/(个/L)
	7～8	氯化物、硫化物	—	—
选择控制项目	1～4	铍、钴、铜、氟化物	14～16	三氯乙醛、丙烯醛、甲醛
	5～9	铁、锰、钼、镍、硒	17	苯
	10～13	锌、硼、钒、氰化物	—	—

分析《城市污水再生利用农田灌溉用水水质》（GB 20922—2007）中的检查项目与水质要求，除水温指标外，其他检测项目及指标要求均能满足《农田灌溉水质标准》

（GB 5084—2005）中规定的水质要求。

5）风险因子选择

与联合国粮食及农业组织、世界卫生组织、以色列国家制定的农业灌溉用再生水标准相比，中国执行的水质标准《城市污水再生利用农田灌溉用水水质》（GB 20922—2007）规定的检测项目范围更宽，个别指标限值甚至比其他国家的水质要求更严格。尽管再生水中污染物种类较多，利用中产生的风险也较多，但满足农田灌溉水质标准的再生水，其利用风险已被大大降低（成振华等，2007）。

由于中国再生水标准未对再生处理工艺、灌溉区与居住区和铺设道路的安全距离作出规定，并且考虑到土壤能够富集盐分、重金属等污染物的特性，再生水用于农林牧业用水仍然存在一定的风险。

因再生水处理中消毒工艺不同，再生水在输送或储存过程中存在被病原微生物污染的风险。病原微生物能够附着在灌溉的农作物上，通过食用直接进入人体，从而对人体健康产生危害，灌溉生食的蔬菜和瓜果等作物造成的危害影响更大（魏益华，2009）。因此，将病原微生物列为再生水用于农林牧业用水中的风险因子。

土壤能够截留并富集灌溉水中的盐分、重金属等污染物，尽管灌溉用水水质达标，但是从利用的长期性考虑，富集的污染物含量仍会不断升高，进而会影响土壤中作物的生长。因此，将盐分和重金属列为再生水用于农林牧业用水中的风险因子，其中，盐分含量用溶解性总固体值表征（黄冠华，2007）。

中国农林牧业用水再生水水质标准中未对水温项目做出要求，如果灌溉用水水温较高（高于 25℃），会伤害农作物的根茎。因此，将水温列为再生水用于农林牧业用水中的风险因子。

总结再生水用于农林牧业用水过程中的风险因子，见表 5-55。

表 5-55　再生水用于农林牧业用水时的风险因子

风险对象	风险因子
人体健康	病原微生物
环境健康	溶解性总固体、重金属、水温

注：溶解性总固体指标表征盐分的含量

2. 人体健康风险

再生水用于农业灌溉最重要的问题是人体健康危害风险问题，对人体健康产生危害的主要因子是病原微生物，包括沙门菌、霍乱弧菌、大肠杆菌等细菌，贾第鞭毛虫、隐孢子虫等原生动物，蛔虫、钩虫和绦虫等寄生虫，腺病毒和轮状病毒等病毒。这些病原微生物会导致肠胃等多种疾病，对人体健康造成较大的危害。

墨西哥 Mezqital 地区使用污水灌溉农田，灌溉面积为 85000hm^2，是世界上最大的污水灌区之一，该地区居民肠道疾病发病率明显高于其他地区，死亡率也高于全国平均水平，如表 5-56 所示。

表 5-56 墨西哥 Mezqital 地区居民感染肠道疾病的风险

暴露	居民患病率/%		
	蛔虫病（大于 5 岁）	蛔虫病（0～4 岁）	腹泻（1～4 岁）
低暴露	1.0	1.0	1.0
二级处理水	8.4	21.2	1.1
原污水	12.7	18.0	1.8

3. 环境健康风险

再生水用于农林牧业用水过程中，利用安全方面应重点考虑的因素包括再生水对土壤、作物以及邻近相连水体的危害，主要影响因子为溶解性总固体、重金属和水温等。

1）溶解性总固体的危害风险

（1）污染土壤

溶解性总固体（水中溶解性总固体含量为盐度）是决定再生水是否适用于灌溉的重要的指标之一。再生水中溶解性总固体含量直接影响到土壤的生产能力和土壤生态平衡。

盐度会影响土壤的渗透性，造成某些离子毒性和土壤理化性质的退化。盐度也会改变土壤的渗透压，进而影响植物对水分的吸收。此外，水中的盐分能够在土壤中积聚，随着时间的推移，高盐水灌溉的土地会呈现盐碱化趋势，使许多矿物质被固定化，不利于作物的吸收（魏益华，2009）。根据《污水再生利用指南》中的调查统计，世界上约有 23%的灌溉农田被盐分破坏。

溶解性总固体包括水中所有的离子，其中，钠离子对土壤理化性质会产生较大的影响。灌溉水中钠离子含量过高（Na^+：Ca^{2+}超过 3：1）会导致土壤分散以及结构坍塌，使得细小的土壤颗粒填充于土壤空隙中并封住土壤表面，致使水的渗滤速度明显降低（商放泽等，2013）。另外，钠离子会降低土壤结构的稳定性。

（2）农作物减产

再生水中溶解性总固体含量对农作物的影响很大，但是不同作物对盐度的耐受能力有很大差异。

盐分积累对处于发芽阶段的作物和幼苗的伤害最大。在该阶段，即使在较低的盐度条件下，也可能对作物产生较大伤害。盐度会影响土壤的渗透性，造成某些离子毒性和土壤理化性质的退化，最终可能导致作物生长速度变慢，产量下降，严重时会损伤农作物（魏益华，2009）。

再生水中钠离子、氯离子和硼离子等可以在土壤和植物中积累，从而对动物、作物和人体健康造成危害。作物对不同离子的敏感程度有很大差异。在高温、低湿的条件下，离子对作物的毒性作用尤为明显。用高盐度再生水浇灌树叶时，钠离子、氯离子可以被直接吸收，导致树叶损伤（商放泽等，2013）。

盐度会改变土壤的渗透压，进而影响作物对水分的吸收。在高盐度的情况下，作物需要消耗大部分的能量，通过自身的调节来获取充足的水分。这种情况下会导致可供作物生长的能量减少，进而影响作物的生长。在气候炎热、干燥以及水资源短缺的地区，盐度对作物生长的影响更为突出（魏益华等，2008）。此外，由于微灌系统的浇灌范围较小，盐分会在作物的浇灌范围内积累，浓度有可能升至对作物产生毒性的水平。

再生水含盐量小于500mg/L时，灌溉用水对农作物生长不会产生危害；含盐量在500～2000mg/L 时，灌溉用再生水会对土壤产生副作用；如果含盐量超过 2000mg/L 时，灌溉用再生水会严重影响作物的生长。

2）重金属富集

铍、钴、铜、钼、镍、硒等重金属会在再生水灌溉的过程中富集在土壤中，从而对土壤以及土壤中的作物造成影响。美国环保总局开展了有关灌溉用再生水中重金属对动植物和土壤影响的研究，研究结果详见表 5-57。

表 5-57　美国环保总局灌溉用再生水中重金属成分的影响

序号	元素名称	产生的影响
1	铝	会导致酸性土壤作物不产粮食。但在 pH 为 5.5～8.0 的土壤中会促使离子沉降，消除毒性
2	砷	对植物的毒性有很大的变化，从苏丹草的 12mg/L 至大米的 0.05mg/L
3	铍	对植物的毒性有很大的变化，从甘蓝菜的 5mg/L 至灌木豆的 0.5mg/L
4	硼	对植物生长很重要，当浓度为零点几毫克每升时效果最佳。对多数敏感植物（如柑橘）的毒性浓度为 1mg/L。通常在再生水中的浓度较高，可以弥补土壤成分的缺乏。大部分乔木科植物的相对毒性为 2.0～10mg/L
5	镉	当浓度为 0.1mg/L 时对豆类、甜菜和芜菁有毒
6	铬	通常认为不是重要的生长元素。对铬的毒性缺乏了解
7	钴	浓度为 0.1mg/L 时对番茄植物有毒。在中性和碱性土壤中趋于不活泼
8	铜	浓度为 0.1～1.0mg/L 时对许多植物有毒
9	铁	在通气的土壤中对植物无毒，但会导致土壤酸化和所需重要的磷和钼的损失
10	铅	在很高的浓度时会阻止植物细胞的生长
11	锂	在浓度低于 5mg/L 时大多数作物都能耐受；在土壤中可移动。在低剂量时对柑橘有毒，推荐限值为 0.075mg/L
12	锰	在酸性土壤中，在零点几至几毫克每升的浓度范围内对许多植物有毒
13	钼	在土壤和水中的浓度对植物无毒。如果草料生长在含有高浓度的可利用钼的土壤中，这种草料会对牲畜有毒
14	镍	浓度在 0.5～1.0mg/L 范围内对许多植物有毒；在中性和碱性条件下，毒性降低
15	硒	低浓度时对植物有毒。如果草料在含有低浓度硒的土壤中生长，对牲畜有毒
16	锡、钨、钛	与植物显著相斥；特有的耐受水平未知
17	钒	在相对较低的浓度时对多数植物有毒
18	锌	对多数植物有毒，且毒性浓度变化很大；当 pH 升高（高于 6）时，毒性降低；在细质土壤或有机土壤中毒性低

3）水温的危害风险

农林牧业用水标准规定灌溉水温应低于 25℃（包括 25℃），水温过高会伤害农作物。

再生水在净化处理和输送过程中，水温不断接近环境温度，当输送至灌区时，水温基本能够满足灌溉要求，因此，水温高而导致的灌溉安全风险很小。

4. 其他风险

1）污染邻近水体

再生水用于农林牧业过程中，会产生污染其他邻近水体的风险。一方面，水中重金属等有毒有害物质会在农田土壤中累积，在雨水的冲刷携带作用下，以地表径流的形式汇入地表水系，并入渗相连的地下水系，从而污染地表水体和地下水体；另一方面，地表灌溉系统（沟灌、畦灌）可能导致部分灌溉水从农业区域中排出，再回到地表水系统中去。再生水用于农林牧业需对该部分水的去处加以妥善处理，防止这部分水出现管理环节缺失的现象，造成再生水的无序排放，从而导致污染地表水、地下水的风险。

2）二次污染风险

农林牧业用水有很强的季节性，而城市污水再生利用每天都以比较稳定的水量产出，因此，需建设再生水储存池。所有水体在储存过程中均存在二次污染的风险。由于再生水中含有较高的氮磷等营养物质，农业灌溉季节在植物生长旺盛的夏季气温较高，储存期间更容易出现水体富营养化的污染风险。

综合分析再生水用于农林牧业所面临的人体健康风险和环境健康风险，以下两个方面的风险较为重要，尤其需引起重视。第一，病原微生物对人体健康的危害风险，尤其是再生水用于灌溉生食性蔬菜、瓜果等农作物时，病原微生物能够直接进入人体，此种风险对人体健康的危害程度很大；第二，由于再生水中盐分、重金属和有毒有害物质在土壤中富集而造成土壤板结和污染的风险。污染物的富集是个漫长的过程，也是一个不可逆的过程，一旦造成污染，治理难度非常大（刘帆，2008）。

5.3.4　城市非饮用水

1. 风险因子选择

美国、日本和以色列等国家均对再生水用于城市非饮用水的水质制定了相关标准。

1）美国水质标准

美国华盛顿州城市非饮用水水质指标见表 5-58。

表 5-58　美国华盛顿州城市非饮用水水质指标

利用方式	水质指标	处理方式
街道冲洗、消防系统、冲厕	浊度、BOD_5、氨氮、溶解氧、总余氯、总大肠菌群	好氧稳定、絮凝、过滤、消毒
街道的旁道清扫		好氧稳定、消毒
混凝土搅拌		好氧稳定、消毒

2）日本水质标准

日本城市非饮用水的部门标准水质指标见表 5-59。

表 5-59 日本城市非饮用水的部门标准水质指标

<table>
<tr><th>部门名称</th><th colspan="2">水质指标</th></tr>
<tr><td>国土交通厅</td><td>结合性余氯</td><td rowspan="4">大肠菌群数、pH、
臭气、外观、
BOD、COD</td></tr>
<tr><td>厚生省（暂定）</td><td>余氯、铁、锰、COD_{Mn}</td></tr>
<tr><td>建设省住宅局</td><td>—</td></tr>
<tr><td>建设省散水用水</td><td>余氯</td></tr>
</table>

注：生物处理采用 BOD 指标，膜处理采用 COD 指标

3）以色列水质指标

以色列水质指标见表 5-60。

表 5-60 以色列水质指标一览表

利用方向	水质指标
城市绿化	BOD_5、溶解氧、总余氯、总大肠菌群、处理要求（二级处理、砂滤池、消毒）

4）中国水质标准

目前中国执行的水质标准是《城市污水再生利用城市杂用水水质》（GB/T 18920—2002），标准中针对冲厕等利用方式提出了水质要求，具体水质指标见表 5-61。

表 5-61 中国再生水利用城市非饮用水水质指标一览表

<table>
<tr><th>利用方式</th><th colspan="2">水质控制项目</th></tr>
<tr><td>冲厕</td><td>铁、锰</td><td rowspan="5">pH、色、嗅、浊度、溶解性总固体、
BOD_5、氨氮、阴离子表面活性剂、
溶解氧、总余氯、总大肠菌群</td></tr>
<tr><td>道路清扫、消防</td><td>—</td></tr>
<tr><td>城市绿化</td><td>—</td></tr>
<tr><td>车辆冲洗</td><td>铁、锰</td></tr>
<tr><td>建筑施工</td><td>—</td></tr>
</table>

5）风险因子选择

综合分析美国华盛顿州、日本、以色列和中国杂用利用方面再生水的水质标准得出，中国水质标准规定的水质指标比较全面，指标限值要求较高，但是缺少对再生处理工艺的规定。

此外，对比分析《城市污水再生利用城市杂用水水质》（GB/T 18920—2002）和《生活饮用水卫生标准》（GB 5749—2006），再生水利用的水质指标中 pH、色度、浊度、氨氮、阴离子表面活性剂和总大肠菌群指标限值均低于《生活饮用水卫生标准》的要求。其

中，水质色度、氨氮、浊度指标影响感观效果；总大肠菌群指标表征消毒工艺要求不是非常严格，水体中可能存在病原微生物（李玲莉和刘威，2011）；因此，将色度、氨氮、浊度和病原微生物列为再生水用于城市非饮用水的风险因子。此外，再生水用于灌溉绿地时，水中盐分和重金属也会在土壤中富集，因此，将溶解性总固体和重金属列为风险因子，其中，溶解性总固体表征盐分含量。

再生水用于城市非饮用水的风险因子见表 5-62。

表 5-62　再生水用于城市非饮用水的风险因子列表

风险对象	风险因子
人体健康	色度、浊度、氨氮、病原微生物
环境健康	溶解性总固体、重金属

2. 人体健康风险

再生水可作为城市非饮用水，用于冲厕、道路清扫、消防、城市绿化、车辆冲洗、建筑施工等。从卫生和公众健康的角度考虑，用于城市非饮用水的再生水在利用过程中与人体接触机会最为频繁，对人体健康造成的危害风险也最直接。

1）色度、浊度和氨氮的危害风险

再生水中氨氮含量较高，容易在管道中和管网出水末端滋生微生物，从而产生危害人体健康的风险。此外，再生水色度和浊度高也容易引起人的感官不适，但此类风险危害不大。

2）病原微生物的危害风险

再生水用于城市非饮用水时，水中病原微生物（细菌、病毒、寄生虫）对公众健康可能造成威胁；喷灌绿地、道路喷洒、冲洗车辆和冲厕过程中产生的气溶胶携带病原微生物对工作人员、游客和居民都会造成危害风险。

3. 其他风险

城市非饮用水再生水主要用于冲厕、道路清扫、消防、城市绿化、车辆冲洗、建筑施工杂用水等与城市生活密切的方式，其管道系统也与城市饮用水、城市排水分布在相同区域内。因此，再生水系统的管网与污水管网和饮用水管网会产生交叉的情况，管道交叉或者错接都将带来水质污染的风险（赵乐军等，2007）。如果城市再生水供水管网系统与城市污水收集管网系统错接，再生水会受到污水的污染，降低再生水的利用功能；如果城市再生水供水管网系统与城市饮用水管网系统错接，再生水会污染饮用水，危害居民身体健康。

综合分析再生水用于城市非饮用水的各种利用风险，其中两个方面的风险需重点关注。第一，再生水在利用过程中水的色度、气味、浊度对人体感观的影响，此类利用风险与城市居民健康息息相关，并影响到公众对再生水的接受程度；第二，再生水管网系统与城市排水、供水管网系统错接的风险、再生水出水口标志不清导致误饮的风险，此类风险将直接导致造成人体健康的危害。

5.3.5　地下水回灌用水

1. 人体健康风险

1）美国环保局水质标准

美国制定了比较成熟的再生水补给地下水风险控制标准，并得到了世界各国的认可。美国环保局再生水地下回灌水质标准见表 5-63。

表 5-63　美国环保局再生水地下回灌水质项目

回灌类型	处理要求	再生水质	监测项目	对距离要求
地面入渗至非饮用蓄水层	取决于场地的特性与水的用途	取决于场地的特性和水的用途	取决于处理工艺与水的用途	取决于场地的特性
	至少一级处理			
地下灌注至非饮用蓄水层	取决于场地的特性与水的用途	取决于场地的特性和水的用途	取决于处理工艺与水的用途	取决于场地的特性
	至少二级处理			
地面入渗至饮用水蓄水层	取决于场地的特性	取决于场地的特性	包括但不限于下列项目	距抽水井 600m，根据处理工艺和现场特定条件可以调整
	至少二级+消毒处理，可能还需要过滤和深度处理	渗滤后符合饮用水水质标准	pH（每日）、大肠菌群（每日）、余氯（连续）、饮用水标准项目（每季度）、其他（据成分定）	
地下灌注至饮用水蓄水层	包括	包括但不限于下列项目	包括但不限于下列项目	距抽水井 600m，根据处理工艺和现场特定条件可以调整
	二级处理、过滤、消毒、深度处理	pH=6.5～8.5 浊度≤2NTU 粪大肠菌群：不检出 余氯：1mg/L（最小值）； 符合饮用水标准	pH（每日）、浊度（连续）、大肠菌群（每日）、余氯（连续）、饮用水标准项目（每季度）、其他（据成分定）	

美国环保局制定的再生水地下回灌水质标准中针对不同的用途规定了不同的处理工艺要求，此外，标准中还规定了回灌地点与抽水井的安全距离。

2）中国台湾水质标准

1993 年，中国台湾环境保护部门发布了污水注入地下的水质标准，见表 5-64。

表 5-64　中国台湾污水注入地下水体水质项目

序号	项目	序号	项目	序号	项目
1	生化需氧量	5	硝酸盐氮	10	氰化物
2	悬浮固体	6	亚硝酸盐氮	11～15	铁、锰、锌、银、钡
3	总溶解固体物	7～8	氨氮、酚类	16～19	镉、铅、总铬、六价铬
4	氟离子（不包括复离子）	9	阴离子界面活性剂	20～22	总汞、有机汞、铜

续表

序号	项目	序号	项目	序号	项目
23～26	镍、硒、砷、氯盐	35	对-二氯苯	45	阿特灵及地特灵
27	硫酸盐	36	1，1-二氯乙烯	46	五氯酚及其盐类
28	总三卤甲烷	37	多氯联苯	47	毒杀芬
29	三氯乙烯	38	总有机磷剂	48	福尔培
30	四氯乙烯	39	总氨基甲酸盐	49	四氯丹
31	1，1，1-三氯乙烷	40	除草剂	50	盖普丹
32	1，2-二氯乙烷	41～42	安特灵、灵丹	51	安杀番
33	氯乙烷	43	飞布达及其衍生物	52	五氯硝苯
34	苯	44	滴滴涕及其衍生物	53	大肠杆菌群

3）中国水质标准

中国于 2005 年颁布实施了《城市污水再生利用地下水回灌水质》（GB/T 19772—2005），标准规定了利用城市污水再生水进行地下水回灌时应控制的项目及其限值、取样与监测，其水质指标见表 5-65。

表 5-65　中国再生水利用地下水回灌水质指标一览表

分类	序号	水质指标	序号	水质指标
基本控制项目	1～3	色度、浊度、pH	12	硝酸盐（以 N 计）
	4	总硬度（以 $CaCO_3$ 计）	13	亚硝酸盐（以 N 计）
	5	溶解性总固体	14	氨氮（以 N 计）
	6～7	硫酸盐、氯化物	15	总磷（以 P 计）
	8	挥发酚类（以苯酚计）	16～18	动植物油、石油类、氰化物
	9	阴离子表面活性剂	19～20	硫化物、氟化物
	10	化学需氧量（COD）	21	粪大肠菌群数
	11	五日生化需氧量（BOD_5）	—	—
选择控制项目	1～3	总汞、烷基汞、总镉	30-33	甲苯、二甲苯[a]、乙苯、氯苯
	4～6	六价铬、总砷、总铅	34-35	1，4-二氯苯、1，2-二氯苯
	7～9	总镍、总铍、总银	36	硝基氯苯[b]
	10～12	总铜、总锌、总锰	37	2，4-二硝基氯苯
	13～15	总硒、总铁、总钡	38	2，4-二氯苯酚
	16	苯并（a）芘	39	2，4，6-三氯苯酚
	17～19	甲醛、苯胺、硝基苯	40	邻苯二甲酸二丁酯
	20～21	马拉硫磷、乐果	41	邻苯二甲酸二（2-乙基己基）酯
	22～23	对硫磷、甲基对硫磷	42～44	丙烯腈、滴滴涕、六六六
	24～25	五氯酚、三氯甲烷	45～46	六氯苯、七氯
	26	四氯化碳	47～49	林丹、三氯乙醛、丙烯醛
	27～29	三氯乙烯、四氯乙烯、苯	50～52	硼、总 α 放射性、总 β 放射性

a 二甲苯：指对-二甲苯、间=二甲苯、邻-二甲苯；

b 硝基氯苯：指对-硝基氯苯、间-硝基氯苯、邻-硝基氯苯中国地下水回灌标准中未对回灌技术和再生水处理工艺做相关的规定。

4）风险因子选择

综合分析美国环保局、中国台湾关于再生水用于地下水回灌的水质检测项目，并根据中国目前执行的相关水质标准，参考再生水用于地下回灌方面的研究与科研课题报告得出，再生水用于地下水回灌时水质达标，并且在灌溉技术安全的前提下，对人体健康的危害较小。但是，如果回灌的再生水污染了地下饮用水源，将对人体健康产生较大的危害风险。此外，由于地质构造复杂，再生水中常规工艺不易去除的污染物以及自然环境难降解的持久性污染物对地下水环境影响较大。

再生水用于地下水回灌时的风险因子见表 5-66。

表 5-66　再生水用于地下水回灌的风险因子列表

风险对象	风险因子
人体健康	—
环境健康	重金属、石油类、持久性有机物、溶解性总固体、硝酸盐、化学污染物

由于地下水补给水质要求因补给地区水文地质条件、补给方式、补给目的的不同而不同，其面临的风险也不同，很难制定统一的再生水补给地下水标准。国际上一些国家对再生水补给地下水水质制定了利用原则，如德国规定，再生水补给地下水的水质应不低于补给区地下水的水质；以色列规定再生水回灌后水质应满足饮用水水质要求。

2. 人体健康风险

再生水用于补充地下水、防止海水入侵或防止地面沉降。利用中需将再生水回灌至地下含水层，由于地质构造复杂，地下水系相互连通，再生水回灌地点与相邻地质单元会有不同程度的联系，回灌的再生水存在污染地下饮用水水源的风险。此外，地下水也会被提取作为农林牧业用水使用，水中病原微生物可能通过污染农作物而对人体健康造成危害。

3. 环境健康风险

地下水回灌可以采用井灌、地表漫灌和土壤含水层处理等方式。回灌中依据回灌目的、地质条件等选择适宜的回灌方式。当采用地表漫灌和土壤含水层的处理方式时，再生水中的污染物质会被土壤截留、累积，可能存在污染土壤、造成土壤板结的风险（杨昱等，2014）。

再生水用于地下水回灌面临的风险不仅与回灌区地质特性、地下水埋深有关，而且还与该区域内地下水的运动特点有关。喀斯特地貌是由于水对可溶性岩石（碳酸盐岩、石膏、岩盐等）进行化学溶蚀作用而形成的特征地貌，地层的透水性好，回灌的再生水能够穿透地层最终到达含水层（陈卫平等，2013）。此外，岩溶水对污染物的降解能力较低，地下水体一旦受到污染，危害影响更为严重。

综合分析再生水利用于地下水回灌的各种风险，其中两个方面的风险需重点关注。第一，再生水直接回灌至饮用水层，从而被当做饮用水提取，导致误饮。第二，再生水对地下水环境的危害风险。由于地下水系复杂，水网错综联通，水系范围不易确定，不易观测，并且受到监测技术和相关认识的限制，缺少对污染物危害影响、污染物在地层中传播机理等方面的研究。因此，地下水一旦受到污染，治理与修复的难度非常大，建议再生水用于地下水回灌时应全面论证，以保障利用的安全性。

第6章　再生水利用经济性分析

再生水利用的经济性与再生水厂的进水水质、规模、处理工艺、利用对象、所处地区经济发展水平、建设单位管理水平、配套管网的建设等诸多因素有关。中国地域辽阔，各地气候、经济、社会、文化等方面差异较大，对再生水的水质水量需求也不尽相同。因此，研究适合各地特点、满足区域特征的再生利用工艺尤为必要。

目前，中国再生水厂的进水水源基本上为城市污水处理厂的二级出水。北京、天津等城市的再生水厂的进水水质均达到了《城镇污水处理厂污染物排放标准》(GB 18918—2002)中一级B排放标准，南方部分污水处理厂出水也已达到一级B的要求，但未建独立的回用设施，如成都的第四、第五、第六、第七污水处理厂，少数西部偏远城市的污水处理厂的出水仍在执行《污水综合排放标准》(GB 8978—1996)中的二级标准（张文超等，2010）。再生水厂水源的设计水质应根据污水收集区域现有水质和预期水质变化情况综合确定。再生水水源水质应符合《污水排入城镇下水道水质标准》(CJ 343—2010)、《室外排水设计规范》(GB 50014—2006)中生物处理构筑物进水中有害物质允许浓度和《城镇污水处理厂污染物排放标准》(GB 18918—2002)的要求。

从再生水利用规模来看，再生水厂处理能力大多在4万～8万m^3/d，采用传统混凝沉淀过滤工艺的再生水厂利用规模集中在1万～6万m^3/d，大于6万m^3/d的较少，生物处理工艺的再生水厂利用规模多在5万m^3/d以下，采用膜处理工艺的再生水厂利用规模多在8万m^3/d以下。从时间上来看，中国再生水厂大多建于2000年，在北方缺水地区，再生水厂发展得相对较早，在南方水资源相对丰富的地区，再生水厂建设于2007年开始发展，相对于北方缺水地区来说起步较晚（褚俊英等，2004）。

再生水工艺选择时应根据城市污水出水水质的标准，以及当地的土地利用、气候、经济等实际情况，经全面的技术经济比较后优选确定（刘爽等，2014）。目前，各城市在再生水工艺选择时很多情况下都用到生物处理工艺。生物处理技术具有投资省、处理效果好的特点，但其受水温、进水营养物浓度等因素影响较大。因此，需根据自身特点，选取适合的工艺。

为了客观地反映全国不同区域再生水利用情况，需要根据区域的具体情况统计再生水厂和管网的投资情况，因此，按照国家发展和改革委员会相关文件，将中国大陆划分为东、中、西三大区域，其中，东部地区包括北京、天津、河北、辽宁、上海、江苏、浙江、福建、山东、广东、海南11个省（直辖市）；中部地区包括黑龙江、吉林、山西、安徽、江西、河南、湖北、湖南8个省；西部地区包括四川、重庆、贵州、云南、西藏、陕西、甘肃、青海、宁夏、新疆、广西、内蒙古12个省（自治区、直辖市）。这种分区方式虽然不能完全反映不同地区再生水利用情况，但是可以与相关政策文件相衔接，方便选取适当的处理工艺与进行投资分析。

6.1 再生水厂投资分析

根据再生水用户的不同需求，建设单位选择适当的处理工艺进行再生水厂建设，而不同处理工艺的复杂程度、设备和施工方式等因素决定了再生水厂投资差别较大。根据不同工艺不同处理规模，按照“市政公用设施建设项目经济评价方法与参数”“市政工程投资估算指标”等标准、定额从理论上对再生水厂建设投资进行分析，并对再生水厂实际建设成本进行筛选、比对，确定再生水厂吨水实际投资。除此之外，还对再生水厂吨水投资理论成本和实际成本的差异进行分析。

再生水处理工艺主要包括以“混凝+沉淀+过滤”（老三段）工艺、生物处理技术、膜处理技术为主的组合工艺，相同规模不同处理工艺的工程在一次性投资、占地、处理费用等方面不同，相同工艺不同规模工程的处理费、药剂费也不相同（李娜等，2012）。在此，选用了有代表性的三种不同组合工艺：“混凝+沉淀+过滤”（老三段）工艺、膜生物处理工艺、膜处理工艺进行综合分析。

6.1.1 理论与实际建设成本分析

通过对设定的“混凝+沉淀+过滤”（老三段）工艺、生物处理工艺、膜处理工艺三种工艺进行理论建设总投资进行估算，并对收集的实际案例与经济性相关的建设运营时间、处理工艺、建设投资、运营成本等因素进行分析，实际案例按不同区域进行统计，将理论计算和实际案例主要技术经济指标对比分析，进行总体评价。

1. 理论成本

建设项目总投资是指建设项目从筹建到竣工验收以及试车投产的全部建设费用，应当包括建设投资、固定资产投资方向调节税、建设期利息和铺底流动资金。建设投资由第一部分工程费用（建筑工程费、安装工程费、设备购置费）、第二部分工程建设其他费用、预备费用组成。一般包括厂内构建物、总图、电气、自控等内容的工程投资，出厂水加氯系统未包括在计算中[①]。

工程建设其他费根据国家建设部颁布的建标（2007）164 号文《市政工程投资估算编制办法》计算，为简化计算，工程建设其他费以第一部分工程费用的 30%计取。

预备费以第一部分工程费用和第二部分工程建设其他费用之和的 5%计取。

建设资金来源为 50%自有资金，50%国内商业银行贷款，年有效利率为 5.76%，贷款使用期 10 年，以 2 年为建设期，每年投入总资金的 50%计算建设期利息。

流动资金按照分项详细估算法进行计算，流动资金总额的 30%作为铺底流动资金列入工程投资。

综上所述，建设总投资估算=建设投资+建设期利息+铺地流动资金=（第一部分工程

① 杨静. 建设项目全过程造价管理研究. 重庆大学，2003.

费用+第二部分工程建设其他费+预备费用）+建设期利息+铺地流动资金=1.3×1.05×第一部分工程费用+建设期利息+铺地流动资金=1.365×第一部分工程费用+建设期利息+铺地流动资金。

依据建设部 2007 年颁发的《市政工程投资估算指标》第三册（HGZ47-103-2007）、《给水排水设计手册》（第二版第 10 册技术经济）、各地最新版的《安装工程价目表》和《工程造价管理信息（材料信息价）》等相关定额标准，分析“混凝沉淀过滤”“单膜”“双膜”“膜生物反应器（MBR）”处理工艺建设投资理论估算值，如表 6-1 所示。

表 6-1　不同工艺吨水投资理论测算值

规模	“混凝沉淀过滤”工艺/（元/m^3）	“单膜”工艺/（元/m^3）	“双膜”工艺/（元/m^3）	“MBR”工艺/（元/m^3）
＜2.5 万 m^3/d	950～1063	2160～2520	4180～4730	2800～3200
＜5 万 m^3/d	856～957	2000～2400	3800～4300	2500～3000
＜10 万 m^3/d	764～855	1826～2075	3520～3960	2000～2500
＜20 万 m^3/d	670～750	1691～1826		1800～2400

表中“混凝沉淀过滤”工艺的取值依据《市政工程投资估算指标》第三册（HGZ47-103-2007）中相关指标，“单膜”和“双膜”工艺的取值依据市政设计院的经验数据，MBR 工艺理论值参考具体工程案例和设计概算。在此基础上，绘制不同工艺和规模的再生水项目吨水投资，如图 6-1 所示。

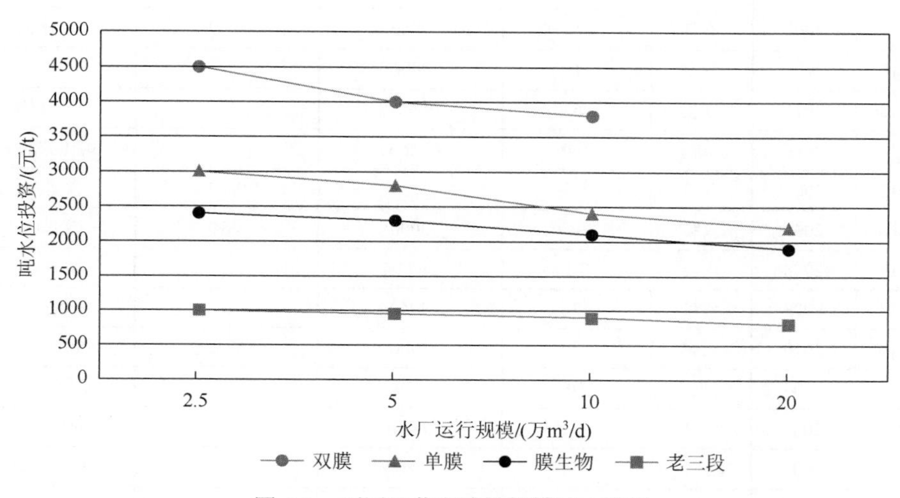

图 6-1　不同工艺和建设规模吨水投资

通过上述分析可知，“混凝沉淀过滤”工艺的建设投资最低，“双膜”工艺建设投资最高，MBR 工艺介于双膜和单膜工艺之间，随着工程规模的增大，无论采用哪种工艺，吨水投资均呈现下降趋势，对于相同规模的再生水厂，双膜工艺的吨水投资均在 3000 元以上。

2. 实际成本

目前，再生水利用量东部地区较大，其中，江苏和山东利用量较大，而上海地区再生水利用实际案例很少；对比东部再生水利用情况，沿海地区再生水处理工艺以膜工艺为主，其他地区则主要以“混凝沉淀过滤”工艺为主。由于再生水厂受所选工艺、建设规模、来水水质等因素影响，其建设费用差别较大，不同再生水处理工艺吨水投资、运行成本见表 6-2。

表 6-2 不同再生水厂的建设成本

地区	编号	时间（年）	工艺类型	规模/（万 m^3/d）	吨水投资/（元/m^3）	运行成本/（元/m^3）	主要工艺流程
东部	1	2005	老三段	6	1029.9	0.57	微絮凝+滤布滤池
	2	2005	老三段	5	340		微絮凝+过滤
	3	2006	老三段	4	709.4	0.40	混凝+沉淀+过滤
	4	2008	老三段	3	844.7	0.36	滤布滤池
	5	2008	老三段	10	1280		混凝+沉淀+过滤
	6	2009	老三段	2	1784.5	0.33	沉淀池+V 型滤池
	7	2011	老三段	6	925.27		滤布滤池
	8	2012	老三段	2.5	1874.364	2.74	二级强化处理+微絮凝过滤（V 型滤池）
	9	2006	膜	4.5	2094.7	1.3～1.5	膜（MBR）
	10	2009	膜	12	2880		膜（MBR）
	11	2002	单膜	5	3000	1.5～2.5	微滤
	12	2006	单膜	1	3000		反渗透
	13	2011	单膜	6	1999.29		超滤
	14	2013	单膜	100	4392.55		反硝化滤池＋膜过滤
	15	2002	双膜	3.5	2633	1.9～2.4	微滤+反渗透
	16	2003	双膜	2	3000	1.8～2.5	微滤+反渗透
	17	2008	双膜	3.1	2677.4	5.29	微滤+反渗透
	18	2008	双膜	2	4950	5	微滤+反渗透
	19	2010	双膜	7	3900	2.5～3.5	超滤+反渗透
中部	1	2004	老三段	10	779		混凝+沉淀+过滤
	2	2005	老三段	5	935.6	0.4～0.7	混凝+沉淀+过滤
西部	1	2002	老三段	5	1576.9	0.3	混凝+沉淀+过滤
	2	2002	老三段	3	2314		高效混合反应沉淀池
	3	2008	老三段	4.5	576.97	0.2	湍流絮凝沉淀池/D 型滤池
	4	2009	老三段	6	532.1	0.2	湍流絮凝沉淀池/D 型滤池
	5	2006	生物+单膜	3.5	3625.4		曝气生物滤池+混凝沉淀+滤布滤池+超滤

从表6-2中可以看出，各地已建成的再生水厂生产规模基本在10万m^3/d以下，吨水投资因工艺不同，差别较大，“混凝沉淀过滤”工艺吨水投资最低，双膜工艺最高，膜生物反应器居于单膜与双膜之间。不同再生水厂处理成本平均维持在4元/m^3以下，混凝沉淀过滤（老三段）工艺处理成本为0.3～0.7元/m^3，膜处理工艺为1.5～3.5元/m^3。

从表6-2中可以看出，目前，全国再生水处理工艺主要以“老三段”工艺（即混凝沉淀过滤）为主，但在东部地区，特别是华北的北京、天津、河北等省市，还是以“膜工艺”为主，这主要是由于该区域城市污水中无机盐含量较高，需要膜过滤技术才能满足用户对再生水水质的要求（纪涛等，2007）。

6.1.2 理论成本与实际成本比较分析

受时间、地点、工艺及其他方面因素的影响，不同区域、不同工艺、不同规模的再生水厂实际投资成本差距比较大。将全国分为中、东、西部3个区域，分析相同区域不同工艺不同规模吨水投资、相同工艺不同地区不同规模吨水投资、相同规模不同地区不同工艺吨水投资，并将理论成本和实际成本进行比较分析。

1. 实际成本变化规律分析

1）相同区域不同工艺不同规模吨水投资分析

通过实地调研和走访、咨询，对北京、天津、河北、山东、江苏、浙江等省（市）19座再生水厂建设时间、处理规模、工艺类型、吨水投资、运行成本等指标进行分析。总体来看，东部地区再生水厂主要修建于2000～2010年，特别是2008年北京奥运会前后再生水厂建设数量占调研再生水厂数量的50%以上；除2013年建设的单膜工艺再生水厂外，其他再生水厂处理规模均在10万m^3/d以下，其处理工艺以膜处理工艺为主，其中又以双膜处理工艺居多。东部地区再生水厂吨水投资与运行成本见表6-3。

表6-3 东部地区再生水厂建设与运行成本分析表

分区	编号	时间（年）	工艺类型	规模/（万m^3/d）	吨水投资/（元/m^3）	运行成本/（元/m^3）	备注
东部	1	2005	老三段	6	1029.9	0.57	微絮凝+滤布滤池
	2	2005	老三段	5	340		微絮凝+过滤
	3	2006	老三段	4	709.4	0.40	混凝+沉淀+过滤
	4	2008	老三段	3	844.7	0.36	滤布滤池
	5	2008	老三段	10	1280		混凝+沉淀+过滤
	6	2009	老三段	2	1784.5	0.33	沉淀池+V型滤池
	7	2011	老三段	6	925.27		滤布滤池
	8	2012	老三段	2.5	1874.364	2.74	二级强化处理+微絮凝过滤（V型滤池）
	9	2006	膜	4.5	2094.7	1.3～1.5	膜（MBR）
	10	2009	膜	12	2880		膜（MBR）

续表

分区	编号	时间（年）	工艺类型	规模/（万 m^3/d）	吨水投资/（元/m^3）	运行成本/（元/m^3）	备注
东部	11	2002	单膜	5	3000	1.5～2.5	微滤
	12	2006	单膜	1	3000		反渗透
	13	2011	单膜	6	1999.29		超滤
	14	2013	单膜	100	4392.55		反硝化滤池＋膜过滤
	15	2002	双膜	3.5	2633	1.9～2.4	微滤+反渗透
	16	2003	双膜	2	3000	1.8～2.5	微滤+反渗透
	17	2008	双膜	3.1	2677.4	5.29	微滤+反渗透
	18	2008	双膜	2	4950	5	微滤+反渗透
	19	2010	双膜	7	3900	2.5～3.5	超滤+反渗透

注：所有工艺包括全工艺流程；
吨水投资在工程总投资的基础上得出

对表 6-3 中吨水投资进行分析，并绘制不同工艺吨水投资图，如图 6-2 所示。可以看出，东部地区再生水处理工艺中“双膜”处理工艺吨水投资最高，基本在 2500～4500 元之间，且处理水量越低，吨水投资越高；单膜和膜处理工艺的吨水投资相差不多，在 2000～3000 元之间，案例中的“东部-14”吨水投资较高主要是由于该工艺中膜处理前增加了反硝化生物滤池等处理工段；混凝沉淀过滤（老三段）工艺吨水投资最低，吨水投资为 1000～1500 元。

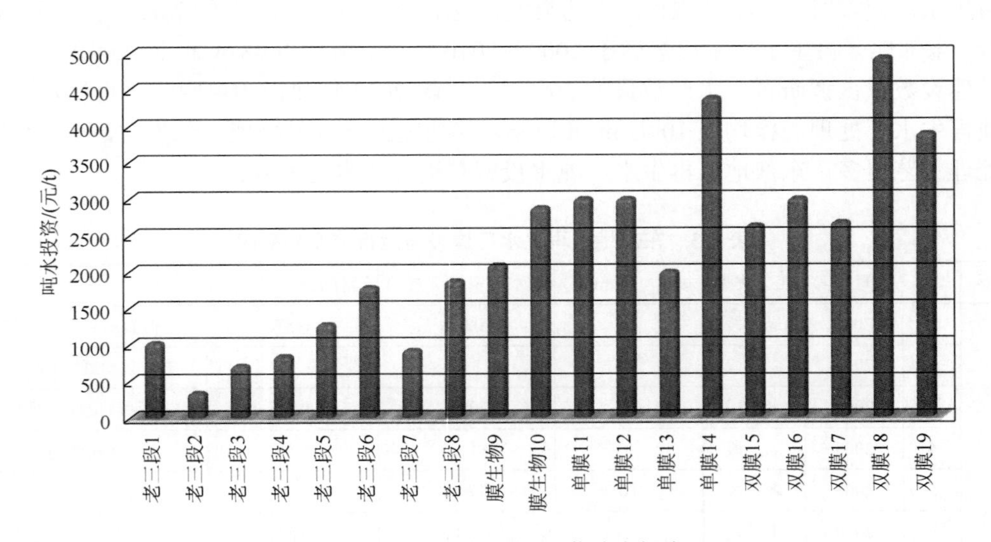

图 6-2　东部地区不同工艺吨水投资

同理，对表 6-2 中双膜工艺吨水投资进行分析，绘制图 6-3。从图中可以看出，双膜工艺总体上吨水投资成本较高，相同处理规模吨水投资成本随着时间不同也不同，时间越早，吨水投资越高；同一建设时间，规模越小，吨水投资越高。

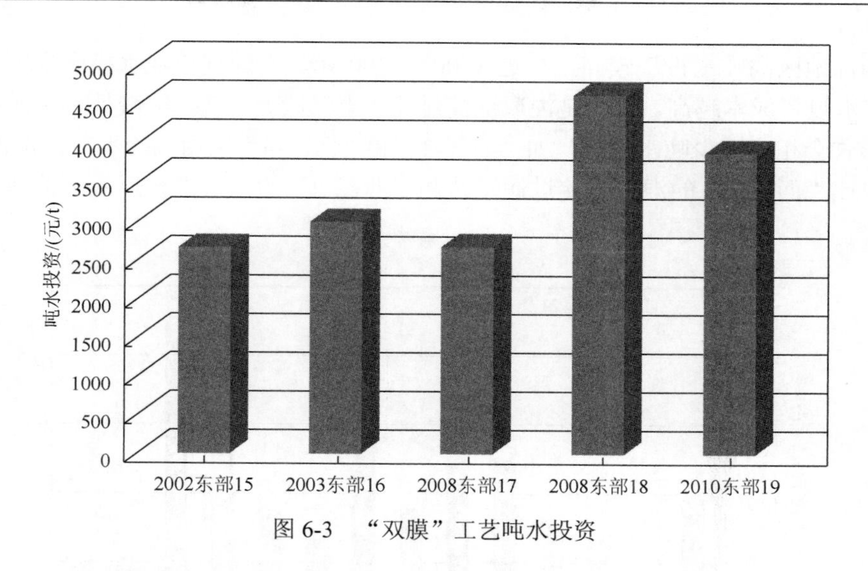

图 6-3　“双膜”工艺吨水投资

2）相同工艺不同地区不同规模吨水投资分析

（1）混凝沉淀过滤工艺

表 6-2 中把不同地区混凝沉淀过滤（老三段）工艺进行比较分析，汇编为表 6-4，并对表 6-4 中吨水投资栏按照不同地区绘制柱状图。

表 6-4　老三段工艺再生水厂建设与运行成本分析表

分区	数量	时间（年）	工艺类型	规模/（万 m^3/d）	吨水投资/（元/m^3）	运行成本/（元/m^3）	备注
东部	1	2005	老三段	6	1029.9	0.57	微絮凝+滤布滤池
	2	2005	老三段	5	340		微絮凝+过滤
	3	2006	老三段	4	709.4	0.40	混凝+沉淀+过滤
	4	2008	老三段	3	844.7	0.36	滤布滤池
	5	2008	老三段	10	1280		混凝+沉淀+过滤
	6	2009	老三段	2	1784.5	0.33	沉淀池+V 型滤池
	7	2011	老三段	6	925.27		滤布滤池
	8	2012	老三段	2.5	1874.364	2.74	二级强化处理+微絮凝过滤（V 型滤池）
中部	1	2004	老三段	10	779		混凝+沉淀+过滤
	2	2005	老三段	5	935.6	0.4～0.7	混凝+沉淀+过滤
西部	1	2002	老三段	5	1576.9	0.3	混凝+沉淀+过滤
	2	2002	老三段	3	2314		高效混合反应沉淀池
	3	2008	老三段	4.5	576.97	0.2	湍流絮凝沉淀池/D 型滤池
	4	2009	老三段	6	532.1	0.2	湍流絮凝沉淀池/D 型滤池

图 6-4 是不同地区混凝沉淀过滤工艺吨水投资情况。从图 6-4 中可以看出，相同处理

单元，西部地区的吨水投资较高，接近 1500～2300 元。不同规模吨水投资也不同，水量越小，吨水投资成本越高。同样是混凝沉淀过滤（老三段）工艺，缩减处理单元或调整处理单元形式会相应减少吨水投资，如“西部-3”和“西部-4”采用湍流絮凝沉淀池/D 型滤池工艺要比“西部-1”的混凝沉淀过滤工艺和“西部-2”的高效混合反应沉淀池吨水投资要低。

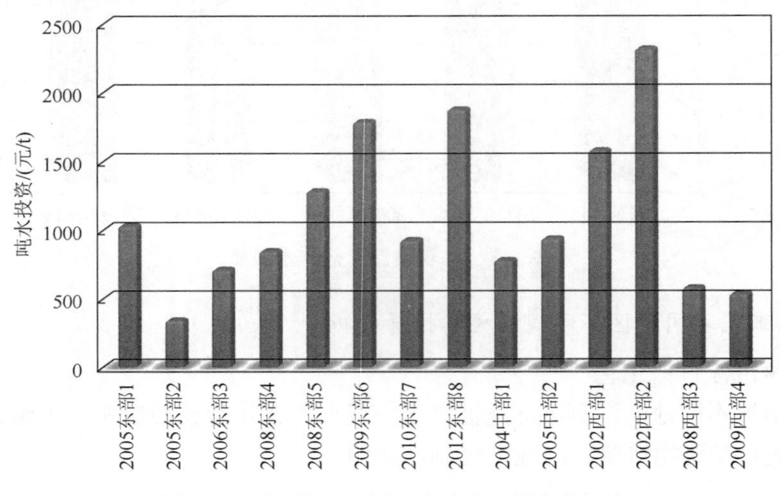

图 6-4　不同地区混凝沉淀过滤工艺吨水投资

（2）膜工艺

通过不同地区膜工艺进行比较分析，汇编为表 6-5，并对表 6-5 中的吨水投资按照不同地区绘制柱状图，如图 6-5 所示。

图 6-5 是不同地区膜工艺吨水投资情况。从图 6-5 中可以看出，不同地区、不同处理水量时，膜工艺的吨水投资不尽相同，西北地区吨水投资较高，图中“东部-14”成本较高是由于其在单膜反应前增加了反硝化滤池，造成了投资成本偏高；此外，对于同种膜工艺，水量越低时吨水成本越高。

表 6-5　膜工艺再生水厂建设与运行成本分析表

分区	数量	时间（年）	工艺类型	规模/(万 m^3/d)	吨水投资/（元/m^3）	运行成本/(元/m^3)	备注
东部	9	2006	膜	4.5	2094.7	1.3～1.5	膜（MBR）
	10	2009	膜	12	2880		膜（MBR）
	11	2002	单膜	5	3000	1.5～2.5	微滤
	12	2006	单膜	1	3000		反渗透
	13	2011	单膜	6	1999.29		超滤
	14	2013	单膜	100	4392.55		反硝化滤池＋膜过滤
	15	2002	双膜	3.5	2633	1.9～2.4	微滤+反渗透
	16	2003	双膜	2	3000	1.8～2.5	微滤+反渗透

续表

分区	数量	时间（年）	工艺类型	规模/(万 m^3/d)	吨水投资/（元/m^3）	运行成本/(元/m^3)	备注
东部	17	2008	双膜	3.1	2677.4	5.29	微滤+反渗透
	18	2008	双膜	2	4950	5	微滤+反渗透
	19	2010	双膜	7	3900	2.5～3.5	超滤+反渗透
西部	5	2006	生物+单膜	3.5	3625.4		曝气生物滤池+混凝沉淀+滤布滤池+超滤

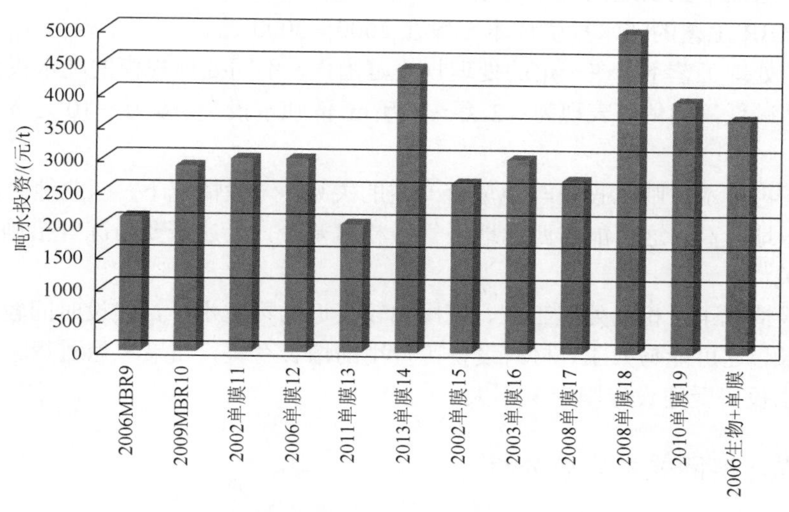

图 6-5　膜工艺不同地区吨水投资

3）相同规模不同地区不同工艺吨水投资分析

图 6-6 是处理规模在 5 万 m^3/d 左右时（主要在 3 万～7 万 m^3）不同地区不同工艺的吨水投资情况，对膜生物工艺、单膜工艺、混凝沉淀过滤工艺进行分析，从图中可以看出，

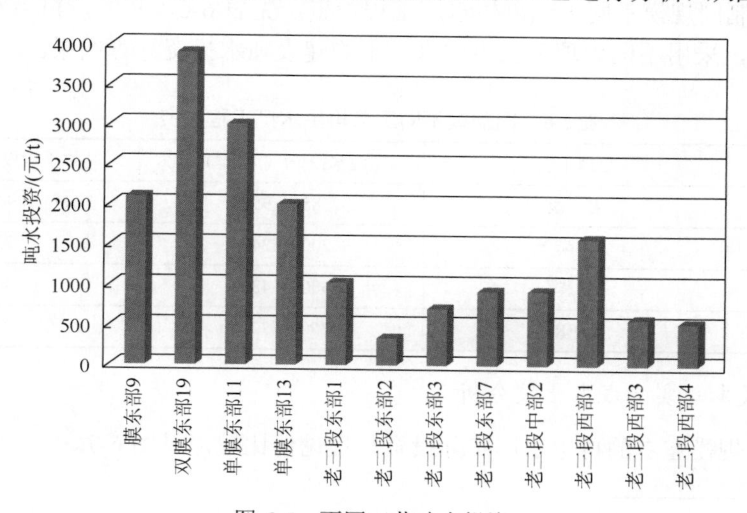

图 6-6　不同工艺吨水投资

膜工艺的吨水投资成本较高，其中，双膜工艺比单膜工艺高，其次是膜处理工艺，最低的是混凝沉淀过滤工艺。

4）总体评价

（1）各地再生水厂吨水投资随工艺有所差异。“混凝沉淀过滤”工艺吨水投资明显小于“膜处理”工艺，有些相差近5倍。一般情况下，“混凝沉淀过滤”工艺吨水投资为800～1000元；“膜处理”工艺吨水投资为3000～4000元，顺序为微滤≈超滤＜双膜工艺（“西部-2”厂由于增加了生物过滤技术，增加了单膜处理工艺的吨水投资）；对于万吨以上的市政项目，MBR工艺的吨水投资成本一般在2000～3000元。

（2）相同处理工艺下，在一定的处理规模范围内，不同处理规模的吨水投资一般随着规模的增加而减低，具体可表现为：2万～5万m^3的吨水投资＞6万～10万m^3＞10万m^3以上。

（3）不同再生水厂吨水投资与地域有一定的关系。一般情况下，西北地区的吨水投资比华北、华东地区高，这可能与西北地区气候相对寒冷，土建需要防冻等措施，造成土建费用偏高有关①。

（4）一般情况下，相同处理工艺、规模比较接近的再生水厂，建设时间较晚，其吨水投资略有增长，这可能与人工、材料设备等费用的增长有关，如果考虑通货膨胀率的增长等因素，吨水投资受建设年限影响不大。

2. 理论成本与实际成本比较分析

1）理论成本

根据建设总投资估算设定的条件，按照《给水排水设计手册》第10册技术经济分册（第三版）中给水工程投资估算指标和排水工程投资估算指标中相同规模相关构筑物的指标进行估算，如没有相同规模的构筑物，按照内插法并结合专家咨询意见进行估算。按照这一原则，绘制同规模不同工艺再生水厂工程投资，见表6-6，其中，再生水厂的规模为5万m^3/d左右，采用不同处理工艺再生水厂平均建设吨水投资计算结果。

表6-6　同规模不同工艺再生水厂工程投资

序号	处理工艺	吨水投资/（元/m^3）	吨水平均投资/（元/m^3）
1	老三段	856～957	906.5
2	单膜	2000～2400	2200
3	双膜	3800～4300	4050
4	MBR	2500～3000	2750

2）理论成本与实际成本比较分析

5万m^3/d规模左右的再生水厂实际投资与理论值比较，见图6-7。

① 黄辉. 2014. 基于不同目标的城市污水处理项目投资方案评价研究. 重庆：重庆大学.

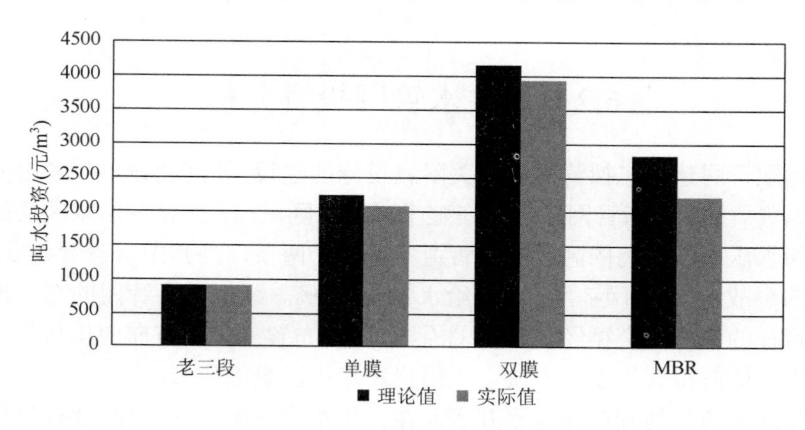

图 6-7　不同工艺理论值与实际值对比

从图 6-7 中可以看出，混凝沉淀过滤（老三段）工艺理论值与实际工程投资基本一致；“单膜”工艺的实际值大于理论值；“双膜”工艺和“膜生物”工艺的实际值略低于理论值。分析原因，可能是混凝沉淀过滤（老三段）工艺技术成熟度高，无论从土建、设备选型等方面差别不大；而膜工艺，无论是“单膜”还是“双膜”或“膜处理”工艺，受材料、设备选型影响较大，从而与理论值有一定的差别。

6.1.3　水厂建设经济性分析

通过对混凝沉淀过滤（老三段）工艺、单膜工艺、双膜工艺和膜（MBR）工艺 4 类工艺进行建设总投资估算，并与各地再生水厂实际建设成本进行了比较分析。在规模效益方面，吨水投资和成本随着规模的增大而降低。在建设时间、运营时间方面，实际案例与理论估算的吨水投资相比，理论估算的吨水投资比实际案例吨水投资高，主要是因为实际再生水厂与理论估算中采用的处理设备厂家不同，国产设备和进口设备价格差别很大，采用设备的影响大于建设及运营时间的影响（刘刚等，2009），未发现建设运营时间越早，吨水投资和成本越高，建设运营时间越晚，吨水投资和成本越低的规律。在工艺方面，工艺越长，越复杂，再生水厂的吨水投资和成本越高；工艺越短、越简单，再生水厂吨水投资和成本越低。

（1）通过投资估算，同一工艺不同规模的再生水厂吨水投资和运行成本均随着规模的增大而降低，因此，在项目确定规模时，规模效益是不可忽视的重要因素。

（2）工艺规模为 5 万 m^3/d 的再生水厂，再生水厂吨水投资从混凝沉淀过滤（老三段）工艺的 935 元到“双膜”工艺的 3900 元，再生水厂的最低与最高吨水投资相差近 5 倍。因此，再生水用户可以根据对水质的要求及经济实力选择处理工艺，也可考虑分期实施不同等级再生水的处理方案。

（3）通过对比理论估算与实际案例的再生水厂建设总投资，“老三段”工艺的建设总投资最低，“双膜”工艺最高，估算的结果与实际工程案例的结果基本一致；同时应该考虑处理工艺受到工程所处地区、设备选用、再生水厂产能等因素影响。

6.2　再生水管网投资分析

再生水输配管网建设包括管网和相关附属设施的建设，管网建设主要考虑安全性和经济性两方面因素。安全性指管网应布置在整个再生水区域内，要使各用水区块的用户均有足够的水量和水压，长距离的区域输水管道不宜少于两条，当其中一条管线发生事故时，另一条管线的事故给水量不应小于正常给水量的 70%。经济性指管网的布置形式、敷设路径及管线管径的选择应遵循经济合理的原则，干管布置的主要方向应按再生水主要流向延伸，而再生水流向很大程度上取决于大用户和集中流量的位置。

管网的附属设施包括阀门和泄水井等，在再生水管网中，除在交叉路口设置闸门外，在直线段上适度距离内设置阀门，以减少因局部管道故障造成大面积停水，提高管网的供水安全性。为排除管道中积泥和在管道出现事故时放空用，在管网低处装设泄水井。

再生水管网建设成本主要依据建设标准的确定、建设方案的选择、工艺的评选、管材的选用等。由于各地区建设标准不一致，施工方式和管材的选取不同，造成管网建设成本各地差异很大（孙媛媛，2013）。管网建设工程中管材造价占总造价一半以上，同时配水管网作为供水系统的重要环节，其管材应用选择意义重大。

6.2.1　理论与实际建设成本分析

1. 理论成本

依据 2007 年住建部颁发的《市政工程投资估算指标》第三册（HGZ47-103-2007），以给水管道分项指标的球墨铸铁管、PE 塑料管、钢骨架塑料复合管按照开槽支撑埋设施工方式，埋设深度按 1.5m 和 2m 取定，不同埋深下，其管径与指标基价的关系见表 6-7～表 6-9。

表 6-7　不同埋深时球墨铸铁管管径与指标基价

管径/mm	DN100	DN150	DN200	DN300	DN400	DN500	DN600
埋深 1.5m/（元/m）	336.91	372.99	455.1	742.55	986.16	1212.34	1567.22
埋深 2.0m/（元/m）	362.71	399	482.66	762.44	996.81	1224.43	1578.88

续表 6-7　不同埋深时球墨铸铁管管径与指标基价

管径/mm	DN700	DN800	DN900	DN1000	DN1200	DN1400	DN1600
埋深 1.5m/（元/m）	1909.3	2288.7	2606.9	3036.99	4021.49	4556.23	5160.11
埋深 2.0m/（元/m）	1913.6	2295.8	2618.3	3052.28	4034.75	4575.56	5178.39

表 6-8　钢骨架塑料复合管管径与指标基价

管径/mm	DN100	DN150	DN200	DN250	DN400	DN500
埋深 1.5m/（元/m）	326.15	426.86	727.7	965.84	1890.11	2057.89
埋深 2.0m/（元/m）	352.74	452.43	754.57	993	1900.78	2068.11

表 6-9　PE 管管径与指标基价

管径/mm	D90	D125	D160	D250	D315	D355	D400	D500
埋深 1.5m/（元/m）	222.19	289.77	335.09	542.09	740.49	876.52	1075.27	1668.63
埋深 2.0m/（元/m）	249.33	313.88	365.42	573.52	768.3	896.43	1093.49	1681.91

同一种管材，随着管径的增大，管道的投资费用增加。对于球墨铸铁管，随着管径的增大，管道的投资费用增加比较平稳；钢骨架塑料复合管管径由 D400 增大到 D500、PE 管由 DN250 增大到 DN400 时，管道的投资费用增加较多。另外，随着埋深的增加，各种管材、管径的管道投资费用均略有增加。当管径在 150～500mm 时，管道的投资费钢骨架塑料复合管＞PE 管＞球墨铸铁管。

2. 实际成本

再生水管网实际建设成本与管材、管径直接关联，并受到施工工艺的影响。各地区由于实际情况差别较大，通过调研得出管网实际建设成本，见表 6-10。

表 6-10　再生水厂管道投资成本测算

序号	管径	球墨铸铁管/（元/m）	钢管（含防腐）、钢塑复合管/（元/m）	PE 管/（元/m）
1	DN100～DN300mm	500～1300	1000～1500	400～900
2	DN400～DN900mm	1400～5000	2200～5500	
3	DN1000mm 以上	4600～9500	4000～10000	

注：球墨铸铁管、钢管、钢塑复合管埋深 H 均为 1.5～2.5m，PE 管应用于 DN300mm 以下再生水管道，埋深 H 为 1～2m，H 指现状地面至管顶距离；
钢管指卷板钢管；
成本中不包括破路、破绿及拆迁等其他工程费；
管道设计压力为 0.4MPa

通过调研，选取了西安、乌鲁木齐、天津、江苏某市 4 个有代表性的地区再生水管网建设成本进行分析，可以看出，不同管材及管径和施工方式对工程造价影响很大。西安、乌鲁木齐、天津、江苏再生水管网建设费用如表 6-11～表 6-14 所示。

表 6-11　西安某再生水管网建设费用（2013 年）

序号	球墨铸铁管（管径）/mm	建设费用/（元/m）	施工方式及管径	建设费用/（元/m）
1	DN500	1440	顶管穿越高速路，钢管 D1220mm×12 mm	23564
2	DN600	1855	顶管穿越高速路，钢管 D1020mm×14mm	18500
3	DN1000	4024	管架桥穿越河流，钢管 D1020mm×22mm	12235
4	DN1200	5415	直埋管道穿越河流，钢管 D1020mm×16 mm	4016

表 6-12　乌鲁木齐某再生水厂建设费用比较（2007 年）

管径/mm	焊接钢管/（元/m）	球墨铸铁管/（元/m）
DN700	3150	2806
DN800	3592	3182
DN1000	4474	4226

表 6-13　天津某工业园再生水管网建设费用（2012 年）

序号	球墨铸铁管（管径）/mm	建设费用/（元/m）
1	DN125	410
2	DN200	570

表 6-14　江苏某工业园再生水管网建设费用（2012 年）

序号	球墨铸铁管（管径）/mm	建设费用/（元/m）
1	DN400	6087.50
2	DN600	11108.76
3	DN800	17776.21

6.2.2　理论成本与实际成本比较分析

1. 球墨铸铁管

根据上述分析，对球墨铸铁管不同管径、不同埋设深度的理论值与实际值进行比较分析，如图 6-8 所示。

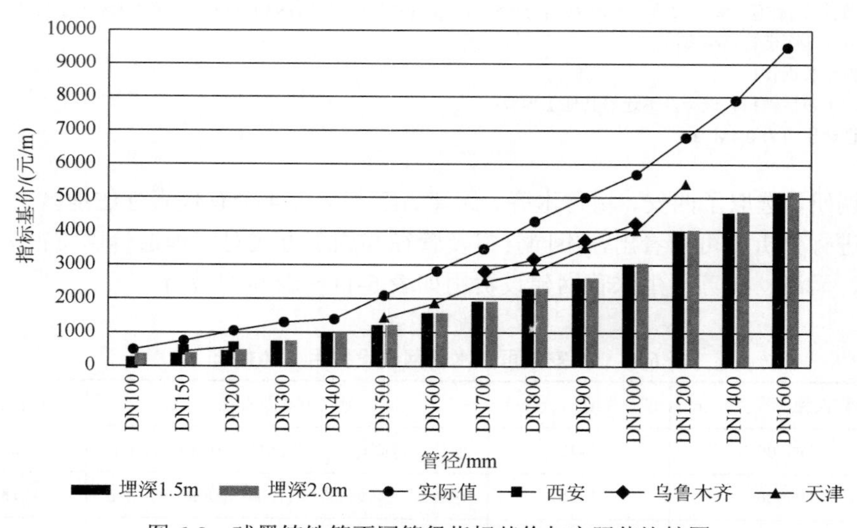

图 6-8　球墨铸铁管不同管径指标基价与实际值比较图

由图 6-8 可以看出，各种管径的实际投资成本均高于理论值，当管径介于 DN100～DN400mm 时，实际投资成本接近于理论值；当管径大于 DN400mm 时，随着管径的增大，实际投资成本偏离理论值也愈大，在管径为 DN1600mm 时，实际值接近理论值的两倍。同时从图中可以看出，对于球墨铸铁管西安、乌鲁木齐、天津三地的实际建设费用与实际值的趋势相接近，介于实际值和理论值之间，并且高于理论值。

2. PE 管

根据上述分析，对 PE 管不同管径、不同埋设深度的理论值与实际值进行比较分析，如图 6-9 所示。

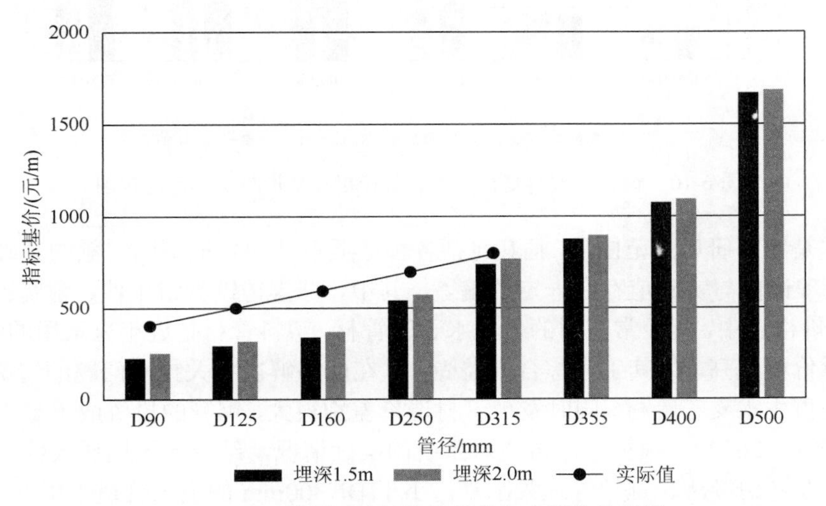

图 6-9　PE 管不同管径指标基价与实际值比较图

由图 6-9 可以看出，各种管径的实际投资成本均高于理论值，且管径在 DN90～DN315mm 时，实际值与理论值相差的幅度较小，理论预测值与实际投资成本较吻合。

3. 钢骨架塑料复合管

根据上述分析，对钢骨架塑料复合管不同管径、不同埋设深度的理论值与实际值进行比较分析，如图 6-10 所示。

由图 6-10 可以看出，各种管径的实际投资成本均高于理论值，在管径为 DN400mm 时，实际投资成本与理论值较接近，其他管径时实际值与理论值的偏离幅度较大，当管径为 DN100mm 时，实际值接近于理论值的两倍。

6.2.3　管网建设经济性分析

通过分析管网建设理论成本和实际建设成本，对目前再生水管网建设中常用的三种管材球墨铸铁管、PE 塑料管、钢骨架塑料复合管进行分析，三种管材的实际投资成本均高于理论值，分析原因，理论值取自建设部《市政工程投资估算指标》第三册（HGZ47-103-2007），其中投资估算是指标基价，同时工程地质条件按三类土无地下水取定，实际管道

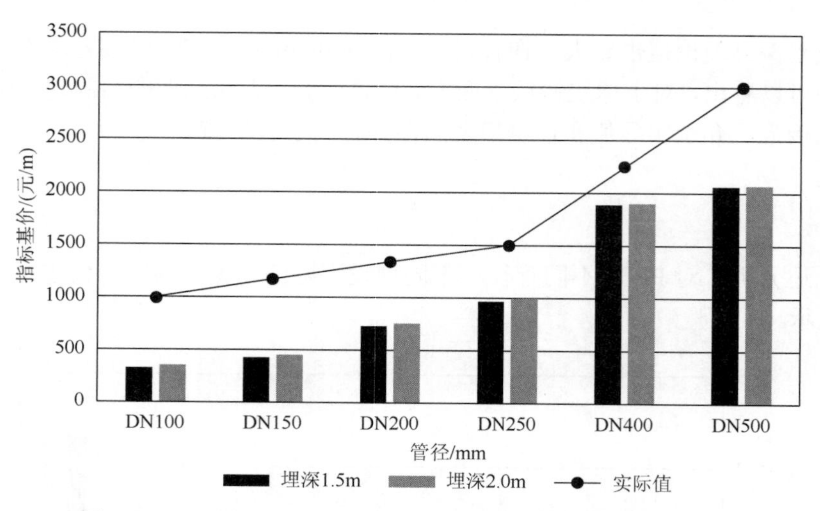

图 6-10　钢骨架塑料复合管不同管径指标基价与实际值比较图

的投资成本是经调研后的范围值，且其包括各种地质条件和各地不同定额的基础上综合取定，因此，理论值与实际值存在一定的偏差。其中，球墨铸铁管耐压性、耐腐蚀较好，且施工迅速，价格适中，是经常使用的再生水干管管材。塑料管材是近年来采用的新型管材，虽然其管材价格较高，但其工程综合效益尚可，在能够解决相关技术问题的情况下，可以作为备选的再生水支管管材。同时发现管材造价差别很大，钢管的投资成本高于球墨铸铁管道（石晔等，2012）。根据区域再生水系统的实际情况，结合当地地质条件、施工和运输条件，以及考虑经济、维护管理等因素，小于 DN300mm 的配水管道采用 PE 管，等于或大于 DN300mm 的输配水管道采用球墨铸铁管。

6.3　不同区域再生水厂与管网建设成本

由于不同区域的再生水厂与管网的建设成本受当地的地理、社会、经济等多方面因素的影响，不同地区再生水处理工艺的选用种类也比较复杂，同一种工艺或管材在不同地区的建设成本也不相同，因此，要逐次分析再生水厂与管网建设成本的难度很大。为便于统计分析，根据不同区域不同工艺和管材的成本及应用情况，估算出东、中、西部再生水厂和管网的综合建设成本，并对将来的成本进行预测，以期指导实践。

6.3.1　水厂建设成本

1. 实际成本

根据再生水厂建设成本分析，汇总出东部、中部和西部地区不同工艺吨水建设成本，具体见表 6-15、表 6-16 和表 6-17。由于同一工艺不同地区、不同规模都会影响工艺的吨水投资，为便于统计及计算，各工艺的吨水投资根据调研及文献汇总提出一个平均值作为吨水建设成本，并根据不同地区各种工艺所占比例考虑确定不同地区吨水建设成本。东部地区，混凝沉淀过滤（老三段）工艺、单膜工艺、双膜工艺和膜生物（MBR）工艺所占的比例分别为 65%、20%、10%和 5%；中部地区，混凝沉淀过滤（老三段）工艺和单膜工艺所占的比例分别为 95%和 5%；西部地区，混凝沉淀过滤（老三段）工艺和单膜工艺所占的比例分别为 95%和 5%。

表 6-15　东部地区不同工艺吨水建设成本

分类	混凝沉淀过滤工艺	单膜工艺	双膜工艺	MBR 工艺
吨水投资/（元/m^3）	500～1500	2000～2500	4000～4500	2800～3200
平均/（元/m^3）	1000	2300	4250	3000
所占比例/%	65	20	10	5

根据表 6-15，计算得出东部地区吨水成本（元/m^3）=1000×65%+2300×20%+4250×10%+3000×5%=1685 元/m^3。

表 6-16　中部地区不同工艺吨水建设成本

分类	混凝沉淀过滤工艺	单膜工艺	双膜工艺	MBR 工艺
吨水投资/（元/m^3）	800～1500	2000～2500	—	—
平均/（元/m^3）	1100	2300	—	—
所占比例/%	95	5	0	0

根据表 6-16，计算得出中部地区吨水成本（元/m^3）=1100×95%+2300×5%+4250×0+3000×0=1160 元/m^3。

表 6-17　西部地区不同工艺吨水建设成本

分类	混凝沉淀过滤工艺	单膜工艺	双膜工艺	MBR 工艺
吨水投资/（元/m^3）	500～2500	3600	—	—
平均/（元/m^3）	1500	3000	—	—
所占比例/%	95	5	0	0

由于西部地区暂无双膜工艺与 MBR 工艺运行，因此，计算西部地区吨水成本时只考虑混凝沉淀过滤（老三段）工艺和单膜工艺。根据表 6-17，计算得出西部地区吨水成本（元/m^3）=1500×95%+3000×5%+4250×0+3000×0=1575 元/m^3。

2. 预测成本

考虑到将来不同地区所采用的工艺类型及比重会有所变化，通过调研和文献汇总，将未来几年的东、中和西部工艺的比例进行调整，并计算出不同地区的吨水投资成本。东部地区，混凝沉淀过滤（老三段）工艺、单膜工艺、双膜工艺和 MBR 工艺所占的比例分别为 50%、20%、25%和 5%；中部地区，混凝沉淀过滤（老三段）工艺、单膜工艺和双膜工艺所占的比例分别为 75%、15%和 10%；西部地区，混凝沉淀过滤（老三段）工艺、单膜工艺和双膜工艺所占的比例分别为 75%、15%和 10%。

东部、中部和西部地区不同工艺吨水建设成本具体见表 6-18、表 6-19 和表 6-20。

表 6-18　东部地区不同工艺吨水建设预测成本

分类	混凝沉淀过滤工艺	单膜工艺	双膜工艺	MBR 工艺
吨水投资/（元/m^3）	500～1500	2000～2500	4000～4500	2800～3200
平均/（元/m^3）	1000	2300	4250	3000
所占比例/%	50	20	25	5

表 6-19　中部地区不同工艺吨水建设预测成本

分类	混凝沉淀过滤工艺	单膜工艺	双膜工艺	MBR 工艺
吨水投资/（元/m^3）	800～1500	2000～2500	4000～4500	2800～3200
平均/（元/m^3）	1100	2300	4250	3000
所占比例/%	75	15	10	0

表 6-20　西部地区不同工艺吨水建设预测成本

分类	混凝沉淀过滤工艺	单膜工艺	双膜工艺	MBR 工艺
吨水投资/（元/m^3）	500～2500	3600	4000～4500	2800～3200
平均/（元/m^3）	1500	3000	4250	3000
所占比例/%	75	15	10	0

根据表 6-18～表 6-20，计算得出东部、中部和西部地区吨水投资为 2172.5 元/m^3、1595 元/m^3 和 2000 元/m^3。

6.3.2　管网建设成本

1. 实际成本

由于同一管材不同地区、不同管径等都会影响管网投资，为便于统计和计算，将各管材的成本根据调研及文献汇总提出一个平均值作为管道建设成本。并根据不同地区不同管材所占比例考虑确定不同地区管道的投资。东部地区，球墨铸铁、PE 和钢塑复合管所占的比例分别为 60%、10%和 30%；中部地区，球墨铸铁、PE、钢塑复合管所占的比例分别为 70%、10%和 20%；西部地区，球墨铸铁、PE 和钢塑复合管所占的比例分别为 85%、10%和 5%。

根据管网建设成本分析，汇总出东部、中部和西部地区不同管材的成本，具体见表 6-21、表 6-22 和表 6-23。

表 6-21　东部地区不同管材建设预测成本

分类	球墨铸铁	PE	钢塑复合管
公里投资/（元/m）	2750	700	2930
所占比例/%	60	10	30

表 6-22　中部地区不同管材建设预测成本

分类	球墨铸铁	PE	钢塑复合管
公里投资/（元/m）	2377.5	700	2745
所占比例/%	70	10	20

表 6-23　西部地区不同管材建设预测成本

分类	球墨铸铁	PE	钢塑复合管
公里投资/（元/m）	1925	700	2145
所占比例/%	85	10	5

通过以上表 6-21～表 6-23 计算得出东部、中部和西部管网单位公里成本分别为 2599 元/m、2283.25 元/m、1813.5 元/m。

2. 预测成本

管网的成本预测与吨水建设成本类似，根据调研及文献总结进行预测，汇总出不同地区将来可能用到的管材及其所占比例。东部地区，球墨铸铁、PE 和钢塑复合管所占的比例分别为 40%、10%和 50%；中部地区，球墨铸铁、PE、钢塑复合管所占的比例分别为 50%、10%和 40%；西部地区，球墨铸铁、PE 和钢塑复合管所占的比例分别为 60%、10%和 30%。

预测成本与实际成本计算相同，经计算，东部、中部和西部管网单位公里成本分别为 2635 元/m、2356.75 元/m 和 1868.5 元/m。实际和预测的吨水投资及管网投资成本见表 6-24 和表 6-25。

表 6-24　再生水吨水投资及管道成本

分类	东部	中部	西部
吨水成本/（元/m^3）	1685	1160	1575
管网成本/（元/m）	2599	2283.25	1813.5

表 6-25　再生水吨水投资及管网成本的预测值

分类	东部	中部	西部
吨水成本/（元/t）	2172.5	1595	2000
管网成本/（元/m）	2635	2356.75	1868.5

6.4　再生水运行成本分析

经济因素涉及地方的经济发展程度、工艺投资费用、运营规模、运行成本与自来水的价格差异大小等各个方面因素。在决策分析中通常用效益作为度量标准。美国环境保护局将“成本效益分析的方针”列为联邦水污染控制法案的一部分，并设立专门的评级标准。根据所得的结果考察各种方案的优劣，做出正确的选择。

6.4.1　社会经济

1. 吨水投资和运行成本

不同工艺之间的吨水投资、吨水运行成本不尽相同，最大相差近 10 倍。对于采用直接过滤（砂滤、活性炭滤池、曝气生物滤池等）的处理工艺，出水达到一级 A 标准，主要用于河道补水，其吨水投资和运行成本最低，如溧阳市第二再生水厂，吨水投资为 350～400 元，吨水运行成本为 0.25～0.35 元；对于采用混凝沉淀过滤（老三段）及其改进工艺（混凝沉淀过滤工艺，澄清过滤工艺，微絮凝过滤工艺），吨水投资和成本也较低，其中吨水投资为 700～1200 元，吨水运行成本为 0.68～1.2 元；对于采用生物滤池工艺（曝气生物滤池、滤布滤池等），出水满足不同用户需求，主要回用于景观、工业、农业、生活杂用等，吨水投资为 1600～2500 元，吨水运行成本为 1.0～1.3 元；对于采用膜滤（包括微滤、超滤、反渗透等）处理工艺，出水满足不同用户的需求，主要回用于景观、工业、农业、生活杂用等，吨水投资和运行成本较高，其中，吨水投资为 1600～2800 元，吨水运行成本为 1.4～2.5 元，投资和运行成本的顺序为微滤＜超滤＜反渗透工艺。设定再生水处理规模为 5 万 m^3/d，不同再生水处理工艺的工程投资、吨水投资、运行成本、总成本比较见表 6-26。

表 6-26　相同规模不同再生水处理工艺的经济比较

处理工艺	工程投资/万元	吨水投资/元	运行成本/（元/m^3）	总成本/（元/m^3）
直接过滤	2400～2500	450～500	0.25～0.27	0.32～0.36
化学絮凝+过滤	2450～2550	500～550	0.26～0.32	0.35～0.42
化学絮凝+沉淀+过滤	2550～2600	550～600	0.28～0.34	0.38～0.45
化学絮凝+微滤	9900～10500	1900～1980	1.10～1.25	1.48～1.55
化学絮凝+沉淀+微滤	10500～11000	1950～2000	1.15～1.32	1.50～1.57
化学絮凝+沉淀+过滤+反渗透	13500～14800	2900～2970	1.70～1.85	2.39～2.45
化学絮凝+微滤+反渗透	21300～23000	4300～4400	2.55～2.73	3.50～3.55

注：设定再生水处理规模为 5 万 m^3/d

采用相同工艺、不同处理规模的工程投资估算，可以看出吨水投资随着规模的增加而降低，以化学絮凝+沉淀+过滤再生水处理工艺为例，当处理规模为 1 万～15 万 t 时，吨水投资和运行成本的变化情况见表6-27。

表6-27　相同处理工艺不同规模的再生水处理工艺的经济比较

处理规模/（万 m^3/d）	吨水投资/元	处理成本/（元/m^3）
1	970～980	0.45～0.48
3	610～630	0.33～0.35
5	570～580	0.30～0.33
10	490～520	0.30～0.32
15	430～450	0.28～0.31

注：再生水处理工艺为化学絮凝+沉淀+过滤

此外，采用不同的消毒技术或投加不同的药剂等也影响吨水投资和运行成本。一般情况下，紫外、氯、二氧化氯、臭氧消毒的费用依次有所升高，石灰药剂费用低于聚合氯化铝和聚合氯化铁。

2. 其他经济因素

地方的经济发展程度、再生水价与吨水运行成本和自来水价之间的差值等因素也很重要。例如，北京、天津等地人均GDP较高，具有较高的经济实力，且属于严重资源型缺水型城市，对再生水需求量较大。郑州、西安等城市人均GDP处于全国中等水平，经济实力比较薄弱，再生水的混凝沉淀过滤（老三段）工艺采用较多且运行较可靠，政府应加以鼓励和给予一定的财政支持，使用户进一步扩大。乌鲁木齐等城市地处西北边疆，人均GDP较低，且一年之中有半年时间气温低于零度，生物过滤工艺不利于污水的处理，夏季降雨较少，农林牧业用水需水量较大，可以优先考虑在污水处理厂中增加深度处理工艺提标到一级B或A标准，以增加农田用水量。

6.4.2　水价

根据2013年全国典型城市调研结果和水务管理年报相关数据，总结了全国主要自来水价、污水处理费、再生水价，编制表6-28。由于各省（自治区、直辖市）内部经济发展水平、水环境污染和水资源紧缺程度不同，各省（自治区、直辖市）根据当地的实际情况，制定了不同的水价标准。因此，表中给出的自来水价、污水处理费和再生水价均不是一个定值，而是一个区间值，为便于统计选取各省（自治区、直辖市）各类水价的最大值作为比较依据，见表6-28。

表6-28　全国主要自来水水价、污水处理费、再生水单价比较表

<table>
<tr><th rowspan="2">城市</th><th colspan="5">自来水单价/（元/m^3）</th><th colspan="5">污水处理费/（元/m^3）</th><th rowspan="2">再生水单价/(元/m^3)</th></tr>
<tr><th>居民生活</th><th>工业</th><th>行政事业</th><th>经营服务</th><th>特种行业</th><th>居民生活</th><th>工业</th><th>行政事业</th><th>经营服务</th><th>特种行业</th></tr>
<tr><td>北京</td><td>4</td><td>6.21</td><td>5.8</td><td>5.8</td><td>61~81</td><td>1.04</td><td>1.77</td><td>1.68</td><td>1.55</td><td>1.68</td><td>1</td></tr>
<tr><td>上海</td><td>1.63</td><td colspan="3">2</td><td>10.6</td><td>1.3</td><td colspan="4">1.7</td><td>0.9</td></tr>
</table>

续表

城市	自来水单价/（元/m³）					污水处理费/（元/m³）					再生水单价/(元/m³)
	居民生活	工业	行政事业	经营服务	特种行业	居民生活	工业	行政事业	经营服务	特种行业	
天津	4	6.65			21.05	0.9	1.2				5.7
重庆	2.7	3.25	2.7	3.25	3.25	1	1.3	1	1.3	1.3	
石家庄	2.5	3.5	4	4	30	0.8	1				1.5
太原	2.3	3.2	3.5	3	48	0.5	0.8	0.5	1	1	
呼和浩特	2.35	3.5	3.5	4	20	0.65	0.95			0.95	
沈阳	1.8	2.5	2.6	3	10.2	0.6	1			1	
长春	2.5	4.6	4.6	8	16	0.4	0.8			2	
哈尔滨	2.4	4.3	4.3	4.3	16.4	0.8	1.1			1.1	0.9
南京	1.68	1.95	1.8	1.95	2.95	1.42	1.65	1.6	1.65	1.65	
杭州	1.35	1.75			2.8	0.5	1.8	1.5			
合肥	1.55	1.8	1.8	1.81	7.24	0.51	0.59	0.59	0.77	0.77	0.15
福州	1.7	1.9			3	0.85	1.1			1.5	
南昌	1.18	1.45	1.45	1.65	6	0.8	0.8			1	
济南	2.25	3.3	4.3	4.3	15.1	0.9	1.1				
郑州	1.6	2	2	3	9.2	0.65	0.8			1	
武汉	1.52	2.35			9	0.8					
长沙	1.53	2.39			5.66	0.75	1.05			1.38	
广州	1.98	3.46			20	0.9	1.4	1.2	1.4	2	
南宁	1.48	2.23			5	1.17					
海口	1.6	2.5	1.8	2.5	2.5	0.8	1.1			1.1	
成都	1.95	2.9			10.5	0.9	1.4			1.8	
贵阳	2	2.9			10	0.7	0.8				
昆明	2.45	4.35	3.6	4.35	14.1	1	1.25				
拉萨	1	1.4	0.9	1.35	1.5						
西安	2.25	2.55	2.95	3.4	16.1	0.65	0.9				1.1
兰州	1.75	2.53	2.5	2.8	15	0.8	1.2			0.8	
西宁	1.3	1.38	1.65	2	4.5	0.82	1.09			1.5	
银川	1.8	2.75	2.75	3.1	19.5	0.7	1			2	
乌鲁木齐	1.36	1.48	1.48	2.44	8.7	0.7					0.1
深圳	2.3	3.35	3.3	3.35	15	0.9	1.05	1.1	1.2	2	
泉州	1.65	1.9	1.65	1.9	2.8	0.8					

注：水价实行阶梯水价制度或超定额加价制度的城市，表中数据均为第一阶梯水价或者为基价

根据表 6-28 中的数据，结合全国相关的再生水厂建设和再生水利用量资料可以看出，

北方各省（自治区、直辖市）自来水价和再生水价存在不同程度的差距，价格差明显，这些省（自治区、直辖市）也是全国水资源相对紧缺，再生水事业发展较快的地区。南方各省（自治区、直辖市）基本无再生水价，自来水价也低于北方各省（自治区、直辖市），这些地区也是中国再生水事业发展相对较慢的地区。北方各省（自治区、直辖市）中，尤以北京、河北、山东、河南等省（自治区、直辖市）自来水价与再生水价差距较大，这些省（自治区、直辖市）也是北方各省（自治区、直辖市）再生水事业发展最快的地区之一。

在再生水水质和水量能够满足安全性和稳定性的情况下，价格是决定需求的主要因素，合理的价格机制能够对再生水的需求产生经济激励。对于再生水企业而言，再生水价格与其处理成本之间的差额是其进行成本-利润核算的关键，如果再生水价格太低，再生水企业可能难以正常运转。由于再生水利用属于城市供水服务领域，供水企业只能通过收取水费回收服务成本以满足其财务需求，而不能从中获得超额利润（张宇等，2003）。因此，为避免供水企业利用市场力量在成本之上定价，政府应进行监管，从鼓励采用再生水的角度而言，自来水价格应和再生水价格/成本之间有一个最佳平衡点，应根据它们之间的相互影响关系研究其最佳平衡点。政府除可以采用直接控制、税收、补贴等财税手段将其价格维持在较低水平外，还可以直接设定价格上限和投资回报率管制的方式，使得再生水产品和服务维持在较为合理的水平。

目前，中国在再生水价格定价方面主要采用政府定价和财政差额补贴的方式维持再生水企业正常运转（张钡和张世英，2003）。例如，北京市再生水成本按再生水厂和管网投资加运行费用核定单方水价格，其值将远远高于现在收取的再生水水价 1 元/m^3 的标准。北京市一方面采取政府定价，另一方面每年从政府财政中拿出专项经费用于再生水管网和再生水厂建设，减轻再生水企业运行成本，提高社会投资再生水行业的热情。

第 7 章　再生水利用适应性分析

7.1　适应性分析

7.1.1　水资源赋存条件

水资源禀赋的差异对不同地区在再生水生产工艺选择上有一定的影响，在水资源禀赋较差的地区，目前运行的再生水工艺有多种类型，从传统的老三段工艺到生物处理工艺，以及能够进一步提高出水水质的膜工艺等都存在；在水资源禀赋较好的地区，多优先选用低投资和运行成本较低的再生水生产工艺。

7.1.2　社会经济指标

社会经济的发展水平对再生水生产工艺的选择具有较大影响，主要体现在以下两个方面。

（1）从时间上看，中国早期的再生水生产工艺主要选用吨水投资较小的混凝沉淀过滤工艺。例如，2000 年运行的水源六厂再生水利用工程、2002 年运行的西安白石桥污水再生工程、2003 年运行的天津开发区“双膜法”污水再生回用工程、2004 年运行的北京方庄再生水厂、2004 年运行的北京酒仙桥再生水厂、2005 年运行的北京华能热电厂回用工程等。

（2）从空间上看，中国西部经济不发达地区的再生水处理工艺多采用投资成本较小的混凝沉淀过滤工艺，在西安，其多个再生水工程的主体工艺均采用混凝沉淀过滤工艺，如西安市纺织城再生水厂、西安北石桥污水净化中心、西安市店子村再生水厂、西安市袁乐村污水处理厂；中国东部经济发达地区开展城市污水回用较早的城市，目前存在多种再生水工程实例，并且在工艺选择上逐步形成了以生物处理工艺为主，膜工艺为辅的多工艺并存格局；在中国东部经济发达地区开展再生水利用较晚的城市，从一开始就采用了以生物处理工艺为主，膜工艺为辅的工艺格局。另外，经济发达地区有雄厚的经济实力，但是土地价格日益宝贵，所以选择运行成本高的再生水生产工艺而不愿选择占地规模大的工艺，特别是当规模较大时，这种在土地投资成本和运行成本之间的权衡考量可能是影响再生水工艺选择的关键所在。

因此，应该以城市人均 GDP、万元工业增加值等社会经济指标作为推荐再生水工艺考虑的指标。

7.1.3　技术发展水平

再生水工程的相关经济技术指标也是再生水工艺选择的决定性因素。

1. 工程规模

通过对规模以上再生水工艺的分析，再生水厂设计规模多集中在 5 万～10 万 t/d，在此规模内，多种工艺格局并存。总体上看：

（1）老三段工艺是最常用的再生水工艺，该工艺对含重金属污水的处理效果较好。对于规模较小的再生水工艺，使用混凝、沉淀、过滤的处理方法工艺简单，便于操作，但是该工艺存在着流程长，占地面积大，污泥产生量大等问题（冯运玲等，2011）。

（2）生物处理工艺的适用规模一般较大，主流工艺是采用曝气生物滤池（BAF），其能够适用于较大规模的再生水工程（池勇志等，2012）。采用曝气生物滤池（BAF）能够有效降低污水中的含氮量，对水质水量变化适应性高，工艺稳定，处理效果好，但维护管理复杂，对于含氮量较高或出水水质对含氮量要求较高的回用对象适合使用曝气生物滤池（BAF）工艺；活性炭滤池工艺能够有效降低浊度，并且工艺简单，投资运行费用比曝气生物滤池（BAF）工艺少，并且易于维护管理。

（3）膜处理工艺由于投资和运行成本较高，一般不适用于大规模的再生水工程，但是使用膜技术可以代替传统深度处理中的混凝、沉淀、过滤、消毒等处理工艺，简化流程，减少了占地面积。其中的反渗透（RO）能够降低矿化度和去除总溶解固体的效果好，对二级出水的脱盐率及 COD 和 BOD 的去除率都有很好的作用，同时也能够去除 90%的细菌，并且反渗透膜机械强度低，流体力学结构良好，经济性也很好；连续微滤膜（CMF）有较大的过滤通量和较高的抗污能力，能够有效去除细菌、微生物和悬浮物等杂质，大大提高出水水质。在使用反渗透时对进水水质要求严格，必须进行预处理，CMF+RO 工艺中以微滤膜作为反渗透前的预处理，可使反渗透进水水质得到较好的控制，减少反渗透膜的清洗频率（杨京生和孟瑞明，2008）。膜生物反应器（MBR）工艺具有高度的稳定性，出水水质良好，其出水可直接回用，并且该工艺处理流程简单，无需沉淀池和砂滤器，设备占地少，节省了大量空间，初期基础设施投资费用低。同时具有维护简单、可实现自动化遥控管理、具有良好的升级改造潜力等优点，在现有水池基础上添加膜处理单元可提高处理量和处理效果，适用于小区、企业内部污水再生和利用（冯运玲等，2011）。但膜生物反应器（MBR）工艺目前需要克服的约束是要能够适用于大规模的再生水工程。但是膜处理工艺的显著不足是能耗较大，并且膜的污染堵塞是一个急需解决的技术难题，开发大通量、不易堵塞的膜组件是今后发展的重要方向。

2. 水源水质

进水水质是再生水工艺选择需要考虑的重要指标，作为再生水厂的进水一般是城市污水处理厂的出水。目前其出水水质一般有 GB 18918—2002 一级 A、GB 18918—2002 一级 B、GB 8978—1996 二级排放标准三种进水水质。对于不同的水源水质，在后续的处理工艺选择上，一般也有不同。对于 GB 18918—2002 一级 A、GB 18918—2002 一级 B 的进水水质一般采用短流程的处理工艺即可满足多种用途的出水水质要求。例如，北京水源六厂再生回用工程、北京酒仙桥再生水厂、北京华能热电厂回用工程、北京方庄再生水厂等进水水质均为 GB 18918—2002 一级 B，因此，其再生工艺多采用了机械加速澄清+砂滤+消毒等老三段工艺。对于进水符合 GB 8978—1996 二级排放标准的再生水工程，则一般需要采用混凝沉淀+曝气生物滤池+混凝沉淀深度处理+紫外消毒等相对长流程工艺才能满足较高的出水水质要求，主要是由于曝气生物滤池（BAF）工艺有利于显著降低氮素含量和溶解性有机碳含量（冯运玲等，2011）。

3. 再生水利用途径

（1）用于农业方面，目前国内存在的工艺主要是混凝过滤沉淀老三段处理工艺，深度处理后出水虽然能用于农业灌溉，但仍会对土壤和农作物造成一定的影响。

（2）用于工业、城市非饮用水和景观用水方面，在采用混凝过滤沉淀老三段工艺的基础上，出现了如机械加速搅拌、生物活性炭滤池等较先进的工艺类型，在一定程度上提高了出水水质。但缺乏针对不同工业利用的专门处理工艺。

（3）用于生态用水方面，国内采用了曝气生物滤池（BAF）、滤布滤池和生物活性炭滤池等生产工艺，使出水水质显著提高。

4. 投资和运行成本

选择再生水工艺时，在满足用水水质要求的前提下，吨水投资和吨水运行成本是必须考虑的经济指标。吨水投资主要包括土地投入、设备材料投入、设计建设投入等，运行成本则主要包括物耗、能耗、人力成本、设备折旧等方面（傅平等，2003）。

混凝曝气沉淀工艺的吨水设备投资较低，运行管理简单，运行成本也相对较低，但其占地规模相对较大，如果用于大规模的再生水工程，会导致土地成本较高。因此，目前在经济发达地区多适用于中小规模的再生水工程。

生物处理工艺要求有较高的运行管理技术水平，其中，曝气生物滤池（BAF）工艺在单位土地面积上能够有更大的处理规模，但膜生物反应器（MBR）工艺的有效处理规模尚有待提高，生物处理工艺的运行成本一般也高于混凝曝气沉淀工艺。目前生物处理工艺逐渐成为中国再生水工艺的主流工艺。

膜处理工艺的占地面积较小，但其运行成本和吨水设备投资都比较高，经济不发达地区一般难以承受。因此，目前膜处理工艺一般用于较小规模的再生水回用工程，并且其用户对水质要求较高。

7.2 工 艺 推 荐

7.2.1 按进水水质

城市污水处理厂二级处理出水的水质不同，出水达到利用标准所采用的深度处理工艺也不同。因此，可以根据二级处理出水的水质，采用相应的深度处理工艺，以达到再生水的水质标准并节约成本，实现处理效率和经济效益的平衡。按深度处理的不同，进水水质不同，集成技术大致分为以下几类。

1. 进水水质达到一级 A 标准

城市污水处理厂二级出水达到一级 A 标准，水质较优，采用的后处理可省去生物处理单元，以物化处理为主；当要求出水水质更优时，可辅助以膜技术。因此，进水水质达到一级 A 标准时，可以参考的组合工艺如下。

1）*混凝沉淀+消毒*

工艺流程图如图 7-1 所示。

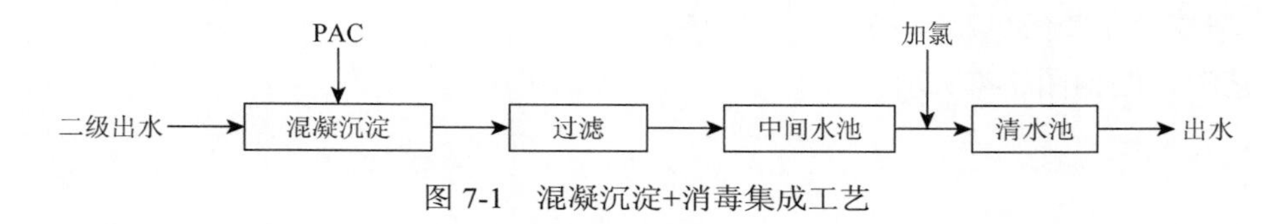

图 7-1　混凝沉淀+消毒集成工艺

由于进水水质较优，采用物理化学技术集成，处理后出水水质可达到对水质指标要求不高的再生水的水质标准，投资运行费用少，运行稳定可靠。

2）*石英砂过滤+活性炭吸附+消毒*

工艺流程图如图 7-2 所示。

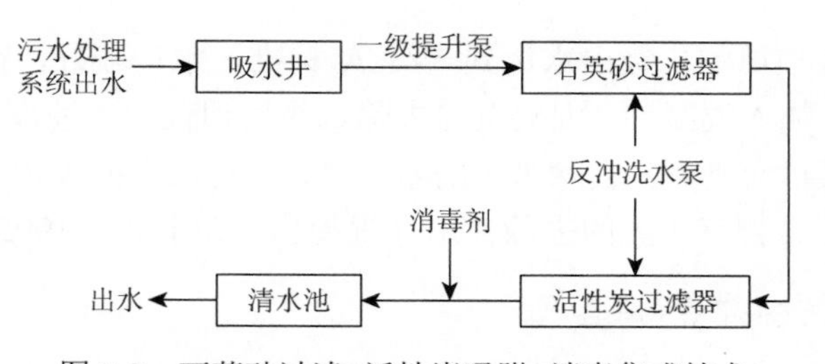

图 7-2　石英砂过滤+活性炭吸附+消毒集成技术

该集成技术也主要采用物理化学单元技术，过滤采用两级过滤系统，污水先进入石英砂过滤器，去除水中的悬浮颗粒、胶体等，出水进入活性炭过滤器，活性炭过滤器能够吸附前级过滤中无法去除的余氯，同时还吸附从前级泄漏过来的小分子有机物等污染性物质，对水中异味、胶体及色素、重金属离子等有较明显的吸附去除作用，还具有降低 COD 的作用，使出水水质更优（池勇志等，2012）。出水加入消毒剂消毒后进入清水池回用。

3）*机械加速澄清+砂滤+消毒*

工艺流程图如图 7-3 所示。

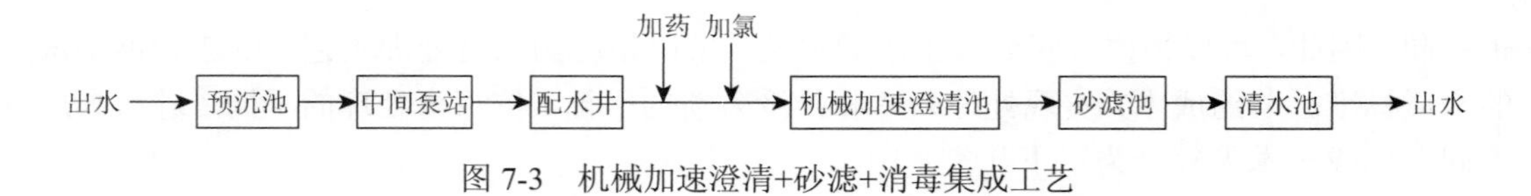

图 7-3　机械加速澄清+砂滤+消毒集成工艺

该集成技术采用的是机械加速澄清池和砂滤的物化处理，机械加速澄清池是通过机械搅拌将混凝、反应和沉淀置于一个池中进行综合处理的构筑物。悬浮状态的活性泥渣层与加药的原水在机械搅拌作用下，增加颗粒碰撞机会，提高了混凝效果。经过分离的清水向上升，经集水槽流出，沉下的泥渣部分再回流与加药原水机械混合反应，部分则经浓缩后定期排放。这种池子对水量、水中离子浓度变化的适应性强，处理效果稳定，处理效率高。但用机械搅拌，耗能较大，腐蚀严重，维修困难。机械加速澄清池的出水进入砂滤池，去除水中的悬浮颗粒、胶体等，出水消毒后利用（胡春玲等，2007）。

4）超高效絮凝澄清+石英砂过滤+消毒

工艺流程图如图 7-4 所示。

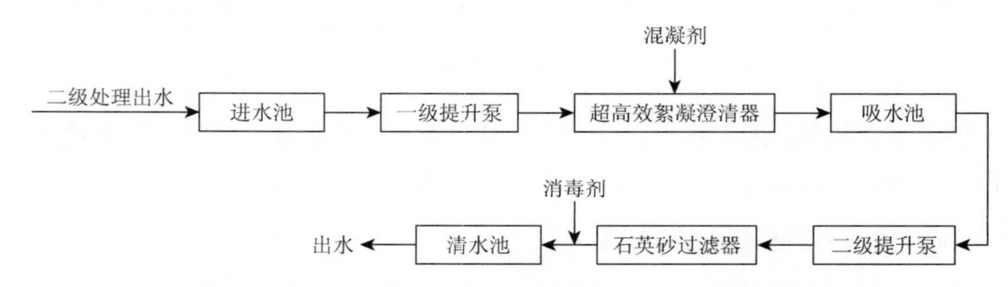

图 7-4　超高效絮凝澄清器+石英砂过滤器+消毒集成工艺

由于城市污水处理厂的二级出水达到一级 A 标准，水质较好，在进水池由泵提升至超高效絮凝澄清器，加入混凝剂，混凝沉淀去除二级处理残留的浊度、磷等，出水经二级提升泵提升进入石英砂过滤器，去除水中的悬浮物，并对水中的胶体、铁、有机物、农药、锰、细菌、病毒等污染物有明显的去除作用（祝超伟和章非娟，1995）。

5）混凝沉淀+砂滤+超滤+消毒

工艺流程图如图 7-5 所示。

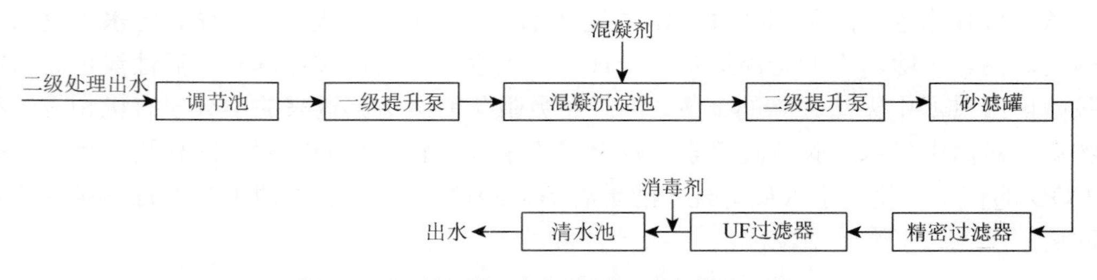

图 7-5　混凝沉淀+砂滤+超滤+消毒集成工艺

该集成技术采用物化处理和膜技术相结合的处理方式，城市污水处理厂二级出水加入混凝剂，在混凝沉淀池内沉淀去除悬浮物后出水由提升泵提升入砂滤罐内，进一步去除水中细小的悬浮颗粒、胶体等，出水进入精密过滤器，去除水中杂质、沉淀物和悬浮物、细菌等，用精密过滤器作为超滤的前处理，可以防止超滤中膜污染。出水经超滤，去除水中的微粒、胶体、细菌以及细小的有机物，使出水水质更优（岳志芳，2013）[①]。

使用该集成技术处理城市污水处理厂二级出水，运行稳定可靠，处理后出水水质较优，但与“混凝沉淀＋消毒”的传统老三段工艺相比，所需的运行费用较多。

6）石英砂过滤+精密过滤+中空纤维过滤+消毒

工艺流程图如图 7-6 所示。

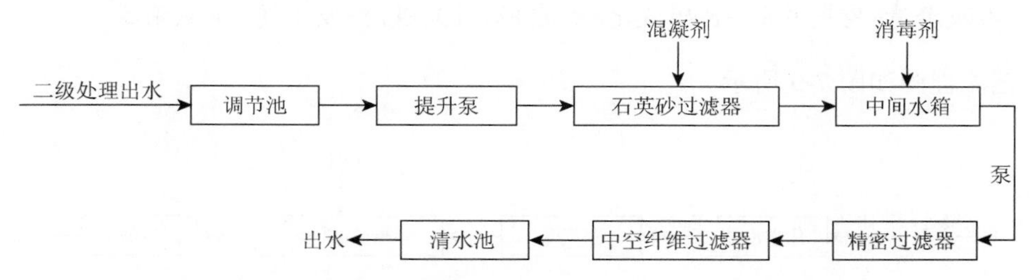

图 7-6　石英砂过滤+精密过滤+中空纤维过滤+消毒集成工艺

该集成工艺采用石英砂过滤和超滤膜技术，城市污水处理厂二级出水水质较优，达到一级 A 标准，经过调节池后由泵提升至石英砂过滤器，可以去除水中残余的细小悬浮物，不用投加混凝剂，节省了运行费用，对水中的胶体、铁、有机物、农药、锰、细菌、病毒等污染物有明显的去除作用。出水进入中间水池，并投加消毒剂在超滤前消毒，这样可以防止停机时膜受细菌污染。出水进入精密过滤器和中空纤维过滤器处理后出水水质更优（王海燕等，2010）。该组合工艺占地面积少，而且可以间歇运行。

7）沉淀+过滤消毒+超滤

工艺流程图如图 7-7 所示。

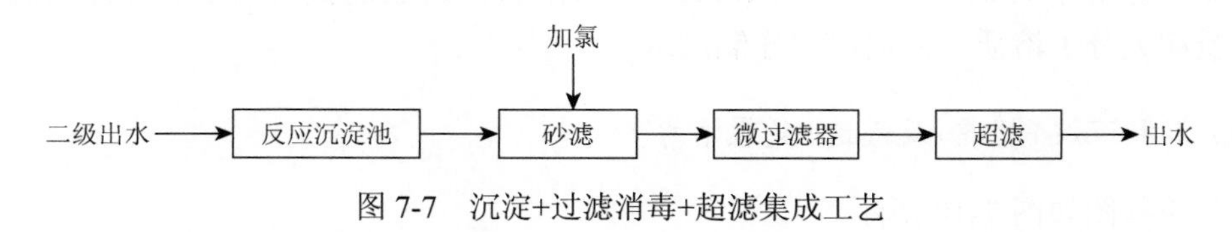

图 7-7　沉淀+过滤消毒+超滤集成工艺

该集成工艺采用老三段工艺和超滤结合的组合工艺，二级出水经老三段工艺处理后进入微过滤器，进一步提高出水水质，减少超滤膜的污染，出水经超滤可去除盐类等（王海燕等，2010）。

8）微滤+反渗透+深度脱盐工艺

工艺流程图如图 7-8 所示。

① 岳志芳. 2013. 混凝—沉淀—砂滤—超滤工艺对城市小区雨水处理与回用实验研究. 甘肃：兰州交通大学硕士学位论文.

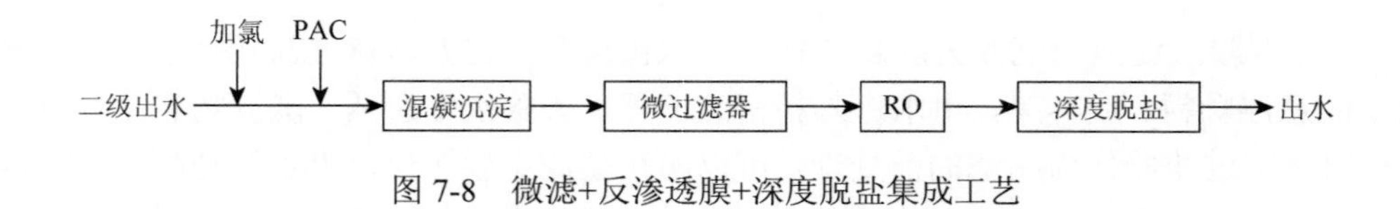

图 7-8　微滤+反渗透膜+深度脱盐集成工艺

该集成工艺采用微滤作为反渗透的预处理，可以防止膜污染。而且经微滤、反渗透和深度脱盐系统处理后，出水水质比传统的物化处理水质高。可以回用于锅炉用水。但微滤和反渗透以及深度脱盐技术虽然占地面积少，便于自动化管理，但投资运行费用较高，且容易造成膜污染（孟瑞明等，2012）。

9）*石灰澄清+空气吹脱+再碳酸化+过滤+活性炭吸附+反渗透+加氯消毒*

工艺流程图如图 7-9 所示。

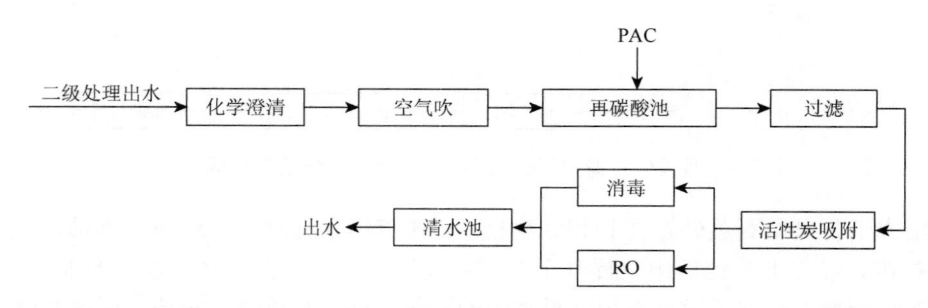

图 7-9　石灰澄清+空气吹脱+再碳酸化+过滤+活性炭吸附+反渗透+加氯消毒集成工艺

再碳酸池不仅具有一定的软化作用，而且同时有降低二级出水污染残留物和保持产品水水质稳定的较好效果。降低二级出水碳酸盐硬度等溶解盐，有利于防止结垢。出水经过滤后进入活性炭吸附池，活性炭能去除水中残留的有机物，如酚、苯、氯、农药、洗涤剂、三卤甲烷等。此外，对银、镉、铬酸根、氰、锑、砷、铋、锡、汞、铅、镍等离子也有吸附能力（蔡道飞等，2014）。出水进入反渗透系统，反渗透膜能截留水中的各种无机离子、胶体物质和大分子溶质，从而取得净制的水。

10）*混凝沉淀+超滤+反渗透+臭氧消毒*

工艺流程图如图 7-10 所示。

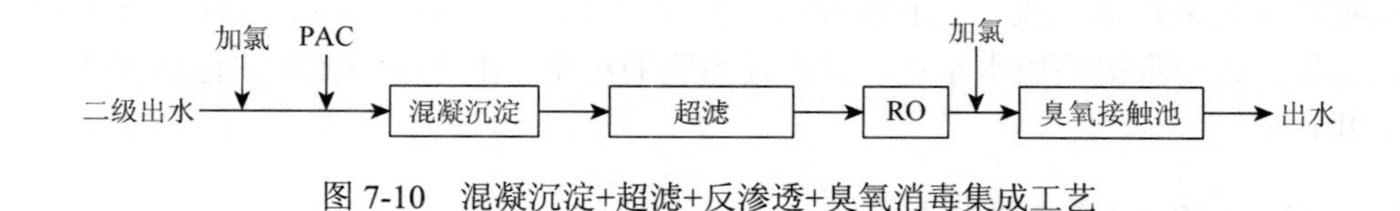

图 7-10　混凝沉淀+超滤+反渗透+臭氧消毒集成工艺

11）*气浮+砂滤+反渗透*

工艺流程图如图 7-11 所示。

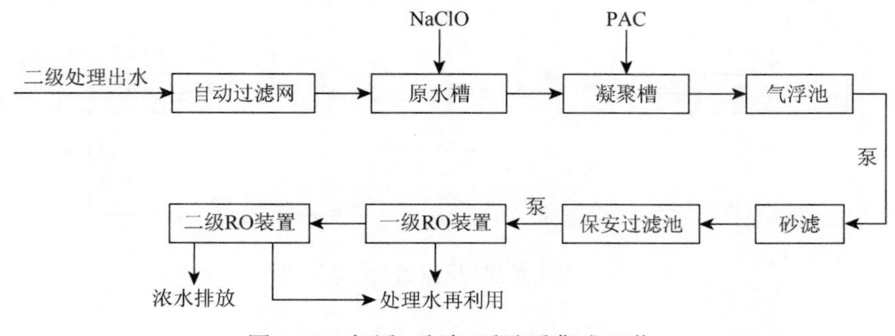

图 7-11　气浮+砂滤+反渗透集成工艺

12）微滤+反渗透+离子交换

工艺流程图如图 7-12 所示。

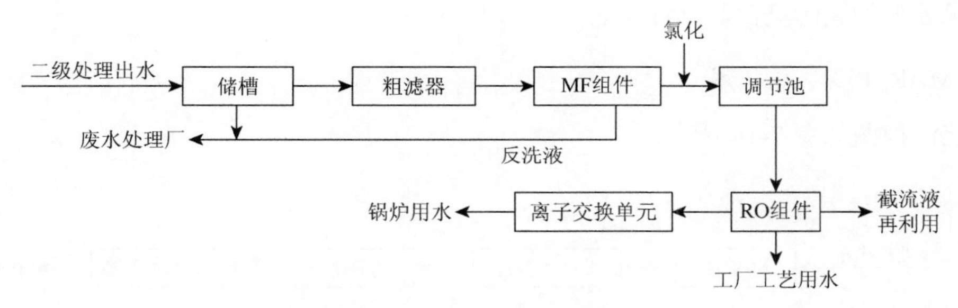

图 7-12　微滤+反渗透+离子交换集成工艺

13）过滤+纳滤+消毒

工艺流程图如图 7-13 所示。

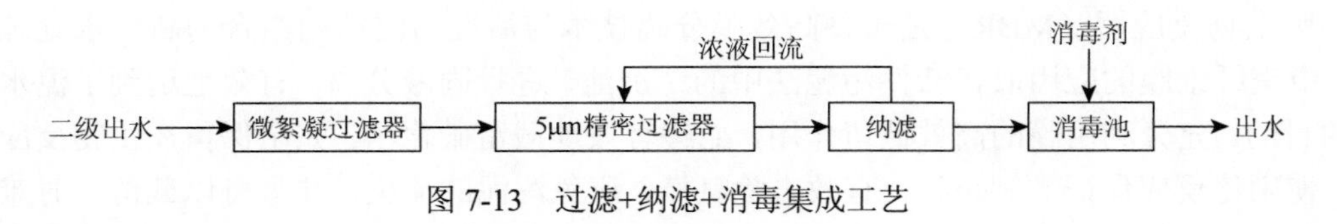

图 7-13　过滤+纳滤+消毒集成工艺

14）微滤+反渗透+消毒

工艺流程图如图 7-14 所示。

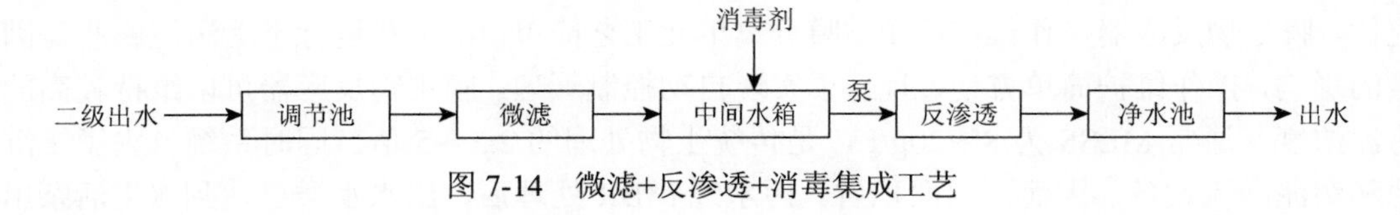

图 7-14　微滤+反渗透+消毒集成工艺

15）连续微滤+反渗透+消毒

工艺流程图如图 7-15 所示。

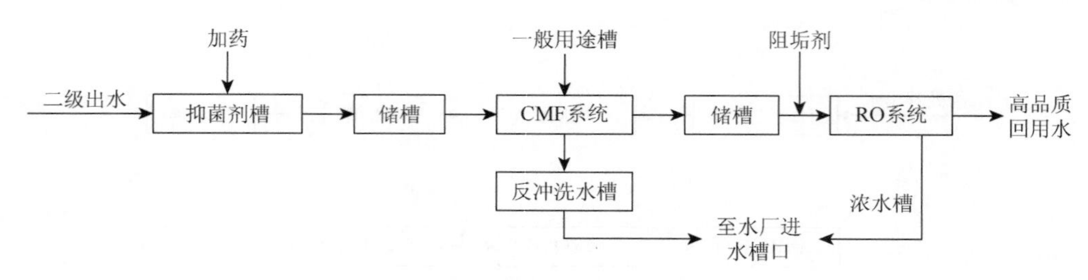

图 7-15 连续微滤+反渗透+消毒集成工艺

2. 进水水质达到一级 B 标准

对于水质达到一级 B 标准的进水，除了可以采用上述一级 A 标准要求的工艺外，还可以采用物化与生化结合作为膜技术的预处理，这样既可以提高出水水质，也可以防止后续膜技术处理的膜污染。具体如下。

1）MBR+RO 集成技术

工艺流程图如图 7-16 所示。

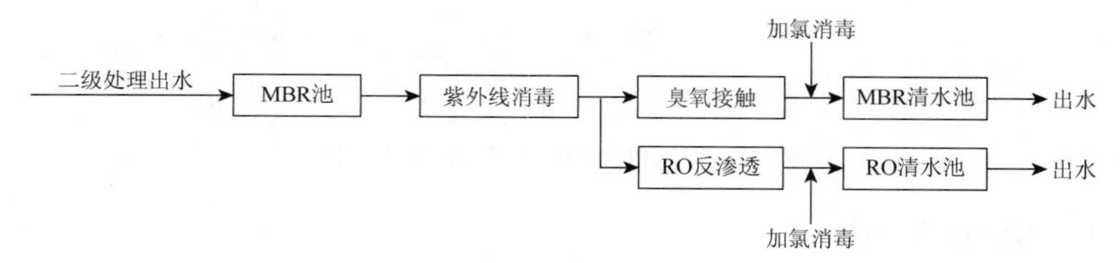

图 7-16 MBR+RO 集成工艺

膜生物反应器（MBR）是一种高效膜分离技术与活性污泥法相结合的新型水处理技术。中空纤维膜的应用取代活性污泥法中的二沉池，进行固液分离，有效地达到了泥水分离的目的。充分利用膜的高效截留作用，能够有效地截留硝化菌，完全保留在生物反应器内，使硝化反应保证顺利进行，有效去除氨氮，避免污泥的流失，并且可以截留一时难以降解的大分子有机物，延长其在反应器的停留时间，使之得到最大限度的分解。应用 MBR 技术后，主要污染物的去除率可达：COD≥93%，SS=100%。产水悬浮物和浊度接近于零，处理后的水质良好且稳定，可以直接回用，实现了污水资源化（蔡亮等，2011）。

膜生物反应器出水经紫外消毒和臭氧、加氯消毒后进入 MBR 清水池处理后出水水质更优，膜生物反应器操作维护简单，膜分离单元工艺简单，出水和运行不受污泥膨胀等因素的影响，操作维护简单方便，且易于实现自动控制管理。膜生物反应器可以维持较高的污泥浓度，通常 MLSS 为 8～20g/L，是传统生物处理的 2.5～5 倍，同时系统省去了二沉池和污泥回流设备，因而占地面积省。污水经 MBR 处理后，出水水质已达到《生活杂用水水质标准》，可直接用于绿化、冲洗、消防、补充观赏水体等非饮用水的目的，MBR 具有实现自动控制和操作管理方便等优点，因此，在城市污水和工业废水处理与回用等方面已得到应用（冯运玲等，2011）。但是 MBR 运行费用较高，容易造成膜污染，管理较复杂。

MBR出水经反渗透和加氯消毒，除了可以去除MBR去除的多种污染物质之外，还可以去除无机盐离子，提高了出水水质。该集成技术适用于对再生水用水水质要求较高的情况。

2）混凝沉淀+生物活性炭+消毒

工艺流程图如图7-17所示。

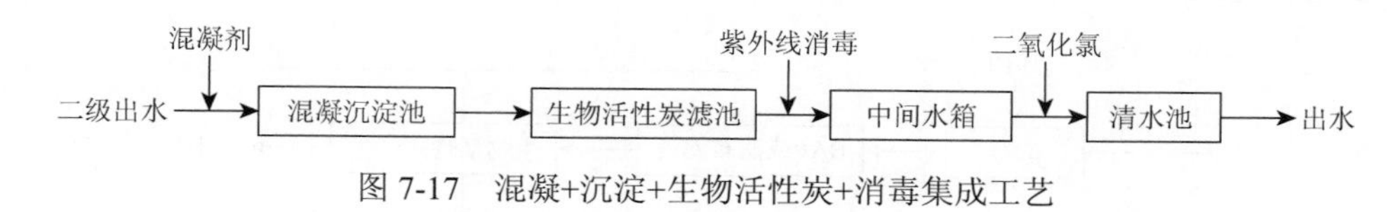

图7-17　混凝+沉淀+生物活性炭+消毒集成工艺

3）混凝沉淀+过滤+生物活性炭工艺+精滤+超滤

工艺流程图如图7-18所示。

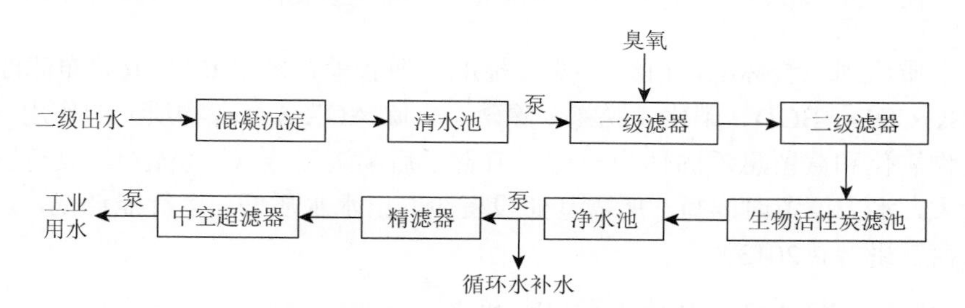

图7-18　混凝沉淀+过滤+生物活性炭+精滤+超滤集成工艺

4）生物活性炭+超滤+反渗透技术

工艺流程图如图7-19所示。

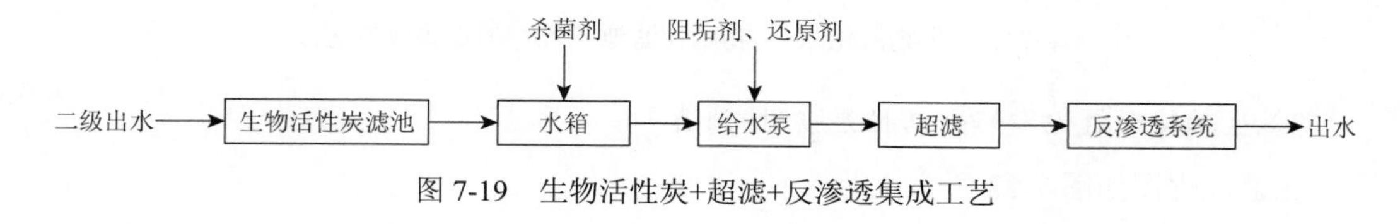

图7-19　生物活性炭+超滤+反渗透集成工艺

该集成技术采用生物活性炭和双膜工艺，将超滤作为反渗透技术的预处理，避免了膜污染及膜堵塞。

城市污水处理厂二级出水进入生物活性炭滤池，通过生物活性炭的生物氧化和吸附双重作用，降解并去除细小的有机物、悬浮物及部分氨氮等，出水进入水箱，加入消毒剂消毒，并加入阻垢剂和还原剂去除盐类和无机离子，通过提升泵将水提升进入超滤系统，通过超滤去除水中的微粒、胶体、细菌以及细小的有机物，出水进入反渗透系统，进行反渗透处理，去除盐类，提高出水水质（官章琴等，2014）。得到高品质出水。

3. 进水水质达到二级标准

进水达到二级标准的除了可以用上述所提到的集成工艺外，为了提高出水水质，可以在膜技术前采用生物技术作为预处理，具体工艺如下。

1）絮凝+曝气生物滤池/滤布滤池+生物活性炭滤池+紫外消毒

工艺流程图如图 7-20 所示。

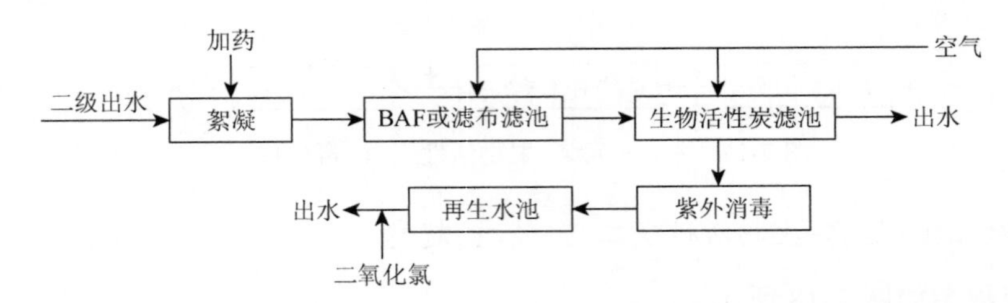

图 7-20 絮凝+曝气生物滤池/滤布滤池+生物活性炭滤池+紫外消毒集成工艺

进水水质达到二级标准，相对一级 A 标准水质较差，采用 BAF 或滤布滤池，BAF 具有去除 SS、COD、BOD、硝化、脱氮、除磷、去除 AOX（有害物质）的作用。曝气生物滤池集生物氧化和截留悬浮固体为一体，节省了后续沉淀池（二沉池），具有容积负荷、水力负荷大，水力停留时间短，所需基建投资少，出水水质好，运行能耗低，运行费用少的特点（岳三琳等，2013）。

2）生物流化床+生物陶粒滤池+砂滤+消毒

工艺流程图如图 7-21 所示。

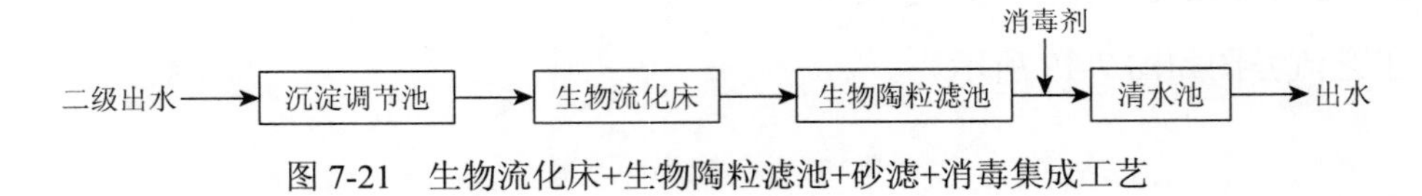

图 7-21 生物流化床+生物陶粒滤池+砂滤+消毒集成工艺

3）生物接触氧化+砂滤+活性炭吸附+消毒

工艺流程图如图 7-22 所示。

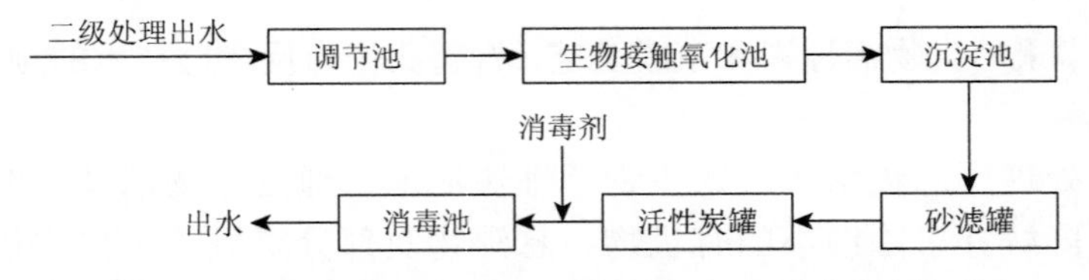

图 7-22 生物接触氧化+砂滤+活性炭吸附+消毒集成工艺

4）二段式生物接触氧化+沉淀+过滤+消毒

工艺流程图如图 7-23 所示。

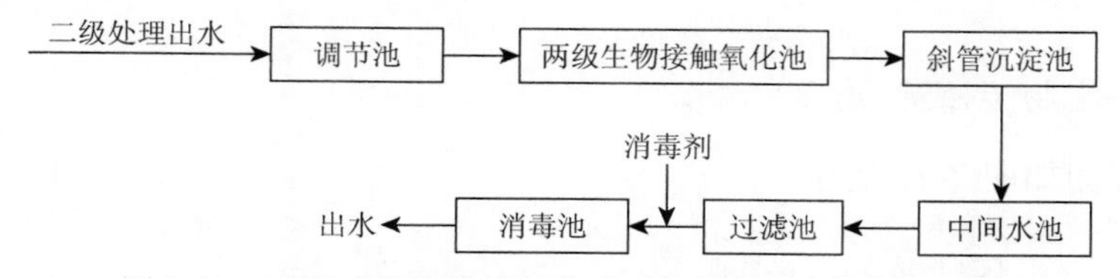

图 7-23　二段式生物接触氧化+沉淀+过滤+消毒集成工艺

5）两级生物接触氧化+消毒+纤维球过滤

工艺流程图如图 7-24 所示。

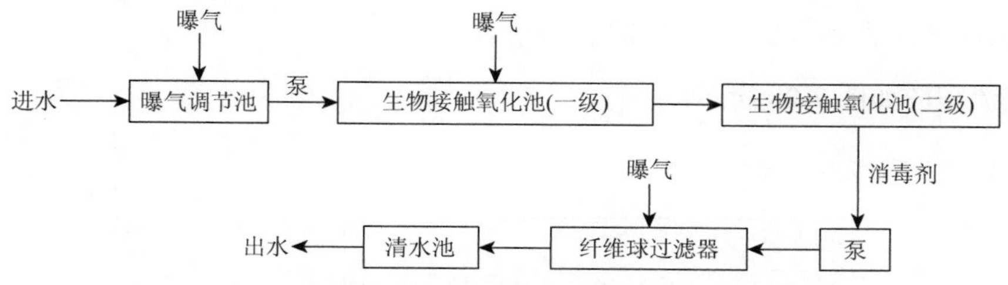

图 7-24　两级生物接触氧化+消毒+纤维球过滤集成工艺

6）生物转盘+混凝沉淀+砂滤+消毒

工艺流程图如图 7-25 所示。

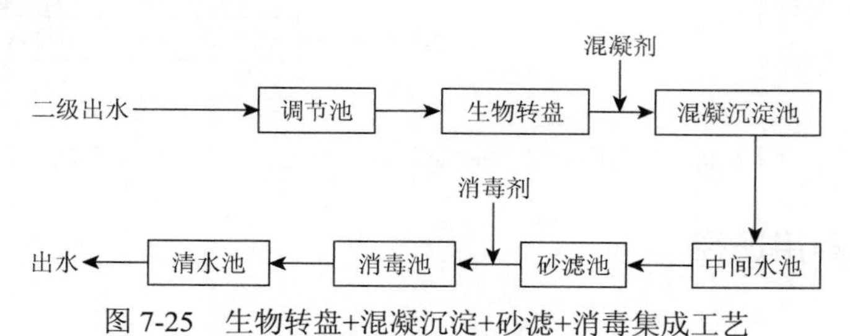

图 7-25　生物转盘+混凝沉淀+砂滤+消毒集成工艺

该工艺采用生物技术和物理化学技术的集成。城市污水处理厂的二级处理出水进入调节池，调节池中设有射流搅拌器搅动水流，用潜污泵将原水提升进入生物转盘进行生物处理。随后污水进入混凝沉淀池，沉淀后水流入中间水池，再用泵抽升至砂滤池，过滤后的水消毒后流入清水池并输送至回用管网。

7）生物转盘+过滤+砂滤+消毒

工艺流程图如图 7-26 所示。

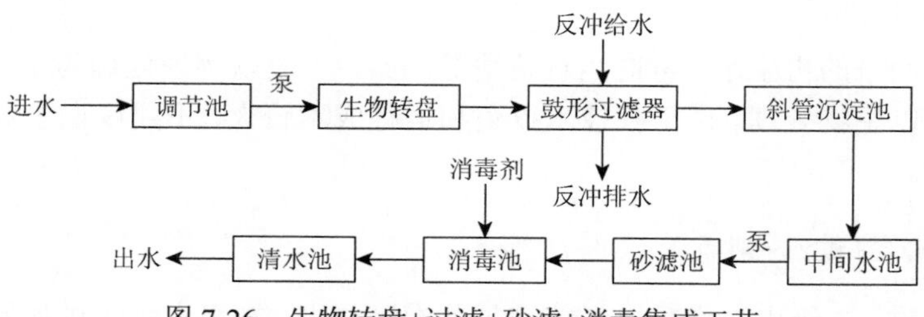

图 7-26　生物转盘+过滤+砂滤+消毒集成工艺

8）砂滤+生物活性炭+消毒

工艺流程图如图 7-27 所示。

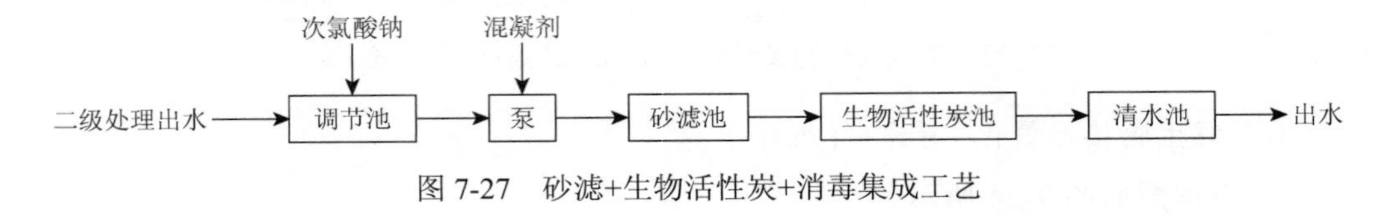

图 7-27　砂滤+生物活性炭+消毒集成工艺

9）生物陶粒滤池+混凝+纤维球过滤+消毒

工艺流程图如图 7-28 所示。

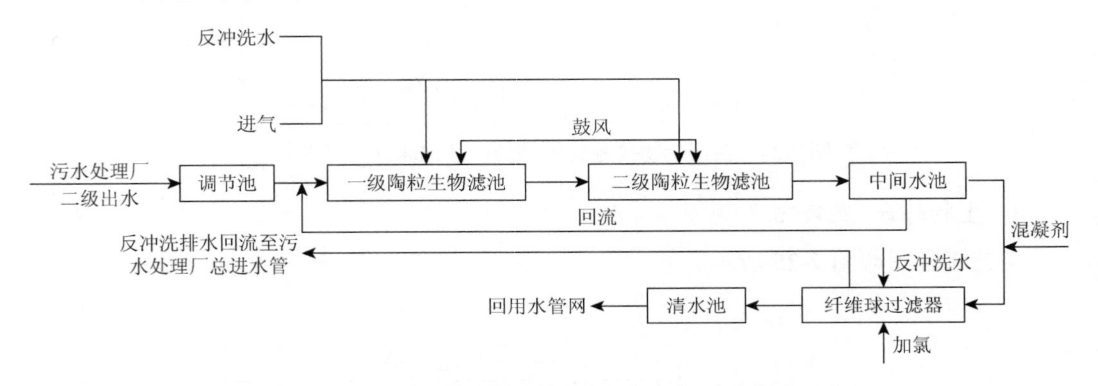

图 7-28　生物陶粒滤池+混凝+纤维球过滤+消毒集成工艺

7.2.2　按不同利用途径

1. 农业灌溉

用于农业用途的再生水主要为灌溉水，它的物理化学性质十分重要，尤其在干旱地区更为明显。由于蒸发蒸腾作用，水中的盐分、特殊离子、少量有机物从水中沉积下来并积累于土壤中，并对土壤性质造成影响，如土壤颗粒的分散度，土壤胶粒的稳定性，土壤的结构和渗透性质等。灌溉水的水质不仅影响土壤的特性，更影响种植作物的产量，因此，对于回用于农业的再生水的含盐量以及特殊离子含量有较高的要求。中国的再生水利用标准规定，用于农业灌溉用水水质需满足《城市污水再生利用农田灌溉用水水质》（GB 20922—2007）标准。

用于农业灌溉的再生水，考虑运行费用等因素，一般以物理处理为主，在二级出水水质较差时辅助以生物处理。由于膜技术投资和运行成本较大，不建议在农业灌溉的再生利用工程中采用。

1）混凝沉淀+过滤+消毒

对于旱作物，二级出水水质已经能满足其灌溉要求，二级出水经过加氯消毒即可用于旱作物的灌溉。

对于水作物以及蔬菜，其灌溉水水质要求较高，可以经过混凝、沉淀、过滤后加氯消毒达到灌溉水水质要求。工艺流程图如图 7-29 所示。

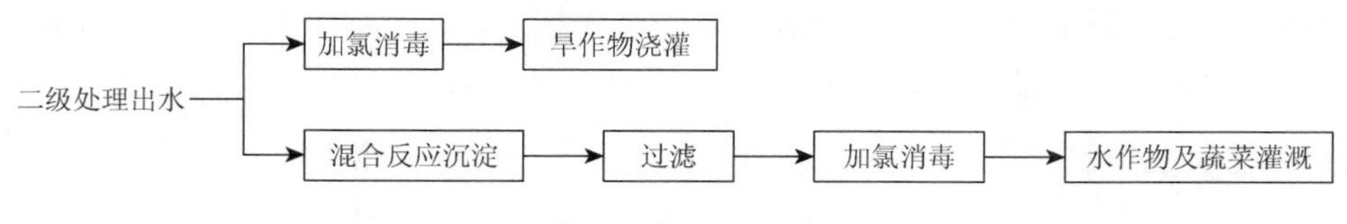

图 7-29　混凝沉淀过滤+消毒集成工艺

其优点是处理水量大，能有效去除二级处理出水中的悬浮物、胶体杂质以及细菌，使再生水有较好的使用价值，且投资少，设备简单，维护操作易于掌握，运行稳定及处理效果好。其缺点是对水中溶解性污染物、有毒有害微量污染物和生态毒性的去除率低，对色度、浊度、臭味等去除效果不佳，且产生的污泥浓缩和脱水性能较差，后续的污泥处理成本较高（仇付国和王敏，2008）。

2）微絮凝+过滤+消毒

由于再生水厂的进水为城市污水处理厂二级出水，其水质较好，为低浊水。在实际运行中，常以“微絮凝+过滤+消毒”工艺取代“混凝沉淀+过滤”工艺，其特点是二级处理出水与混凝剂在絮凝反应池中快速混合后直接进入砂滤池，省略了搅拌池和沉淀池，是絮凝反应部分在砂滤池中进行，部分移至滤池中进行，然后经砂滤过滤去除浊度、色度和磷等。工艺流程图如图 7-30 所示。

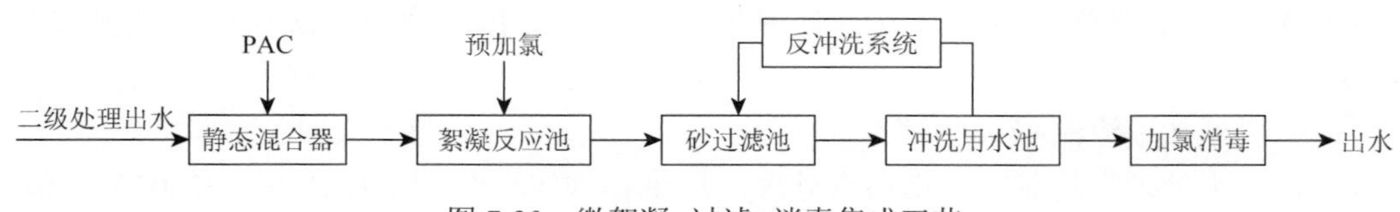

图 7-30　微絮凝+过滤+消毒集成工艺

该集成工艺的出水水质较好，应用范围广泛，除农业灌溉用水外，还可部分回用于工业、景观和城市非饮用水。因其具有设计简单，占地面积小，低投资和低运行成本等特点而在部分城市广泛应用。除单独应用外，微絮凝—过滤工艺还可与其他处理技术联合使用，作为预处理单元技术而存在（贾仁勇等，2009）。

除此之外，“生物接触氧化法+混凝沉淀+消毒”“生物活性炭+混凝过滤+消毒”“曝气生物滤池（BAF）+消毒”“二段式生物接触氧化+沉淀+过滤+消毒”“两级生物接触氧化+消毒+纤维球过滤”“砂滤+生物活性炭+消毒”“生物流化床+生物陶粒滤池+砂滤+消毒”“生物陶粒滤池+混凝+纤维球过滤+消毒”“微絮凝过滤+生物活性炭+消毒”“絮凝+曝气生物滤池/滤布滤池+生物活性炭滤池+紫外消毒”等技术集成工艺的出水也达到了农业灌溉水的水质要求。

2. 工业用水

再生水用于工业用水主要有两个用途，即工业冷却水和锅炉补给水。其中，冷却用水和锅炉补给水对水质的要求较高，一般需要采用膜技术。用于锅炉补给水时，需根据锅炉工况，再进行软化、除盐等处理，直至满足相应工况的锅炉水质标准。

1）工业冷却水

水质较优时可采用物化处理，经济条件允许的条件下，可以采用物化处理与膜技术相结合，使出水水质更优。进水水质较差时，可以在物理处理前添加生物接触氧化、生物转盘、生物活性炭吸附等生物技术进行预处理。

（1）澄清+过滤+消毒

澄清池集混合、反应和澄清于一体，流程简便快捷，控制泥渣回流比在 4 以上，可以增大澄清池内的颗粒数量，有助于混凝和澄清。在运行中，通过实验确定最佳的 pH 和碱度，选择混凝剂与助凝剂。另外，澄清池内可设斜管，澄清池出水后经过过滤可达到冷却水要求水质。工艺流程图如图 7-31 所示。

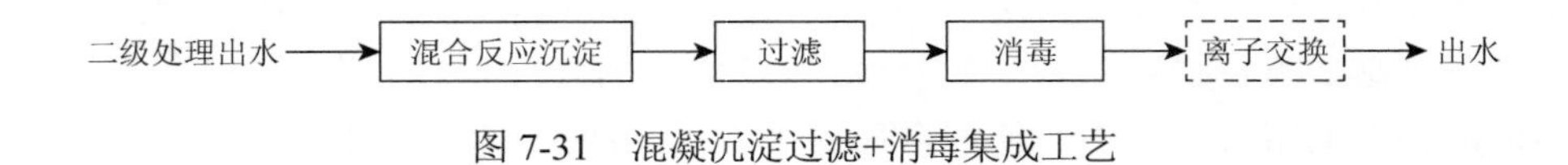

图 7-31　混凝沉淀过滤+消毒集成工艺

该集成工艺适用于城市污水处理厂二级出水达到一级 A 标准时，如果二级出水水质较差，在工业冷却水的集成工艺中，需要根据实际情况选择集成化学沉淀、膜技术和离子交换等单元技术，以达到理想的处理效果和合理的经济投资（徐鹏飞等，2010）。

（2）机械加速澄清+砂滤+消毒

城市污水处理厂达到《城镇污水处理厂污染物排放标准》（GB 18918—2002）一级 A 标准的出水，利用机械加速澄清池的加速澄清作用，去除水中的主要悬浮颗粒，出水后经砂滤技术处理，在砂滤池中加液氯消毒，出水水质可达到《城市污水再生利用工业用水水质》中冷却水的水质要求。集成工艺流程如图 7-32 所示。

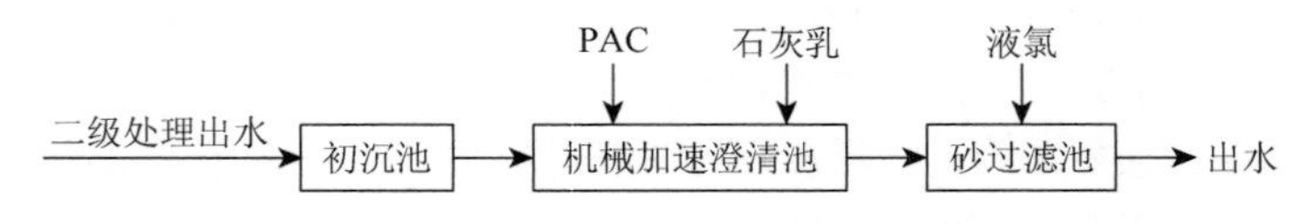

图 7-32　机械加速澄清池+砂滤+消毒集成工艺

在二级处理出水中加入混凝剂和石灰乳等混凝剂和助凝剂，在机械加速作用下能得到良好而快速的混凝澄清效果，在工艺中再集成液氯消毒和砂滤技术，胶体等中杂质，出水色度、COD、磷酸盐、硫酸盐含量均达到标准要求（刘丽君，2005）。

（3）曝气生物滤池+混凝沉淀+过滤消毒

工艺流程图如图 7-33 所示。

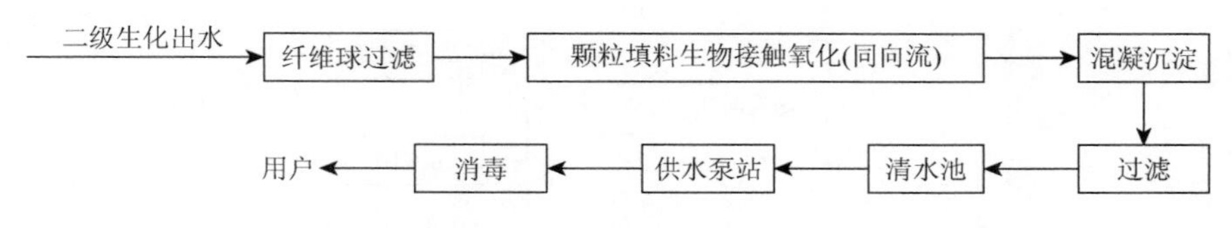

图 7-33　曝气生物滤池+混凝沉淀+过滤消毒集成工艺

曝气生物滤池出水水质高，抗冲击负荷能力强，不易发生污泥膨胀，能有效去除难降解的污染物，具有脱氮除磷的作用且运行稳定，受气候、水量、水质影响小。但其具有产泥量大、污泥稳定性差、滤料易流失等缺点。曝气生物滤池+混凝沉淀+过滤消毒的集成工艺，能有效去除曝气生物滤池出水中的 SS、色度和浊度，提高出水水质，而且能提高工艺的运行稳定性，减少反冲洗频率。该集成工艺具有占地面积小和基建投资省的特点，但其动力消耗大，处理成本高，适合经济社会发展水平较高的城市采用（章丽萍等，2009）。

（4）混凝+沉淀+生物活性炭滤池+消毒

工艺流程图如图 7-34 所示。

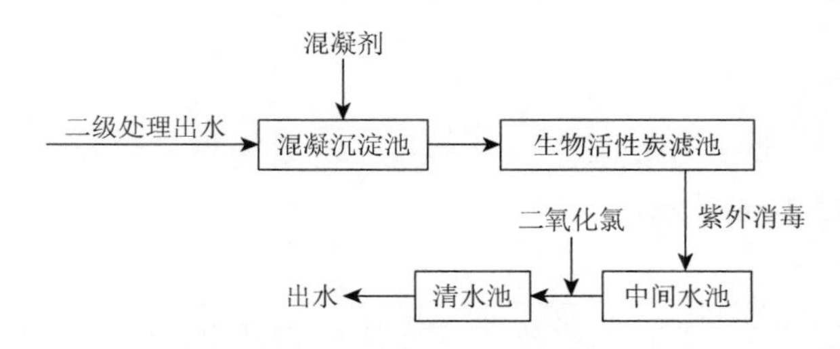

图 7-34　混凝+沉淀+生物活性炭滤池+消毒集成工艺

“混凝+沉淀+生物活性炭滤池+消毒”集成工艺利用污水处理厂二级出水作为水源，通过絮凝沉淀去除大部分悬浮物质、有毒有害物质及部分重金属，随后污水进入生物活性炭滤池。生物活性炭是利用活性炭的吸附性能和活性炭表面生成生物膜降解有机质，利用吸附、降解协同作用去除有机污染物。能高效去除水中溶解性有机物、氨，对色度、锰、铁、酚都有一定的去除效果，提高出水水质。且由于其吸附作用和活性炭层内微生物对有机物的分解作用，其运行周期和再生周期大大延长，因而运行成本较低。滤池出水经紫外消毒和二氧化氯二次消毒，使出水水质满足回用水水质要求。该集成工艺设备及建设投资较大，但有良好而稳定的处理效果，同时节约占地面积，适宜经济较发达的城市和地区使用（蒋以元，2004）。

（5）生物接触氧化法+混凝沉淀+超滤+反渗透/离子交换+消毒

工艺流程图如图 7-35 所示。

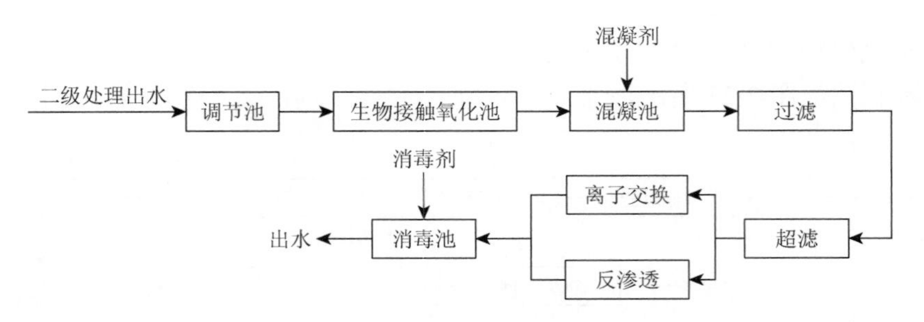

图 7-35 生物接触氧化+混凝沉淀+超滤+反渗透/离子交换+消毒集成工艺

该集成工艺将不同水质水量的城市污水处理厂出水在调节池中混合均匀，并且可以根据需要进行预曝气处理，进入生化池后，利用填料上的生物膜吸附、氧化有机物，经过混凝过滤去除后进入超滤装置去除水中的细菌、铁锈、胶体等有害物质，出水进入反渗透装置或离子交换装置去除盐类，防止腐蚀设备。出水经消毒池消毒后回用。该法适用于有机物含量较高的二级城市污水的深度处理。用超滤作为反渗透和离子交换的预处理，可以去除细菌、有机物等减少膜污染（陈洪斌等，2001）。

此外，“生物陶粒滤池+混凝+纤维球过滤+消毒”“生物接触氧化+砂滤+活性炭吸附+消毒”“混凝沉淀+砂滤+超滤+消毒”“超滤/连续微滤+反渗透+消毒”“絮凝+曝气生物滤池+生物活性炭吸附+消毒”“生物活性炭+超滤+反渗透”“生物流化床+生物陶粒滤池过滤+砂滤+消毒”等技术集成工艺的出水也达到工业冷却水的回用要求。

2）锅炉补给水

（1）混凝沉淀+过滤+离子交换

工艺流程图如图 7-36 所示。

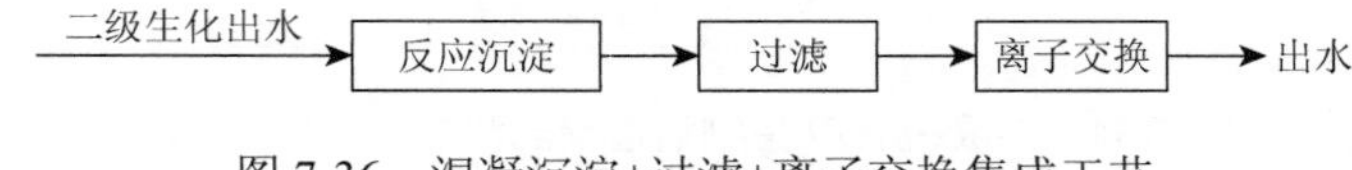

图 7-36 混凝沉淀+过滤+离子交换集成工艺

在水质要求较高的回用工程中，为了防止结构、腐蚀等问题的产生，需要控制无机盐类物质的含量，可以在混凝沉淀+过滤+消毒的集成工艺后再加化学沉淀、膜技术或离子交换，降低出水的硬度，使其软化，出水可用于低压锅炉给水、循环冷却水或进一步进行离子交换等深度处理。其中，还可利用磺化煤进行水质的软化，达到降低原水硬度的目的。

该集成工艺在反应沉淀段加入絮凝剂去除二级出水杂质，同时加入无机助凝剂加速絮凝，减少絮凝剂用量。其出水水质良好，达到锅炉补给水水质要求。

（2）沉淀+过滤消毒+超滤

工艺流程图如图 7-37 所示。

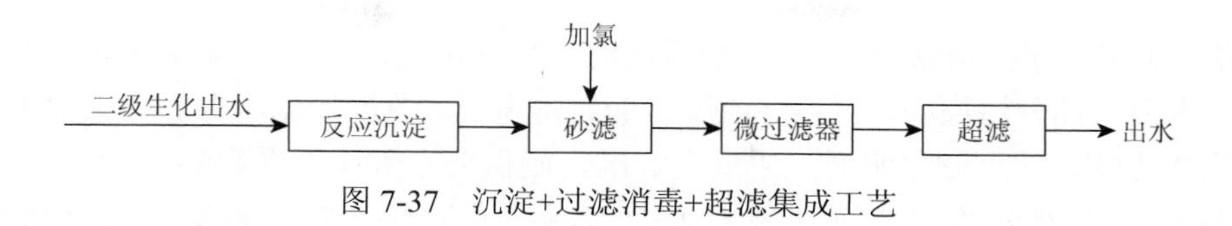

图 7-37　沉淀+过滤消毒+超滤集成工艺

该集成工艺含有微过滤和超滤装置，对 SS、COD、BOD、石油类物质和细菌都有良好的去除率，出水水质高，达到锅炉用水标准。但为了保持一定的膜通量，其膜装置必须定期清洗，需设置气水反冲洗装置，且膜预期使用寿命短，因此，设备投资费用较大、运行管理困难，适合有经济技术条件的地区和城市应用。

（3）微滤+反渗透+深度脱盐工艺

工艺流程图如图 7-38 所示。

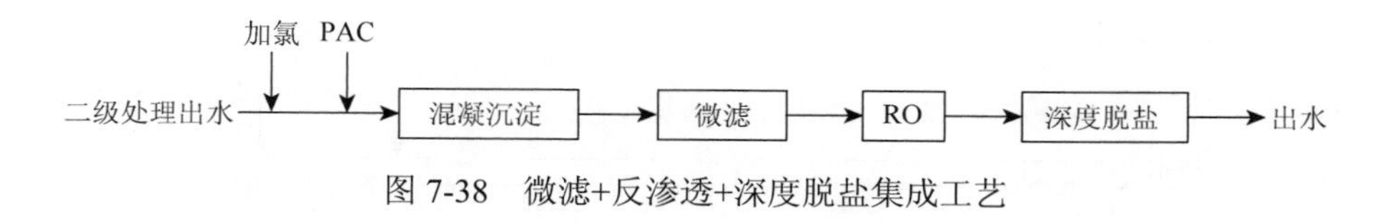

图 7-38　微滤+反渗透+深度脱盐集成工艺

采用微滤+反渗透膜对二级处理出水进行处理，其出水水质良好，达到饮用水水质要求。但其含盐率仍需进一步降低，因而再集成深度脱盐工艺，其出水达到锅炉补给水要求（孟瑞明等，2012）。

此外，不同水质的进水经“微滤+反渗透+离子交换”“沉淀+过滤消毒+超滤”“石灰澄清+空气吹脱+碳酸化+过滤+活性炭吸附+反渗透+加氯消毒”等技术集成工艺处理，可达到锅炉补给水的要求。

3. 城市非饮用水

用于城市非饮用水的再生水具有水量相对较大，水质要求相对较低的特点，在满足城市非饮用水标准后，即可进行市政杂用，代替大量的优质水，符合城市用水“优质优用，低质低用”的原则。其出水对总大肠杆菌数等参数和消毒技术有较高要求。即总大肠杆菌群不应超过 3 个/L，输水系统管网末端余氯不低于 0.2mg/L。一般的物化处理加上消毒技术即可满足城市非饮用水的回用要求。

1）混凝沉淀+过滤/微絮凝+消毒

集成工艺如图 7-39 所示。

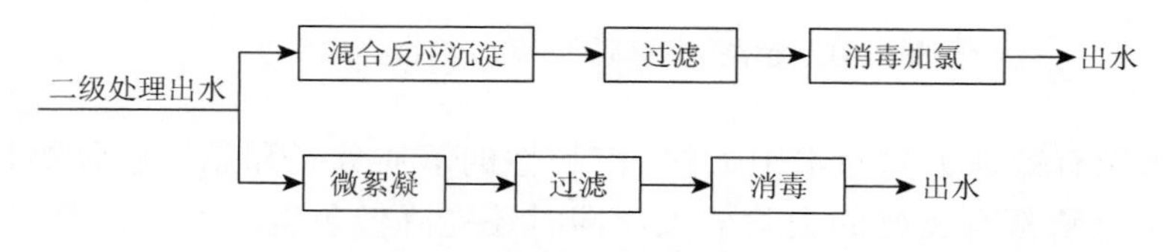

图 7-39　混凝沉淀过滤/微絮凝+消毒集成工艺

二级处理出水投加混凝剂和助凝剂后在混合反应沉淀池中进行混凝沉淀，后进入滤池，去除水中大部分污染物、色度、浊度、重金属离子。经过加氯消毒后能去除大部分细菌和致病微生物，达到回用水质卫生安全标准，确保公众健康不受影响。

而现阶段大部分的混合沉淀技术为微絮凝技术取代，它将混凝与过滤过程有机集成为一体，对低温、低浊、有色水质有良好的处理效果，具有显著的社会与经济效益，不仅明显节省投资费用及占地，而且能提高产税率和出水质量，节省运行处理费用，是发达国家水厂选择的主流技术，适合中国大部分地区的选择和应用（仇付国和王敏，2008）。

2）机械加速澄清+砂滤+消毒

工艺流程图如图 7-40 所示。

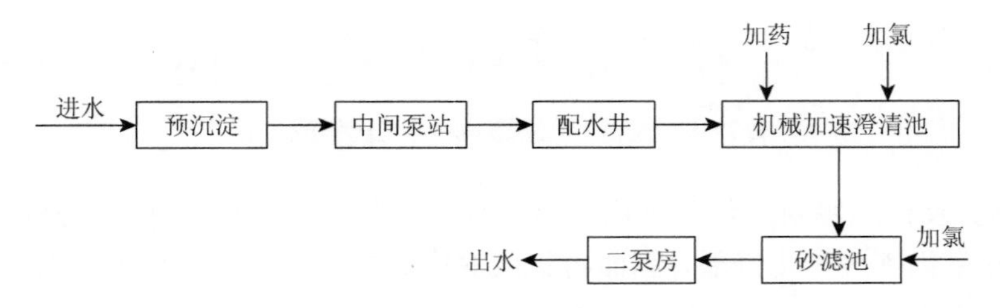

图 7-40　机械加速澄清池+砂滤+消毒集成工艺

采用机械加速澄清、砂滤和消毒集成工艺，机械加速澄清通过机械搅拌将混凝、反应和沉淀置于一个池中进行综合处理。悬浮状态的活性泥渣层与加药的原水在机械搅拌作用下，增大颗粒碰撞几率，提高混凝效果。具有对水量、水中离子浓度变化适应性强，处理效果稳定，处理效率高等优点。但由于机械搅拌动力要求高，耗能较大，设备腐蚀严重，维修较困难。其出水水质可以达到城市非饮用水标准，该集成工艺处理水量大，水质稳定（胡春玲等，2007），适合于城市非饮用水水质要求不高、出水要求量大的特点。

3）超滤+臭氧脱色+氯气消毒

工艺流程图如图 7-41 所示。

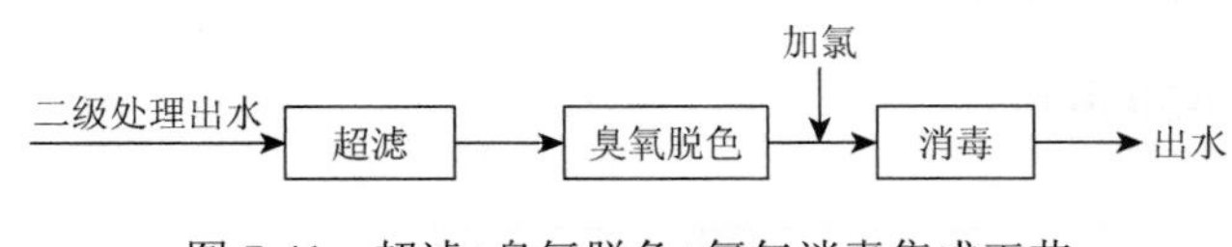

图 7-41　超滤+臭氧脱色+氯气消毒集成工艺

超滤技术能有效地去除原水中大的、溶解性的溶质分子和悬浮胶体颗粒，对 COD、BOD、总氮、总磷都有良好的去除效果，同时还能降低色度。其不足是对无机盐的处理效果不佳，将其与臭氧脱色技术集成，进一步去除水中的溶解性物质，提高出水水质。臭氧脱色池出水经过加氯消毒去除大肠杆菌群及致病菌等，达到安全卫生标准，出水水质良好，但由于该集成工艺对无机盐类的去除不足，出水含无机盐量较高，可利用于城市绿化、建筑施工、洗车、道路洒水、厕所冲洗水、景观用水等用途（公彦欣等，2013）。

该集成工艺运行稳定可靠，占地面积小，管理简便，但其单元技术中的臭氧脱色技术成本较高，目前臭氧的利用率低，对有机物的处理具有一定的选择性，因而该集成工艺的运行管理成本和设备投资较高，建议经济发达地区应用。

4）陶粒过滤+活性炭吸附+二氧化氯消毒

“陶粒过滤+活性炭吸附+二氧化氯消毒”集成工艺不仅能有效去除生化法难以处理的难降解有机物或难以氧化的溶解性有机污染物，而且能去除水中的微量有害物质及嗅、味，对色素、杀虫剂、洗涤剂以及一些金属离子也有较高的去除率。该集成工艺出水水质好，对大部分有机物能有效去除，对进水负荷及有机物负荷有较高的适应性，处理效果稳定（池勇志等，2012）。而且具有较高的经济性，活性炭经过处理能够再生利用，而污染物在活性炭再生过程中焚烧处理，不产生污泥，避免了二次污染，对于特殊行业的处理出水，该集成工艺还能有效回收水中的有用物质，提高工艺的经济适用性，适用于进水水质好，进水水量大的地区使用。

5）紫外消毒+纤维滤池过滤

在二级处理出水水质良好的情况下，可利用“紫外消毒+纤维滤池”集成工艺。纤维滤池具有较大的比表面积，水中颗粒物质与滤料的接触机会大，滤料的吸附能力强，具有较高的过滤效率和截污容量，而且具有自耗水率低、机械性能高、使用寿命长、性能衰减率低等特点。与紫外消毒技术联用能得到较高的出水水质，主要用于厂区道路清洗、绿化灌溉、景观用水、生物除臭喷淋等。其缺点是设备的安装维护较复杂繁琐。适合二级出水水质较高的地区应用。

4. 景观环境用水

用于景观环境用水的再生水主要控制指标为 COD、BOD、SS、色度、浊度等有机污染和感官指标，防止水体富营养化的氮、磷富营养化指标以及保证人体健康的安全卫生指标。

1）混凝沉淀+过滤+消毒

工艺流程图如图 7-42 所示。

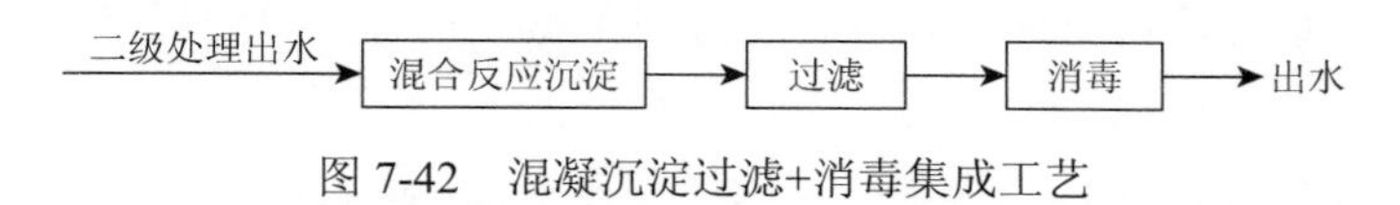

图 7-42　混凝沉淀过滤+消毒集成工艺

二级出水经过混合反应沉淀和过滤技术，可以去除水中大部分的 BOD、COD、SS、浊度、氮、磷等。在景观环境补充水要求不高的地区，该工艺出水经过加氯消毒技术去除水中的细菌和致病微生物，即可用于城市环境景观用水。该工艺基建投资费用较低，操作简便，出水水质水量稳定，在中国得到了广泛应用（李娜等，2012）。

2）MBR+反渗透

工艺流程图如图 7-43 所示。

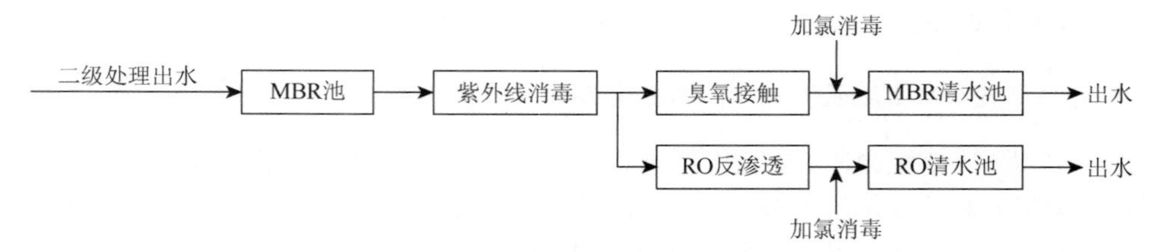

图 7-43　MBR+反渗透+消毒集成工艺

MBR 工艺出水水质好，对 BOD、COD、氮磷、悬浮物浓度等有很高的去除效率，而且能有效去除细菌、病菌、寄生虫卵，其出水指标达到《城市污水再生利用景观环境用水水质》标准。可用于绿化、洗车、景观用水。

对于部分高品质用水用途，如公园水体补给水及城市场馆杂用水，可将 MBR 技术与反渗透技术和消毒技术进行集成，反渗透技术能与 MBR 技术一定程度上互补，能补充去除 MBR 不能去除的盐类以及离子状态的污染物，另外，还能进一步去除有机物质、胶体、细菌和病毒，该集成工艺技术成熟稳定，出水水质良好，安全性高，在中国经济发达而水资源缺乏的部分城市已经得到大规模运用（邢奕等，2011）。

3）多级氧化塘+湿地系统

工艺流程图如图 7-44 所示。

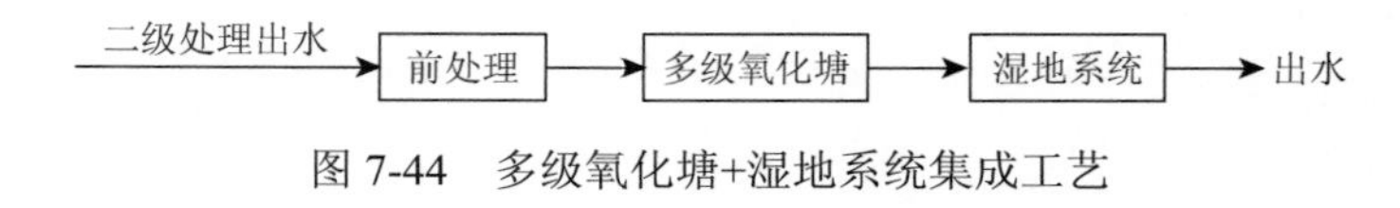

图 7-44　多级氧化塘+湿地系统集成工艺

依据实际处理的二级入水水质水量设计选用多级串联的氧化塘，可以针对性地选择种植去除效果好的水生植物作为处理介质，利用植物的吸收作用处理水体中的污染物质。种植的水生植物的选择必须慎重，优先选取当地原有的植物种类。而湿地处理系统可为天然湿地，也可为人工湿地，其作为深度处理技术不仅能有效去除水中的污染物质，提高水质，而且能产生较大的经济价值和观赏价值，对种植植物进行合理的选择和优化配置，可以获得良好的处理出水，而且能够得到巨大的景观效益。该集成工艺出水水质好，运行稳定，但处理水量不高，水力停留时间长，投资运行成本低，具有一定的经济和社会效益（黄建洪等，2011）。

4）絮凝+曝气生物滤池/滤布滤池+生物活性炭滤池+紫外消毒

工艺流程图如图 7-45 所示。

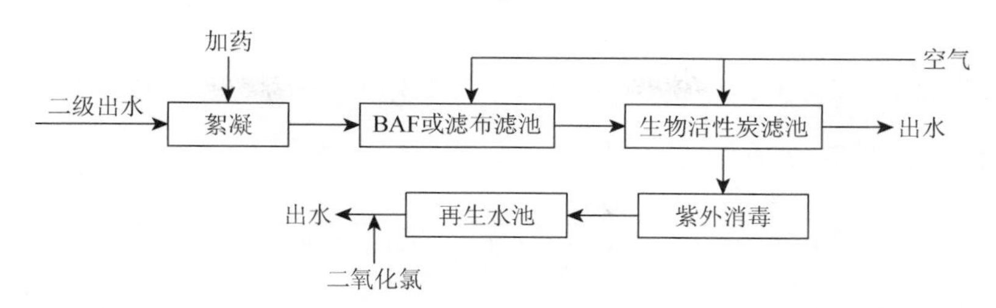

图 7-45　絮凝+曝气生物滤池/滤布滤池+生物活性炭滤池+紫外消毒集成工艺

进水经过絮凝反应对水中的胶体、有机物及重金属进行部分去除，未经沉淀直接进入曝气生物滤池或滤布滤池，曝气生物滤池中填装具有一定化学性能要求的滤料，其表面生长大量细菌，形成固定的生物膜。进水进入曝气生物滤池，一方面生物膜中的细菌利用滤层底部鼓入的工艺用气中的氧，将污水中的有机污染物氧化降解，另一方面利用滤料层的过滤截留作用去除污水中的悬浮性颗粒污染物，其出水水质良好而稳定且兼有脱氮效果。而活性炭滤池的特点是对低浊、低污染物浓度的水有良好的去除效果，其出水的 COD、BOD、SS、浊度、色度处理率均达到良好的效果。活性炭滤池出水经过紫外消毒可用于景观用水（黄建洪等，2011）。

该集成工艺水力负荷，处理水量大，工艺简单，占地面积较小，但曝气生物滤池的管理维护较为复杂，适用于较大规模的再生水工程。而滤布滤池具有高效的处理污染物的作用，且维护管理简单，兼有投资运行成本低，占地面积小，运行管理费用低等特点，在较不发达地区可替代曝气生物滤池与原工艺兼容，也能达到良好而稳定的出水。该集成工艺适合较大规模的污水处理回用工程，具有工艺建设及投资费用低，运行管理方便，出水水质稳定，处理水量大等特点，出水水质能满足多种途径的水质要求。

5. 地下水回灌

回灌地下水兼有补给地下水源、防止海水入侵和地面沉降等作用。经再生水用于补充的地下水可以作为生活、工业、农业等用水水源。主要水质标准有《地表水环境质量标准》（GB 3838—2002）和《污水综合排放标准》（GB 8978—2002）。其水质要求较其他回用用途而言更为严格。

1）混凝沉淀+过滤+深度处理+消毒

工艺流程图如图 7-46 所示。

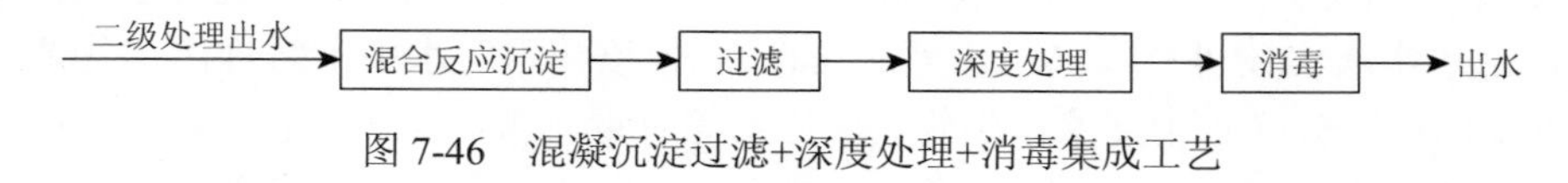

图 7-46　混凝沉淀过滤+深度处理+消毒集成工艺

为防止对地下含水层造成污染，回灌地下水的水质要求更加严格，通常需要深度处理中多种单元技术的组合集成。

图 7-46 为常见的回灌地下水处理工艺，其中，深度处理工艺可根据实际情况选择，通常为活性炭吸附、臭氧氧化、膜滤技术等。

2）石灰澄清+空气吹脱+再碳酸化+过滤+活性炭吸附+反渗透+加氯消毒

工艺流程图如图 7-47 所示。

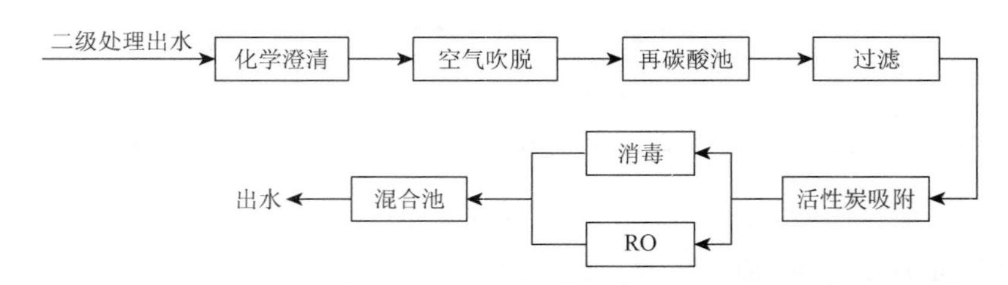

图 7-47　石灰澄清+空气吹脱+再碳酸化+过滤+活性炭吸附+反渗透+加氯消毒集成工艺

化学澄清步骤主要去除进水中的磷酸盐、有机物和悬浮固体，降低水中的浊度。该工段以石灰作为絮凝剂，投加后进行澄清。在空气吹脱部分去除水中的挥发性有机物和少量氨，后加入碳酸调节 pH 至 7.5 左右，此时处理水水质较好，为低浊水，再经过过滤和活性炭吸附去除水中微量的有机污染物，最后通过反渗透技术处理去除水中的溶解性有机物、盐类和离子态污染物（陈洪斌等，2001）。

该工艺集成了多项水处理单元技术，其中，包括活性炭吸附、反渗透等多种深度处理单元技术，处理后的出水水质要求达到饮用水标准。通过完善的工艺集成，还能保证出水中病毒和细菌的存在，保障了出水的安全卫生性。但由于工艺复杂，设备及基建投资大，运行成本高，建议在经济较发达地区应用该集成工艺。

7.3　工艺前景分析

7.3.1　混凝沉淀过滤

1. 应用前景

混凝、沉淀、过滤工艺建设年代普遍较早，主要建于中北部缺水地区，如北京、天津、郑州、西安等地，回用对象主要为工业、景观、杂用、农业等。处理工艺延续了传统的饮用水“老三段”（混凝沉淀过滤）处理工艺。由于再生水进水水质不同于微污染水源水，如进水浊度较净水工程低，所以有些再生水厂在传统的“老三段”工艺基础上进行了改进，发展了微絮凝过滤等工艺。混凝沉淀过滤工艺及其改进工艺运行管理经验丰富，投资运行成本低，出水水质比较可靠（冯运玲等，2011）。但该技术对水中溶解性污染物质去除率不高，也难以彻底去除水中病原微生物、氯化物等有毒有害微量污染物，难以保证出水的安全性（赵乐军等，2007）。混凝、沉淀、过滤工艺抗冲击负荷能力有限，其出水指标受前序处理工艺及季节变化的影响很大，稳定性差，工程应用中表明，混凝、沉淀、过滤工艺前采用长泥龄的氧化沟工艺，其出水水质要优于前处理采用 A^2/O 工艺。另外，混凝、沉淀、过滤工艺工程应用表明还会残留臭味，且色度较难去除（杨开等，1997）。但随着化学技术（如投加石灰进行氨氮吹脱等，臭氧进行脱色等）等单元技术的发展，或者与生物过滤工艺相结合，混凝、沉淀、过滤处理工艺势必绽放出新的光辉。

未来5～10年最大的需求市场——工业用水，特别是火电厂循环冷却水，其对水质的要求不高，并且行业给予了相关政策支持，如国家发展和改革委员会发布的《关于燃煤电站项目规划和建设有关要求》的通知（发改能源[2004]864号）指出，“在北方缺水地区，新建、扩建电厂禁止取用地下水，严格控制使用地表水，鼓励利用城市污水处理厂的中水或其他废水。这些地区建设的火电厂要与城市污水处理厂统一规划，配套同步建设。”中国石油依存度非常高，接近60%，在此情况下，火力发电是不可或缺且会持续发展的发电形式（沈明忠和韩买良，2011）。图7-48是中国五大电力集团火电厂较为集中的区域（图中深色的省份），多集中于内蒙古、山西、山东、河北、江苏、浙江等省（自治区），因此，这些地区是常规工艺未来5～10年发展的重点地区。

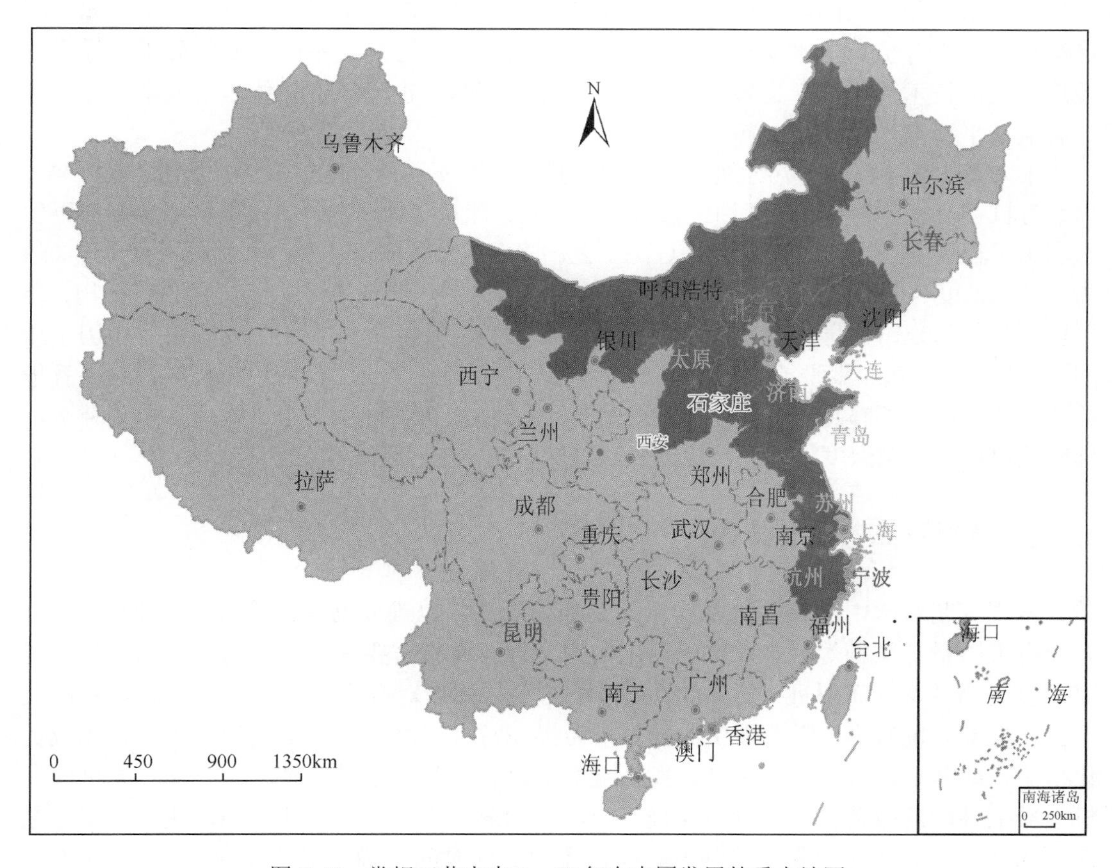

图7-48　常规工艺未来5～10年在中国发展的重点地区

针对这些地区，混凝、沉淀、过滤工艺具备单独使用或者与双膜法联用的前景，特别是原水具有含盐量高、高污染特性时，需要后续采用双膜法脱盐，产水除工业循环冷却水外，可做高品质的锅炉补充水。例如，北京京能热电股份有限责任公司采用了北京石景山区的再生水，考虑循环水排污水具有高含盐量、高污染等特性，采用了混凝、沉淀、过滤+双膜法处理工艺。

上述重点地区省份中，如城市污水处理厂出水水质较好，如可达《城镇污水处理厂污染物排放标准》(GB 18918—2002) 一级 A，且经济基础薄弱，可选择常规工艺。或者当污水处理厂二级出水水质较好时，可选择微絮凝+过滤，如太湖新城污水处理厂污水处理回用项目，实际运行水质达《城镇污水处理厂污染物排放标准》(GB 18918—2002) 一级 A，吨水投资 200 元，运行费用约 0.12 元/t（王丽亚等，2012）。

但由图 7-49 可以看出，重点省份区域大部分地区处于沿海地带，污水中氯化物含量均有不同程度的超标，在常规工艺后续需增设脱盐设施。未来主流应用的脱盐设施将为电吸附和反渗透膜法两种，由于它们之间脱盐效率不同，各自的应用前景也有所差异。两种工艺的主要区别为，电吸附是粗除盐工艺，很难实现膜工艺高达 99%的除盐率，但在工业循环冷却水等细分领域凭借更高的技术经济型具备一定的竞争优势。可考虑针对循环冷却水含盐量高的特点进行电吸附处理，满足循环冷却水对于盐分的要求，如需满足锅炉补给水等更高的水质要求，可再进行膜处理。通过满足不同水质的要求，采用更经济合理的技术选择，既延长了相关设备的使用寿命，也降低了整体运营成本，达到各方利益的平衡点。

未来考虑到不同地区污水处理厂的出水排放标准不同，目前出水达一级 B 约占一半，出水有机物及氨氮指标较低，浊度指标相对较高。针对这种情况，国内电厂已实施的再生水利用工程大多采用石灰凝聚澄清过滤工艺。该工艺具有如下优点：水质适用范围广、除磷、降低碱度、去除某些重金属、降低细菌及病毒含量、降低悬浮态无机物和有机物、还可以去除一部分钙、镁、硅、氟等（张芳等，2010）。随着“十二五”“十三五”中国水质的不断提升，石灰凝聚澄清过滤工艺具备非常广阔的应用前景。已应用工程实例主要有华能北京热电厂、邯郸热电厂等，华能北京热电厂出水 95%回用做电厂循环水系统补水，邯郸热电厂经石灰深度处理后再经双膜法过滤，离子交换除盐做锅炉补充水。

2. 技术革新及工艺优化方向

常规工艺对水中溶解性污染物质的去除率不高，也难以彻底去除水中病原微生物、有毒有害微量污染物等，难以保证出水的安全性，通常需要选择正确的化学药剂作为混凝剂以提高效率（蒋以元等，2008）。传统的混凝处理对有机物去除效率不高，目前关于强化混凝研究较多，所谓强化混凝是指为提高常规混凝效果所采用的一系列强化或优化措施，即确定混凝的最佳条件，发挥混凝的最佳效果。通常包括三个方面：无机或有机絮凝剂性能的改善；强化颗粒碰撞、吸附和絮凝长大的设备的研究和改进；絮凝工艺流程的强化，如优化混凝搅拌强度、缩短流程反应时间、确定最佳反应条件（如 pH）等（晏明全等，2006）。

同时各种类型的过滤介质，包括传统的砂、无烟煤、陶粒以及各类合成材料的纤维球、纤维束、彗星滤料等，过滤效果也不相同。加药量的设定及滤池的反冲洗是影响运行效果的关键因素（崔福义等，2005）。

砂滤池是国内外普遍采用的污水深度处理工艺，运行稳定可靠，但占地偏大、能耗较高。最近几年，机械过滤开始得到青睐，其中有代表性的就是盘式过滤器，如琥珀公司过滤介质为不锈钢丝网和聚酯丝网的转盘过滤器，其具有占地面积小、滤速高、过滤精度高、水头小、能耗低的特点，不足之处是反冲洗所需压力较高、反冲洗比较困难。如 Aqua Disk 公司和浦华控股有限公司，采用纤维织物介质作为过滤介质，采用外进水、内出水设备结构，过滤转盘外包滤布代替传统过滤介质，滤布结构特殊，沿过滤方向首先通过纤维毛层，然后通过大孔隙支撑层，这种结构使得滤布当量孔径很小，可截留粒径为几微米的微小颗粒，反冲洗较为彻底，滤布上有机和无机垢均无累积，长期使用通量无明显衰减，水质水量稳定。具有紧凑、占地小、总装机功率低、水头小的优点，改造扩建容易实施，运行维护简单方便，不足之处是尚不能与化学絮凝、化学除磷相结合。未来，需要以强化 SS、COD 和 TP 的进一步去除为重点，开展金属孔状、非金属孔状、纤维滤布等过滤介质的综合性能比较；根据不同原水水质条件和处理要求，结合现有机械过滤设备使用中存在的问题，研究不同过滤介质的适用性和适配性，改进过滤介质和清洗系统的性能，形成符合稳定达标处理要求、高性价比的过滤材料选择和过滤系统总体设计；研制出高性能、低运行成本的机械过滤主体设备及自清洗、自动控制等附属系统，开展工程应用示范和产业化（郑兴灿等，2011）。

7.3.2 生物处理工艺

1. 应用前景

曝气生物滤池除在污水处理厂深度处理单元及再生水厂应用，如山东潍坊市污水处理厂二级出水回用工程、宁夏石嘴山惠农第二污水处理厂出水回用工程外，也被广泛应用于冶金、造纸和焦化废水再利用等领域。曝气生物滤池对于氨氮的去除效果是其最大的优势，但根据其在大连马栏河污水处理厂的应用经济性来看，其吨水投资在 1500 元，远高于常规工艺，但低于膜法，运行费用经北京某污水站测算约 0.32 元/t。其出水效果从北京市的应用情况来看，出水水质较高，除满足低端水质用户工业循环冷却水外，环境补充水水质达到地表Ⅳ类水，以及水质要求较高的城市非饮用水和农业灌溉用水。

未来，经济条件较好，工业循环冷却水以及生态补水需求量大的地区，曝气生物滤池将有较好的应用前景。另外，也适宜于污水处理厂升级改造中，以及控制河湖补水氮磷要求高的地区。例如，河北省承德市某 5 万 m^3/d 市政污水处理厂采用混凝沉淀—曝气生物滤池—机械混合、絮凝、纤维转盘过滤池过滤，二氧化氯消毒，出水供滦河电厂工业供水，直接运行成本可控制在 0.5 元/m^3，其中，电费、药剂费、人工费三者比例为 7∶2∶1（谢伟等，2009）。在火电厂分布较为集中的内蒙古、山西、山东、河北、江苏、浙江等省（区），如果污水处理厂出水执行《城镇污水处理厂污染物排放标准》（GB 18918—2002）二级标准，出水氨氮、有机物指标较高，需增设除氮工艺，推荐目前较多采用的生物除氮工艺，主要有 MBR+弱酸床工艺和 BAF+石灰混凝过滤工艺，或者物化除氮工艺，如臭氧-活性炭技术。采用 BAF 的工程实例有包头华东热电有限公司，出水作为电厂循环冷却水的补充水，以及华峰沧州电厂和沈阳康平电厂等。另外，需考虑采用生化除氮 BAF 工艺时，其受温度影响较大，冬季氨氮处理效果受影响，而物化除氮与其他深度处理方法结合处理二级出水可适应季节变换（张芳等，2010）。

曝气生物滤池在污水处理厂升级改造中应用的技术经济效果要远高于新建再生水厂。其投资费用相对于传统工艺要高很多，运行费用差不多，在面对工艺循环冷却水和环境景观水两大主流市场需求时，传统工艺依靠较强的技术经济性必将占据优势且较多采用，但面对不同水质仍需考虑氨氮等指标时，毕竟工业循环冷却水和环境景观用水都将氨氮作为主要的控制指标，需要采用曝气生物滤池进行强化处理。

另外，目前环境景观水体的标准相比河湖水系水体质量标准仍然较低，化学需氧量和氨氮等污染物排放仍超出水环境容量。考虑水环境的生态安全性、生态多样性，未来相关水质标准必将会逐步提高。污水处理厂排水达到一级 A 后直接排入景观水体，并通过水环境置换等措施，控制水体的富营养化，仅是阶段性解决方法和手段。未来随着标准的逐步完善和严格，对化学需氧量和氨氮的控制必将严格，那么曝气生物滤池对氨氮的去除效果优势将会具备一定应用前景。

2. 技术革新及工艺优化方向

近年来曝气生物滤池已经成为国内外的研究热点，各种不同形式的曝气生物滤池不断推出，并取得了很好的应用效果。随着现代生物检测技术和纳米测量技术的发展，有关曝气生物滤池处理机理的研究将有望取得突破，特别是生物膜生长和生物膜活性的研究将成为较新的前沿性课题，而采用适合的预处理技术与曝气生物滤池技术的整合，将为今后模块化组合与曝气生物滤池技术的大规模应用打下坚实的基础。在新材料方面，通过改性处理的新型吸附型填料，可以大大强化曝气生物滤池对某些难降解污染物的去除能力，从而在污水的高级处理和给水处理中发挥更大的作用，曝气生物滤池是一种适合中国国情的水处理技术，应加大力量进行深入研究，推动该技术的国产化并在水处理中推广应用（刘东澎和刘元璋，2012）。具体来说有以下 5 个方面需要进行优化的地方。

（1）曝气生物滤池工艺的系统性研究还不是很深入，尽管曝气生物滤池的工艺不断进步，但其处理效能也只是各有所长，有关曝气生物滤池运行方式对处理效能影响的认识还不统一，上向流与下向流曝气生物滤池对氨氮和悬浮物的去除效果存在争议，如何将各种工艺形式相互融合，从而发挥其最大去污效能有待进一步研究（王炜亮等，2004）。

（2）通常情况下，为了延长滤池的运行周期，减少反冲洗频率以降低能耗，曝气生物滤池处理污水时需对进水进行预处理。因此，高性能、低价位、截污能力强的填料将在其推广应用中起到重要作用，研究填料对污染物去除的影响，寻求改善填料性能的工艺和方法，制定适用于中国国情曝气生物滤池的填料标准将是下一步研究重点（崔福义等，2005）。

（3）曝气生物滤池生物法除磷效果较差，从目前的曝气生物滤池 BAF 运行工艺看，完全用生物除磷是很难达到排放标准的，同时脱氮除磷会使系统变得更为复杂。这是因为脱氮和除磷本身是一对矛盾，如 DO 太低除磷率会下降，硝化反应受到抑制；如 DO 太高，则由于回流厌氧区 DO 增加，反硝化受到抑制。如何深入研究其除磷机理，从而创造良好的厌氧好氧环境将有待进一步探索。

（4）目前，曝气生物滤池生物空间梯度特征以及底物去除动力学规律还很不完善，尤其是有关曝气生物滤池生物膜的生长、生物膜的组成、生物膜的活性、微生物生态学特征等方面需进行针对性研究。

（5）如何将曝气生物滤池与合适的预处理技术有机结合或者采用多级曝气生物滤池联合的形式，从而进一步发挥曝气生物滤池本身高效去污能力，将在城市废水的深度处理回用方面发挥作用。另外，在直接处理污废水时需采用物化法或化学氧化法进行预处理，操作复杂、成本高。能否在同一复合床式曝气生物滤池内完成多种污染物的高效去除将是下一步研究应用的重点（刘晓黎，2008）。

7.3.3　膜处理工艺

1. 微滤/超滤

超滤/微滤仅为过滤单元，对溶解性物质、SS 去除效果显著，但不具备脱氮能力，所以不适用于生产生态补水的再生水，因其应用中需在前端增加反硝化滤池脱氮，相应地需要投加外加碳源，考虑甲醇的安全储备及运行性，从生产成本、安全性等角度考虑，超滤/微滤膜的应用都不是最适宜的选择方向。因此，大规模的生态补水应用再生水市场不具备应用前景。

在城市非饮用水中，微滤具备一定的应用优势，可与混凝、沉淀、过滤并行实行分质供水，如天津市纪庄子污水处理回用工程，采用分质供水方案，回用居住区采用 CMF+臭氧工艺，回用工业区再生水采用混凝、沉淀、过滤工艺，为保证 CMF 膜过滤系统运行稳定、安全、延长膜使用寿命，去除污水中的 COD 和磷，过滤前经混凝沉淀并加少量液氯以减轻水对膜和滤料的污染。出水水质除氨氮外合格率达到 100%，CMF 系统运行对浊度、悬浮物、细菌去除效果显著，有机物、无机物等溶解性物质基本没有作用，总磷（TP）、色度等仍需加药去除。

目前应用超滤/微滤为核心的再生水已运行的工程最大规模为 8 万 t/d，即清河再生水厂回用工程为 8 万 m^3/d，吨水投资约为 1250 元。应用中，考虑膜的使用寿命，对各种清洗药品的品质、浓度要求十分严格，上游来水变化，尤其是 SS、氮、磷的波动对超滤膜的反冲洗、药洗频率与效果及产水水质有很大的影响，而这些指标很大程度上依赖于污水处理厂的工艺，回用工艺与污水处理工艺之间建立联动运行机制十分必要（张亚勤等，2008）。未来的标准针对环境敏感区域、重点流域、水资源紧缺地区将要执行严于一级 A 标准，特别是氮、磷、SS 等，因此，未来随着标准的修订，上述地区的城镇污水处理厂排水将更优质。因此，针对这些地区，采用微滤/超滤膜为核心技术的再生水用于生态补水，具备一定发展趋势和前景。但能否突破更大规模的应用，是需要工程上突破的难题，涉及前置反硝化滤池及甲醇投加量过大等影响因素。

另外，超滤/微滤膜可作为原有砂滤池的改造工艺，也是未来应用的一个重要方向。其适于作为反渗透膜的前端预处理，减少反渗透的运行压力，提高其运行效率和寿命，因此，在工业循环冷却水脱盐应用反渗透膜方面具备一定的潜在市场。

2. MBR

MBR 近 10 年发展迅速，市政大型（高于 1 万 t/d）项目总规模从 0 增加到 140 万 t/d，且应用趋势比较显著，北京市升级改造的两种主流工艺之一就是 MBR，其出水水质要比《城镇污水处理厂污染物排放标准》（GB 18918—2002）一级 A 标准好，可达到地表四类（陈琦，2013）。超过 5 万 t/d 以上的项目不适用于 MBR，存在污堵大量污水外排的风险，且规模过大运行电耗成本很难控制。但其受水质冲击负荷影响小，出水水质好，适宜应用于水质要求较高且资金充裕的地区。

在火电厂分布较为集中的地区，如果污水处理厂处理出水执行《城镇污水处理厂污染物排放标准》（GB 18918—2002）二级标准，出水氨氮、有机物指标较高，需增设除氮工艺，推荐目前较多采用的生物除氮工艺，主要有 MBR+弱酸床工艺及 BAF+石灰混凝过滤工艺，或者物化除氮工艺，如臭氧-活性炭技术。目前采用 MBR 的工程实例，如内蒙古金桥热电厂，是目前最大的膜生物反应器再生水厂之一，采用 MBR+弱酸床工艺进行深度处理，出水作为电厂冷却用水。该工艺能完全去除细菌，对浊度、有机物、氨氮有很好的去除能力。超滤膜运行过程中膜面形成的污染物，通过反洗和在线维护清洗分别能清除掉 71.1%和 87.5%，能很好地防治膜污染，保证了系统的稳定运行（张芳等，2010）。

MBR 在再生水领域应用的技术进步方向如下。

（1）运行费的降低，涉及膜材质、膜材料改性的设计，膜组件构造及曝气方式相关参数的设计，项目水质的特性，项目自控设计水平，项目运行管理水平等多方面提升的综合效果。

（2）各个膜厂商的数据库完善、设计参数规范。

（3）前端预处理及生化处理部分与后续膜池的衔接缺乏优化设计经验的强化，增加运行效果、膜寿命，减少能耗。

未来 5 年内，MBR 的超滤膜材料仍将以 PVDF 为主流趋势，在此基础上有望结合湿法纺丝、热致相以及增加支撑管三种制备方法的优势，制备具有高通量、高强度、高亲水性能的 PVDF 超滤膜材料，对于运行中电耗的降低，目前也是各企业追逐的技术优势（戴海平，2009）。

3. 双膜法

现有再生水处理工艺中，双膜法出水水质最优，但其投资和运行费用也最高，从各工艺经济性比较可以看出，未来 5～10 年有下降的趋势，但下降的空间有限。另外，从目前研究来看，双膜法出水水质还存在生态安全性的担忧，双膜法出水经生态安全性测试后，测试鱼类的平游成功率大大降低，而且其浓水的处理一直存在争议。

超滤+反渗透（双膜法）可以达到各类出水标准，双膜法具有占地节省、受水质水量波动小、可处理难处理水质且出水水质高的特点，会有非常好的应用前景。总体来看，双膜法处理效果是最好的，但投资最高，也是受限制最严格的。

4. 技术革新

在过去 10 年中，由于超滤膜材料的三次技术突破，即由聚丙烯膜（PP）向聚乙烯膜（PE），再向聚偏氟乙烯膜（PVDF），使得 MBR 在市政污水及再生领域大规模应用，总应用规模已达到 140 万 t/d，且增长的趋势仍强劲。

超滤膜/微滤膜目前已经实现国产化，未来 5～10 年将会进一步提高超滤膜、微滤膜的技术经济性，促进 MBR、超滤膜过滤、双膜法中的超滤处理部分的应用，对于 MBR 的电耗有望从现在的 0.9 度/t 将到常规处理的 0.6 度/t。目前各种制备超滤膜材料方法及膜厂商中，它们制备的超滤膜材料 PVDF 性能指标都不相同，在耐污染性、硬度、强度、通量等指标方面都存在着一定的短板，未来超滤/微滤膜材料的发展方向将是兼具亲水性、耐污染性、高强度、高通量的 PVDF 膜材料。

反渗透膜材料几乎被国外化学巨头垄断，国际市场主要被美、日、西欧等少数国家垄断，国内市场主要被陶氏、科氏、日东电工（海德能）、日本旭化成以及东丽等几家公司持有。目前中国仍有 90%的反渗透膜需要从国外进口。目前中国已建成反渗透生产线，生产的反渗透膜元件达到国外先进水平，市场的占有率也在逐步增长，初步具备与国际抗衡的水平（李晶，2009）。

7.3.4　人工湿地

1. 应用前景

城市污水处理厂的二级出水仍可引起富营养化等环境问题，在基于可持续发展的理念下，认识到生态治理的重要性，人工湿地具有低投资和低运行费用、良好的处理效果和显著的生态效益等优点，已成为水处理技术的重要发展方向，在工程上的应用日趋增多。目前中国人工湿地主要应用于城市污水和村镇生活污水的处理。与其他污水处理工艺相比，人工湿地工艺的占地面积过大，对于城市难以实施；作为一种生态处理方式，人工湿地处理技术受到季节、温度的影响较大。在寒冷的冬季，微生物大部分处于休眠状态，大多数植物也枯萎凋谢，这大大降低了湿地的净化效果；人工湿地在长期运行过程中，会由于污水中悬浮固体沉淀、吸附于基质中，造成基质的有效孔隙减小，水力传导性能下降而形成堵塞，导致处理效率急剧下降（韩晓丽，2010）。

近几年，中国人工湿地以潜流湿地为多，主要处理城市废水、生活污水、污染河水等。尽管目前国内人工湿地在工程上的应用非常多，对湿地处理技术的研究也在迅速发展，但还缺乏多年运行稳定、有一定管理经验的成熟实例。

如宁波市将 3 万 m^3/d 经过混凝、沉淀、过滤、消毒工艺处理出水达《城镇污水处理厂污染物排放标准》（GB 18918—2002）一级 A（投资 600 元/（m^3·d），运行 0.25 元/m^3）通过原位修复人工湿地的方式补充景观河道，共需建设人工湿地 6 万 m^2，生态修复河道 3km，生态净化运行维护费为 36.5 万元/a，河道修复的运行维护费用为 18.25 万元/a。

根据污水处理厂排水情况的统计，达到《污水处理厂污染物排放标准》（GB 18918—

2002）一级 A 标准的污水处理厂数量占总数量的 19%，多集中于江苏、浙江两地，且规模较小。根据即将颁布的《“十二五”城镇污水处理及再生利用规划》，更多重点流域、环境敏感区域污水处理厂将提标改造达一级 A 排放标准，总规模约 2000 万 t/d。但污水处理厂达《城镇污水处理厂污染物排放标准》（GB 18918—2002）一级 A 的排水直接进入水环境中，并不能改善水环境水质，这主要是由于中国城市距离过近，达一级 A 的排水很难通过水体自净功能达到水环境质量标准。如果后续可以结合人工湿地的处理方式，既可以达到水体自净的环境容量，又可以提高环境的综合质量。

另外，在景观水体的应用中，不能仅强调再生水的水质达标，需综合考虑景观水体的置换、促进循环，构建水体生态系统，加快生态系统建立，形成水生系统的良性竞争关系，强化生态水质保持措施，增强不利条件下水体的应急净化措施，避免藻类大量积累。

考虑到环境水体的生态安全性和多样性，对于总氮、氨氮等指标应要比目前的景观水质标准严格，考虑到生态安全性和多样性，人工湿地的脱氮能力需要进一步确定。

2. 技术革新及工艺优化方向

人工湿地是一个综合的生态系统，它运用生态系统中物种共生、物质循环原理、结构与功能协调原则，在促进废水中污染物质良性循环的前提下，发挥资源的生产潜力，防止环境的再污染，获得污水处理与资源化的最佳优化，是一种较好的生态废水处理方式。经过 20 多年的研究，人工湿地净化技术已经取得了许多经验参数和理论数据，同时人工湿地处理技术还有很多问题尚未完全弄清或有待进一步研究（张虎成等，2004）。

1）湿地工艺与其他工艺组合应用

实际应用中，人工湿地系统的工艺设计常常是与其他系统相结合，构成处理系统，共同实现污水净化的目标。目前，最常见的多水塘组合是人工好氧塘、厌氧塘以及兼性塘进行多级串联组合，目的是为了保证湿地系统具有更高的处理效率，使出水水质更趋稳定，但是不同的组合方式会影响到系统出水的水质，因此，与人工湿地组成与其他处理工艺的复合处理将是今后的热点研究之一。此外，人工湿地系统与多流态湿地相结合，构成多级处理系统，共同实现污水净化的目标。目前的组合湿地是水平潜流人工湿地与垂直潜流湿地的组合，与其他工艺（如滤池、生物塘、土地渗滤等）的复合工艺研究还有待加强。此外，不同对象采用的组合方式、组合顺序及比例大小对出水水质都会有很大影响，需要开展深入研究以获得更高的处理效率（谌柯等，2008）。

2）人工湿地对氮、磷污染物去除

由于氮、磷等营养元素是水体营养化的主要原因，所以它们仍然是污染严格控制的主要目标。人工湿地能够很好地去除污水中的有机污染物，但人工湿地不能很好地解决出水氮磷浓度高的问题，特别是温度降低时情况更差。因此，有必要进一步研究人工湿地内部氮素的迁移转化规律，提高人工湿地对氮、磷的去除效果。

3）湿地水力学特征及堵塞机理

新建造的湿地通常具有较高滞留磷的能力，而随着运行时间的延长，其滞留磷的能力也逐渐下降。因此，对于研究湿地内部的水力学特征，研究堵塞形成的真正原因，以长久保持人工湿地的处理能力非常必要。

4）湿地设计及研究原则与标准

决定湿地处理效率的因素除了系统内污染物降解的反应动力学和湿地水流流态外，还有许多外在的因素，如温度、进水负荷、水力停留时间和气候特征以及系统设计类型等，它们都会对污水净化效果产生影响。如何选择合适的人工湿地类型，目前没有统一的原则和标准。因此，系统开展具有高对比性的研究也是一个重要发展方向（张虎成等，2004）。

另外，在应用人工湿地时，应在当地人工湿地原有基础上进行改造和建设，结合当地景观环境的特点，在城市规划中统筹考虑。在再生水用于城市水环境（主要是城市内河道）的案例中，大多倾向于对城市水环境损失的补充，而不是置换，这就造成再生水在水环境中的静止停留时间过长，在缺少必要的水质保持措施的情况下，水体富营养化严重，藻类大量繁殖，水环境功能丧失。在建设过程中，存在重景观、绿化，轻水体净化的现象，大部分投资用于建造人工景观，用于水体净化的投资不到总投资的 1/10。未来考虑对居民健康的影响、对城市景观的影响和对城市防洪安全的影响。未来工艺优化的方向在于以下几方面：①提升处理工艺，提高水质，加强消毒；严格控制再生水水源、避免人体直接接触的工程和管理措施，加强水质监测和管理；②构建水体生态系统，加快生态系统建立，形成水生系统的良性竞争关系；③强化生态水质保持措施，增强不利条件下水体的应急净化措施，避免藻类大量积累；④加强水体置换，促进循环（李志颖等，2011）。

7.3.5　消毒

再生水的公共卫生安全保障技术涉及水源水质、再生水处理、再生水的输运、调配等各个环节。而消毒作为整个环节的最后屏障，对整个系统的安全保障起着至关重要的作用。特别是 2003 年发生的 SARS 以后，水处理界对再生水（尤其是城市污水再生水）的消毒这一重大公共卫生安全问题重新认识。《城市污水再生利用城市杂用水水质》（GB/T 18920—2002）中规定中国再生水处理厂出水中总大肠菌群数小于等于 3 个/L（刘丹松等，2010）。

判断再生水消毒技术的选择方向，应遵循三方面的原则：①技术上必须成熟，在国内外已有大量的实例证明其可靠性；②尽可能选用无二次污染的技术；③运行成本要合理，总投资应可接受。但目前还没有一种消毒技术可以避免消毒中遇到的所有问题，每一种消毒技术都有优缺点（张朋锋等，2011）。综合比较几种消毒技术的优势和缺陷，如表 7-1 所示。

表 7-1　几种消毒技术比较

消毒方式	特点	局限性
液氯	成本低、应用方便、操作简单、投量准确	消毒副产物产量高，杀菌效率受污水中有机物质的影响，腐蚀性强，受 pH 影响较大，运输及储存要求高
二氧化氯	高杀菌效率，pH 适用范围较广，产生消毒副产物的可能性较低，腐蚀性较液氯和臭氧低，处理费用约为每吨水 0.03 元	需现场制备，有爆炸危险，水中含碘离子时，产生的碘酸盐态消毒副产物比液氯高，产生亚氯酸盐和氯酸盐，对某些病毒无作用

续表

消毒方式	特点	局限性
紫外线	无有害的残余物质，无臭味，操作简单，易实现自动化，运行管理和维修费用低，处理费用约每吨水 0.016 元	电耗大，紫外灯管与石英套管需定期更换，对处理水的水质要求较高，无持续杀菌作用
臭氧	高广谱抗菌性，对细菌、病毒和芽孢均有杀灭作用，接触时间短，消毒副产物产生量少，运行费用约为每吨水 0.1 元	现场制备，吸入时有毒，高腐蚀性，初期投资成本较高，在线调节发生量难以实现

1. 应用前景

几种消毒技术在经济方面有很大的差异，对其应用发展具有一定的影响。

蒋以元等（2008）对某再生水厂臭氧消毒对大肠杆菌和总细菌的去除测算，如果大肠杆菌被彻底灭活，臭氧消毒费用为 0.13 元/m^3。

液氯消毒，总投资为 13.5 万～27.5 万元，其中，液氯储罐 0.5 万元/只、天车 2 万～5 万元、电子秤 1 万～2 万元、配套漏氯报警吸收设备 10 万～20 万元/套。

二氧化氯消毒，二氧化氯发生器的造价对于污水处理厂 5 万～15 万元/(1 万 t 污水·d)；

紫外消毒，主要部件——灯管的造价较高，安装复杂，造成设备投资较高，对于污水处理厂约 20 万元/（1 万 t 污水·d），相对其他工艺需要土建费用（王永仪，2011）。

虽然目前氯化消毒灭活微生物的效果好、成本低，在国内外污水消毒中得到了广泛应用。但氯化消毒会产生以三卤甲烷类（THMs）为代表的各类有害的卤代消毒副产物（DBPs），并且氯的残留对下游水生生态系统的影响也不可忽视。再生水用于工业循环冷却用水来说，对粪大肠菌要求低，单一氯消毒即可满足。因此，未来氯消毒在工业循环冷却用水中仍具备一定的技术可行、经济合理的推广优势。值得指出的是，从卫生学、水质常规指标方面看，二氧化氯均可达到氯消毒的效果，甚至更优，另外，毒理学角度其相对氯消毒副产物减少很多，而且二氧化氯目前在工程应用中单独采用较多，具备取代氯消毒的趋势（蒋以元等，2008）。

但面对城市非饮用水、农林牧业用水、地下水补充使用再生水，氯消毒在技术上并不能满足要求，虽然目前紫外线、二氧化氯、臭氧消毒都已经有一定工程应用，但应用数量仍不够多，不能证明其可靠性，因此，单一消毒技术完全取代氯消毒不可能。另外，针对消毒环节，为了保证消毒的效果、消毒副产物二次污染减少、经济成本可行，势必会将几种消毒技术进行组合，如紫外+氯组合消毒、紫外+二氧化氯消毒、臭氧+氯组合消毒、臭氧+紫外消毒等①。

如果从地域上考虑，中国南方地区水资源相对充裕，污水处理的目标多是针对达标排放，如经济可行，建议单一紫外消毒或二氧化氯消毒即可。但对中国北方地区，水资源紧缺，推荐联合消毒工艺，如紫外线+二氧化氯消毒。

① 权维. 2006. 污水回用处理中消毒技术的试验研究. 哈尔滨：哈尔滨工业大学硕士学位论文.

2. 技术革新

二氧化氯消毒虽然具备取代液氯消毒的趋势，但如果将二氧化氯作为再生水的消毒剂广泛使用，需要对二氧化氯在再生水中的持续性灭菌能力进行研究；另外，需确定二氧化氯对再生水消毒后，其保证用户安全使用和管道寿命的剩余二氧化氯量。

从联合消毒角度看，紫外+液氯消毒、紫外+二氧化氯消毒，可有效控制微生物的二次污染，维持余氯量，增强再生水的生物稳定性，在联合消毒工艺中值得推荐。针对紫外消毒技术，其比氯消毒便宜、使用安全、不产生氯代烃。但对于紫外线剂量（紫外光强度、接触时间），以及影响紫外线透光率、总悬浮物、颗粒物尺寸分布、水力负荷的进水水质要求，两方面都进行研究和限定。

7.4　再生水利用量预测与前景分析

7.4.1　供水量预测

再生水利用模式通常有集中式和分散式两种。集中式是以城市污水处理厂的二级处理出水为原水的集中再生水工程项目；分散式是以企业单位或居民小区内部自产污水为原水的单体再生水工程项目。本书主要考虑集中式再生水利用的供需预测。

目前，城市供需水量的预测主要有时间序列分析法、结构分析法和系统分析法（张雅君和刘全胜，2001）。其中，结构分析法和系统分析法又统称为模拟预测法。各种方法都有其特定的适用环境，采用时需根据水量变化规律及特点选择合适的预测方法。

本书将城市污水处理厂的处理量作为再生水的最大可供量，同时考虑经济条件，再生水的可供量占污水处理量的比例为 20%～50%。

城市污水量预测的方法一般有两类（图 7-49）（朱石清，1998；潘俊熙和刘洪涛，2010）。

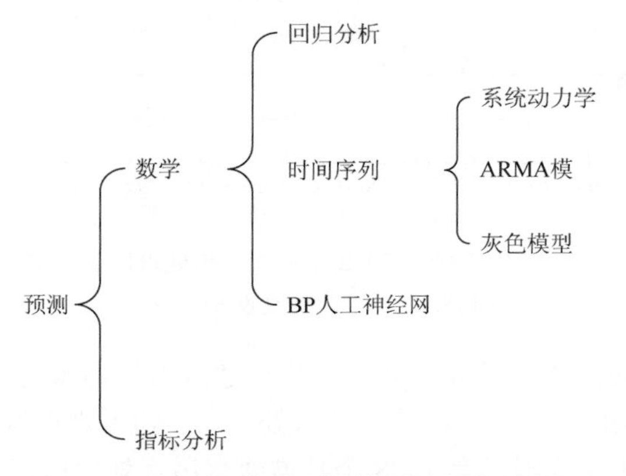

图 7-49　城市污水量预测的预测方法层次图

第一类是根据历年和现状污水量资料建立数学模型，对未来污水量作出预测，主要有回归分析法和时间序列预测法。其中，回归分析法是指首先找出影响污水产生量的各项因素并建立线性模型，然后分析得到最终的预测模型。这种方法需要考虑的因素较多，数据获取也有一定难度。时间序列预测法则只利用污水水量的历史数据进行建模，常应用的模型有系统动力学模型、ARMA 模型、灰色预测模型，以及基于回归分析法和时间序列方法的思路建立 BP 神经网络法。

第一类方法是基于污水量的历史值和现在值对未来值进行预测。如果该城市随着社会、经济的发展，城市结构发生很大的变化，则此类方法只能做近期预测，对远期预测则不可靠，因为不能反映今后由于城市建设指导方针、政策发生变化的影响因素。

另一类方法是指标分析法。它根据城市建设发展规模、人口规模、产业政策、城市用水量计划等资料，分别计算居民污水量、三产污水量、工业废水量等，然后累加得到城市污水总量。指标分析法能较全面地反映城市发展对污水量变化产生的影响。

对城市的污水量预测主要采用指标分析法。

图 7-50 为全国的污水处理厂的建设数量（中华人民共和国住房和城乡建设部，2013）。从图中可以看出，1975 年全国仅有污水处理厂 28 座，1982 年 39 座，平均每年增加 1 座污水处理厂。1996 年后，中国污水处理厂建设速度逐年加快，到 2008 年污水处理厂已达到 1018 座，平均每年增加 75 座。其后，污水处理厂每年以近 160 座的速度增加，截至 2012 年年底，全国建成 1670 座城市污水处理厂。近十年来，城镇污水处理厂数量年均增长约 10%。

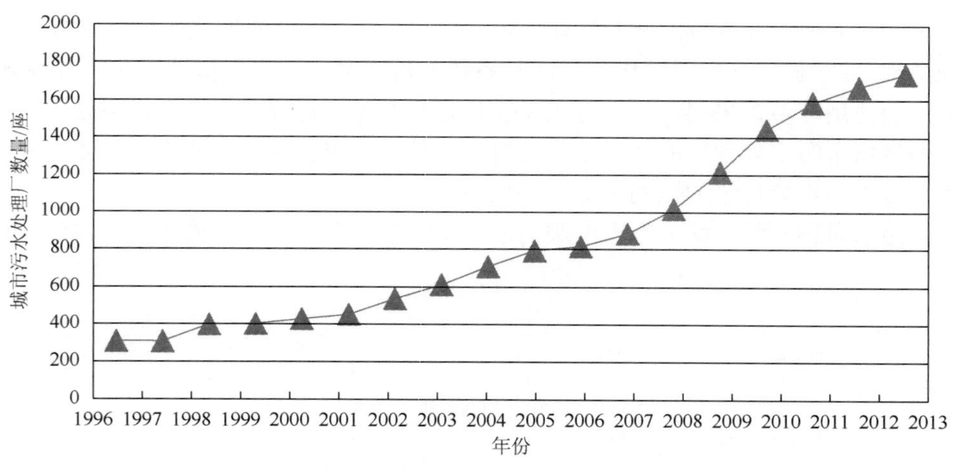

图 7-50 全国 1975～2012 年城市污水处理厂数量曲线图

数据来源：《中国城市建设统计年鉴》

截至 2013 年 6 月底，全国设市城市、县累计建成城镇污水处理厂 3479 座。全国 657 个设市城市中，已有 650 个设市城市建有污水处理厂，约占设市城市总数的 98.9%，累计建成污水处理厂 1994 座；全国已有 1328 个县城建有污水处理厂，约占县城总数的 81.7%，累计建成污水处理厂 1485 座（中华人民共和国住房和城乡建设部，2013）。

“十一五”期间，中国污水处理能力以每年约 10%的速度增长（中华人民共和国住房和城乡建设部，2013）。截至 2013 年 6 月底，全国设市城市、县累计建成城镇污水处理厂

3479 座，污水处理能力约 1.46 亿 m^3/d，其中，城市污水处理能力为 1.2 亿 m^3/d，县城污水处理能力为 2547 万 m^3/d，较 1975 年的 67 万 m^3/d 增加了 217.9 倍。

表 7-2 为 1997～2012 年全国的城市污水处理能力历年增长情况（中华人民共和国水利部，2013；中华人民共和国国家统计局，2013；中华人民共和国住房和城乡建设部，2013）。工业废水的收集率按 35%～40%计，生活污水的收集率按 70%～75%计，表 7-3 为 1997～2012 年全国城市污水处理量情况，对其进行二元函数回归分析，得到图 7-51。按照回归方程可以得到 2015 年、2020 年全国城市污水处理量；综合考虑城市的社会经济条件、用水结构特点、再生水的处理工艺、工程投资、再生水事业的发展程度等因素，平均取污水处理量的 25%、30%的系数预测 2015 年和 2020 年的再生水可供量，详见表 7-4。

表 7-2　全国城市污水处理能力历年增长情况

年度	污废水排放量/（亿 m^3/a）	污水处理厂数量/座	处理能力/（万 m^3/d）	污水处理率/%
1997	584	307	1292	25.84
1998	593	398	1583	29.56
1999	606	402	1767	31.93
2000	620	427	2158	34.25
2001	626	452	3106	36.43
2002	631	537	3578	39.97
2003	680	612	4254	42.39
2004	693	708	4912	45.67
2005	717	792	5725	51.95
2006	731	815	6122	55.67
2007	750	883	7206	62.87
2008	758	1018	8295	70.16
2009	768	1214	8664	75.25
2010	792	1444	12500	82.31
2011	807	1588	11255	83.63
2012	785	1670	11858	87.30

注：污废水排放量数据来自《中国水资源公报》；其他数据主要来自《国民经济和社会发展统计公报》和《中国城市建设统计年鉴》

表 7-3　全国城市污水处理量情况

年度	污废水排放量/（亿 m^3/a）	工业废水排放量/（亿 m^3/a）	生活污水排放量/（亿 m^3/a）	污水处理率/%	污水处理量/（亿 m^3/a）
1997	584	391.28	192.72	25.84	90.79
1998	593	397.31	195.69	29.56	105.33
1999	606	406.02	199.98	31.93	113.55
2000	620	415.4	204.6	34.25	113.56
2001	626	419.42	206.58	36.43	119.70
2002	631	422.77	208.23	39.97	134.94

续表

年度	污废水排放量/（亿 m^3/a）	工业废水排放量/（亿 m^3/a）	生活污水排放量/（亿 m^3/a）	污水处理率/%	污水处理量/（亿 m^3/a）
2003	680	455.6	224.4	42.39	147.99
2004	693	464.31	228.69	45.67	162.80
2005	717	480.39	236.61	51.95	186.76
2006	731	489.77	241.23	55.67	202.62
2007	750	502.5	247.5	62.87	226.98
2008	758	507.86	250.14	70.16	256.00
2009	768	512	256	75.25	279.35
2010	792	528	264	82.31	311.70
2011	807	—	—	83.63	337.61
2012	785	—	—	87.30	343.79

注：全国各城市污水收集率有所不同，影响因素也较多，表中数据与实际情况会有些出入

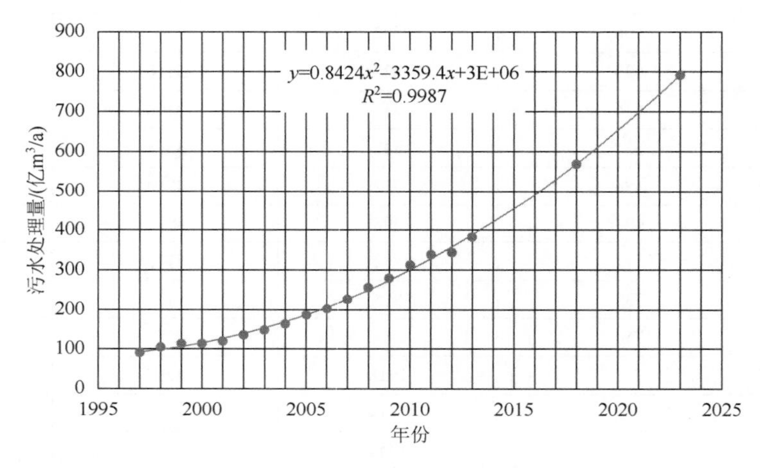

图 7-51 1997～2012 年污水处理量变化图

表 7-4 预测水平年污水处理量和再生水供水量预测

年份	污水处理量/（亿 m^3/a）	再生水可供量/（亿 m^3/a）
2015	462.50	115.62
2020	668.23	200.47

7.4.2 需水量预测

再生水需求量与当地城市的水环境、产业结构、居民生活水平等密切相关，受到当地的政策和经济的制约。在不同的国家和地区，再生水具有不同的用水对象和用户，用水量也相差甚多。

1. 预测方法

1）国外预测方法

国外在再生水供需方面进行需求量预测方法主要有定额法、替代系数法、时间序列法、结构分析法、系统动力学法等，各种方法各有其优势和局限性。定额法、替代系数法是一种较早提出、应用较多的方法。时间序列法是通过分析实际用水量与对应时间的历史数据，建立起二者的对应关系，然后利用这种对应关系进行未来需求量预测的一类方法。结构分析法也是一种较为常用的需水量预测方法，它能具体分析再生水需求量与各种相关因素之间的联系，进而揭示城市污水处理需求量的真正内涵。它从研究客观事物与影响因素的关系入手，分析影响预测对象的各种主要因素，建立预测对象与影响因素之间的关系模型。该方法主要以回归分析法为主，还包括指标分析法等。结构分析法可以得到较多周期的预测值，属于多周期预测方法，对用水量长期预测十分有效。系统方法主要包括灰色预测方法、人工神经网络法及系统动力学方法。其中，系统动力学方法是在分析用水系统、收集多种用水数据后建立起来的，可以得到较多周期的预测值，属于多周期预测方法，而其余均为单周期预测方法。

美国在估算再生水需求量时的预测主要采用两种方法，一种是采用线性外推模型（LEM）来估算。该模型假设在 1990～2000 年每人用水的增长速度是增加的，每年节约的数量可以通过线性模型上的潜力值和实际使用的饮用水值的不同来估计。另一种方法是一个较为保守的常数模型（CCM），该模型将使用再生水前每人每天所需的饮用水定为一个平均值，并且假设在使用再生水之后该值不变。

2）国内预测方法

国内现有再生水需求预测的方法有两种（汪妮等，2009），具体如下。

第一种：考虑技术、资源、经济条件约束的区域再生水利用潜力的线性规划模型，对全国各省市污水利用潜力进行了预测，并对区域和全国水资源经济政策进行了模拟和比较（褚俊英等，2004）

第二种：由于再生水的主要目的是替代自来水，且它的使用与自来水有许多的相似之处，故目前常用的方法是根据用户自来水的用量，将再生水可替代部分的用量作为其对再生水的需求量。这种方法具有简便可操作的优点，但是没有考虑再生水需求的特殊性。再生水不是必需品，用户对其选择受诸多因素的限制，因此，这种方法对需求的估计往往不准确。

根据再生水的主要用途，预测方法分为用户调查法、定额法或经验法，具体如下。

（1）实地调查预测水量法

一般情况下，可根据用户调查确定的用水量加上适当的管网漏损水量和未预见水量确定再生水需求量。

景观环境：宜确定景观环境水体现状水体水质、规划水体功能和水质要求、补给水水源、环境容量、补水水价、边坡和底部形式、运行管理情况、蒸发耗散量、水面面积、渗漏量、年换水次数等。

工业用水：宜确定工业企业名称、主要产品等基本信息、不同季节现状水源、取水量、用水情况、水费、水重复利用和排污；并对生产过程和排放污水中的有毒物质进行统计。宜依据地区经济规划，分步分期实施。

绿地灌溉：宜确定当地的气候条件、土壤特征、绿地类型、灌溉面积和周期、规划绿地情况等。

城市非饮用水：宜在对现有城市非饮用水水量调查的基础上，根据不同利用途径的特征和季节特征确定城市非饮用水的水质水量需求，其中，冲厕用水量宜根据可接管用户数量进行确定；浇洒道路宜确定现状浇洒道路用水情况、规划浇洒道路情况等；绿地用水宜确定现状绿地面积和用水情况、规划绿地面积等。

农林牧业：宜确定灌溉区现状作物及种植面积、现状灌溉情况、预测可用再生水灌溉面积等。

地下水回灌：宜确定当地的水文地质条件、地下水资源现状及发展趋势、回灌方式等。

（2）定额法或经验法预测需水量

对于用水量差别较大或用水量较小、同时比较分散的再生水用户可依据多年积累的给水定额或者依据以往类似工程经验确定再生水量。可参考的定额法或经验法如下。

a. 城市非饮用水中的冲洗道路和浇洒绿地

冲洗道路和浇洒绿地的用水量视城市规模、路面种类、绿化面积、气候和土壤等条件而定。可按式（7-1）计算：

$$Q_1 = \sum q_1 \times F_1 \times n_1 \times 10^{-3} \tag{7-1}$$

式中，Q_1 为冲洗道路或浇洒绿地的用水量（m^3/d）；

q_1 为冲洗道路或浇洒绿地的用水定额［L/（m^2·次）］；

F_1 为道路或绿地总面积（m^2）；

n_1 为每日洒水次数（次/d）。

冲洗道路或浇洒绿地的用水定额按照国家标准或各地环卫局提供的数据为依据。如按照国家标准冲洗道路和场地的用水量指标为 2 L/（m^2·次），每天 1～2 次。各地冲洗道路和浇洒绿地再生水量的确定，应先根据调研结果，结合实际情况，确定用水指标，然后利用公式计算出浇洒道路和绿地的用水量。例如，根据北京市浇洒道路的用水指标为 0.4 L/（m^2·d）。考虑到路面保洁和冲洗的需要，北京市的规划指标为 1.5～2.0 L/（m^2·d）。绿化用水量指标为 0.3～2L/（m^2·d）。根据园林部门提供的数据，草坪、绿化隔离带和生态林绿地用水指标分别为 2.0L/（m^2·d）、1.33L/（m^2·d）和 0.16L/（m^2·d），另外，冬季和下雨日不需要冲洗道路和浇洒绿地，冲洗日一般按每年 250～270 d 计算。同时在确定用水指标时，应注意到交通主干道和住宅区内道路、大面积绿地和小面积绿地的用水量不同。

b. 城市非饮用水中的住宅和公共建筑冲厕

除用户申请水量外，一般按推算的方法确定，推算的方法有水量标准计算法、建筑面积计算法和卫生器具计算法三种。实际使用中可根据调查获得的基础资料选用一种适宜的方法，并用另外两种方法校核。

用水量标准计算法计算式：

$$Q_2 = \sum (q_2 \times F_2 \times N_2 \times 10^{-3}) \tag{7-2}$$

式中，Q_2 为冲厕再生水水量（m^3/d）；

q_2 为生活用水量标准［L/（人·d）］；

F_2 为冲厕用水占生活用水的比例（%）；

N_2 为使用人数（人）。

生活用水量标准根据各城市的实际情况确定。例如，北京市供水规划，远期人均住宅用水标准为 140L/（人·d）。北京市部分家庭用水调查显示，冲厕用水占生活用水的 25%～30%；有关资料表明，在日本和美国，冲厕用水占生活用水的 27%～38%；北京市住宅冲厕用水按生活用水的 25%～35%计，则住宅冲厕用水量标准为 35～49L/（人·d）。

公共建筑用水标准采用 220L/（人·d），冲厕用水占 20%～25%，因此，公共建筑用水标准为 44～55L/（人·d）。

建筑面积计算法计算式：

$$Q_3 = \sum (q_3 \times F_3 \times 10^{-3}) \tag{7-3}$$

式中，Q_3 为冲厕再生水水量（m^3/d）；

q_3 为单位建筑面积的用水量标准［L/（m^2·d）］；

F_3 为建筑面积（m^2）。

住宅冲厕用水标准为 1.5 L/（m^2·d），公共建筑冲厕用水标准为 3 L/（m^2·d）。

卫生器具计算法计算式：

$$Q_4 = \sum (n_4 \times q_4 \times C_4 \times H_4 \times 10^{-3}) \tag{7-4}$$

式中，Q_4 为日最大用水量（m^3/d）；

n_4 为卫生器具个数（个）；

q_4 为每次用数量［L/（次·个）］；

C_4 为每小时利用次数（次/h）；

H_4 为使用小时（h）。

该方法需对用户卫生器具设施进行详细调查，在设施内容明确的情况下采用。目前市场上卫生器具品种繁多，一般分为节水型、普通型和豪华型。节水型大便器为 6L/次，普通型、豪华型大便器为 9～13L/次。

c. 景观环境用水量

景观环境用水量的计算方法包括换水时间法、换水深度和换水次数法、蒸发量和降水量的差值法。

按照换水时间计算补水量：

根据换水周期，用水体库容除以换水时间得到每天的补充水量：

$$Q_e = V/P \tag{7-5}$$

式中，Q_e 为日补充水量（m^3/d）；

V 为景观水体容积（m^3）；

P 为换水周期（d）。

注：适用于一些小型景观水体补水量的计算，一般夏季换水周期为 30～45d。

按照换水深度、换水次数计算补水量

对于无固定补充水源的景观河道，一般采取每年换水若干次，每次置换部分水的方法保持河道水量水质。见式（7-6）：

$$Q_f=H\times F_f\times T\times 10000 \tag{7-6}$$

式中，Q_f 为年补水量（m^3/a）；

H 为每次换水深度（m/次）；

F_f 为河道水面面积（hm^2）；

T 为每年换水次数（次/a）。

注：换水次数及换水深度可参考水利及河湖管理部门的规定。

按照蒸发量和降水量的差值计算补水量，见式（7-7）：

$$Q_g=10(Z-P)\times F_g\times C \tag{7-7}$$

式中，Q_g 为年补水量（m^3/a）；

Z 为年均蒸发量（mm/a）；

P 为年均降水量（mm/a）；

F_g 为水面面积（hm^2）；

C 为系数，与渗漏损失、取水损失有关，一般可取 1～2。

注：适用于水面面积较大的景观湖；水体蒸发量因地域、季节的不同而不同，一般可从气象部门和水利部门得到。

d. 工业用水

再生水用于工业主要有 4 个方面：冷却水、空调用水、工艺用水和锅炉补水等。工业冷却水用量大，需求稳定，不受时间、季节变化的影响。在各类冷却用水中，火力发电、冶金、化工等行业的冷却用水量所占比例很大，火力发电冷却水可占总用水量的 95%以上。

空调用水（也称空调冷却用水）可分为两种形式：直接喷淋和间接冷却。直接喷淋设备简单，投资较低，需水量较大；间接冷却设备投资较大，运行管理费用较高，但需水量较小。

在不同情况下，工艺用水和锅炉补水用量有较大的差异。

确定再生水用于工业的需求量时，应调查分析工厂用水性质和用水量，考虑到工厂万元产值耗水量增减趋势、产值增长率、用水结构及产业结构变化等因素。

e. 农林牧业用水

农林牧业再生水需水量可按照有关地区的农作物种植种类、灌溉定额确定。在确定农林牧业再生水需水量时，应注意丰水年、平水年、枯水年变化、农业用水的季节性变化、作物种类的差异、不同生长期用水量的差异。

2. 需水量预测

1）全国

直接进行全国范围内的再生水需求量的预测比较困难，但是可以从全国取用新鲜水量的变化关系间接得到。表 7-5 为 1997～2012 年的全国用水量的变化（中华人民共和国水利部，2013），依据表中的数据（进行部分修正）得到图 7-52。水利部制定了 2015 年、2020 年用水总量控制红线，分别为 6350 亿 m^3、6700 亿 $m^3$①，如图 7-53 所示。同时，水利部制订了 2015 年和 2010 年万元工业增加值用水量的限值，分别为 $80m^3$/万元和 $65m^3$/万元，并依此推算出工业取用新鲜水量分别为 1445 亿 m^3/a 和 1694.5 亿 m^3/a，如图 7-52 所示。

表 7-5　全国用水量变化表

年份	水资源总量/亿 m^3	用水量/亿 m^3			生态和环境补水
		总量	工业	生活	
1997	27855	5566	1121	525	—
1998	34017	5435	1125	544	—
1999	28196	5591	1159	559	—
2000	26562	5498	1139	575	—
2001	26868	5567	1141	601	—
2002	28255	5497	1143	616	—
2003	27460	5320	1176	633	80
2004	24130	5548	1232	649	83
2005	28053	5633	1284	676	90
2006	25330	5795	1344	707	93
2007	25255	5819	1402	710	105
2008	27434	5910	1401	727	118
2009	24180	5965	1390	752	101
2010	30906	6022	1445	765	120
2011	23257	6107	1461	790	112
2012	29529	6131	1381	740	108

注：数据主要来自《1997～2012 年全国水资源公报》

① 资料来源于《国务院办公厅关于印发实行最严格水资源管理制度考核办法的通知》（国办发[2013]2 号）。

图 7-52　用水量变化图

可以看出，预测到 2015 年、2020 年，总的用水量会超过图中红线，超过值约 150 亿 m^3、310 亿 m^3，其中，工业用水量约超过 15 亿 m^3、25 亿 m^3，这些水量可以用非常规水源，如再生水、海水淡化、雨水等进行补充，其中，再生水是最主要的一种补充方式。

从图 7-53 中还可以看出，工业、生活用水和生态环境补水也在逐年增长，到 2015 年，工业、生活用水和生态环境补水用水分别达到 1460 亿 m^3、869 亿 m^3 和 165 亿 m^3；到 2020 年，工业、生活用水和生态环境补水分别达到 1720 亿 m^3、967 亿 m^3 和 202 亿 m^3。如果 2015 年、2020 年工业用水中可以利用再生水的比例分别按 5%和 7%计，生活用水中可以利用再生水的比例分别按 0.5%和 1%计，生态环境补水中可以利用再生水的比例分别按 30%和 40%计，得到 2015 年、2020 年再生水的需求量，见表 7-6。

表 7-6　预测水平年全国再生水需求量

年份	工业/亿 m^3	生活/亿 m^3	生态环境补水/亿 m^3	总量/亿 m^3
2015	73	4.35	49.5	126.85
2020	120.4	9.67	80.8	210.87

注：全国再生水的需求量未考虑农田灌溉再生水利用量

2）典型城市

包头市 2020 年再生水需求量预测情况如下。

（1）再生水用户

a. 工业用水

工业是包头经济发展中居于主导地位的产业，冶金、机械、电力、稀土是包头的传统优势产业，如包头钢铁集团有限公司、希望铝业、北重集团等大型工业企业，这类型企业均属于用水大户，一般以黄河水作为自备水源，其中，绝大部分经处理后用作生产中循环冷却水的补充。在产业布局和规划的引导下，包头市的污水处理厂将逐步有能力为大中型工业企业，特别是用水大户，提供再生水。因此，使用再生水替换自来水作为冷却用水水量较大，经济效益更加明显。

b. 城市非饮用水

主要包括绿化浇灌、道路广场浇洒、城市水系生态补水等。

Ⅰ. 绿化浇洒

包头市是国家园林城市、卫生城市和全国文明城市，拥有众多的公共绿地、道路绿地、居住区绿地、单位附属绿地和生产绿地。目前，全市城市建成区绿地面积 6641hm^2、绿化覆盖率 33.87%，人均占有公共绿地面积 10.5 亩①。目前，大部分的绿地浇洒都是直接用城市自来水或地下水浇灌，采用自动喷洒和人工浇洒方式。从水资源的开发和综合利用要求以及按照国家规定的生活杂用水水质标准，将污水处理厂出水再经过深度处理后，出水可以用于绿化喷洒浇灌。广场绿地和道路绿化带一般距道路较近，交通比较便利，可以从就近的污水处理厂和再生水厂供水点获取绿化用水。

Ⅱ. 道路广场浇洒

为保持道路整洁、降低地表温度，市区内每天都要对道路进行浇洒或冲洗，另外，城市的下水道也要定期进行冲洗，以维持市容整洁卫生。目前，包头市道路建设总长度为 1175km，城市道路总面积为 1672 万 m^2。目前包头市道路浇洒的水源基本为自来水，各区道路浇洒用水量标准不一，一般标准为 1.5L/（m^2·次）。道路浇洒对水质要求不高，采用洒水车作业时，水滴不会飞溅到人体上，不和人体直接接触。使用再生水作为其水源，不但可以满足使用要求，而且可以节约大量宝贵的自来水，从而能更合理地利用水资源。

c. 生活杂用水

生活杂用水范围包括居住建筑、公共建筑和工业企业非生产区内用于冲洗卫生器具、盥洗、清扫、洗车、浇洒小区草坪以及中央空调冷却用水等。宜建立分质供水系统，以分别向用户提供优质的生活饮用水和低质的生活杂用水（再生水）。

d. 景观环境用水

景观环境用水主要包括观赏性景观环境和娱乐性景观环境的河道、湖泊、水景等用水，如公园内河道、人造湖泊、广场喷泉、市区内景观用水等。包头市河道由于污染加剧，导致排入河道的污染物量大大超过河水的自净能力。随着经济的发展和居民用水要求的提高，包头市区的需水量逐年增大，而市区能用于城市供水的水源水由于污染的加剧愈来愈不能满足供水量增大的需求。同时，由于工业企业生产的需要，每年从河道中大量取水用于生产和冷却用水，也导致了河流水位和流量的下降，更加导致了水体环境容量的减小，水体自净能力下降。

（2）再生水需水量预测

包头市是内蒙古自治区的经济强市，工业化程度高，城镇化进度快，农业在地区生产总值中的比例相对较小，因此，未对再生水作为农林牧业等农用水进行预测。

a. 工业用再生水用水量预测

包头市工业发达，冶金、机械、化工、电力行业对冷却水的需要量非常巨大，目前为止，只有较少的污水再生回用工程，所以企业生产所需的补充冷却水一般直接取自自来水。

---

① 1 亩≈666.67m^2。

冶金、机械、化工、电力行业是用水大户，多数企业自备水源取水一般用于生产循环冷却水的补充，再生水水质也较容易保证，有个别企业做其他方面用途的，可以通过厂内再处理后利用，因此，大型工业企业是再生水用水的主要用户。经预测计算，包头市 2020 年的工业用水约 32000m^3，2020 年以 40%为再生水，据此测算，2020 年再生水年用水量为 12800 万 m^3。

b. 杂用水用水量预测

杂用水包括城市非饮用水和生活非饮用水。城市非饮用水主要是城市道路广场绿化浇洒水、建筑施工降尘用水、消防用水、城市公共厕所冲洗水等；生活非饮用水范围包括居住建筑、公共建筑和工业企业非生产区内用于冲洗卫生器具、洗涤、清扫、洗车、浇洒住区草坪以及中央空调冷却用水等。

Ⅰ. 绿地、道路广场浇洒用水量预测

城市绿地可分为公共绿地、道路绿地、居住区绿地、单位附属绿地和生产地等。目前，全市园林绿地面积为 6641hm^2，其中，公用绿地面积为 1300hm^2，根据包头市绿化办提供的绿化用水量测算，平均每年绿地用水量为 1.35m^3/m^2，经预算，2020 年绿化浇洒需水量约 2971 万 m^3/a。再生水用量按总用水量的 70%计，预测 2015 年用于绿化浇洒再生水的需水量为 1600 万 m^3/a，2020 年城市建成区绿化覆盖率达 45%，城市公用绿地面积为 2200hm^2，2020 年再生水需水量约为 2080 万 m^3/a。到 2020 年，规划中心城区道路面积为 1350hm^2。道路浇洒预测洒水量按标准为 1.5L/（m^2·次），每日浇洒 1 次，每年浇洒天数按 150d 计，2020 年道路广场浇洒需水量为 304 万 m^3/a。

Ⅱ. 洗车用水

按照包头市城市总体规划，市内小汽车的拥有水平将控制在 80 辆/千人到 100 辆/千人，即规划中市区小汽车的总数为 140000～175000 辆。洗车用水由于没有相对完整的长期实测资料，因此，采用定额法进行预测、汽车冲洗用水定额，应根据道路路面等级和沾污程度确定，洗车用水标准按照《给水排水标准规范实施手册》中汽车冲洗用水定额：小汽车为 250～400L/（辆·次），公共汽车等大型车为 400～600L/（辆·次），本次分别按照 300L/（辆·次）和 500L/（辆·次）计。汽车平均冲洗周期按一个月冲洗一次计算。预计到，市区内洗车用水的 50%将优先采用再生水，2020 年市区内洗车用水的 70%将优先采用再生水洗车用再生水量预测见表 7-7。

表 7-7　预测水平年洗车用再生水量规划预测

年份	洗车需水量/（万 m^3/a）	再生水需求量/（万 m^3/a）
2020	50.4	35.3

Ⅲ. 生活杂用水

生活杂用水主要是指住宅小区内用于冲洗卫生器具、盥洗、清扫、洗车、浇洒住区草坪以及中央空调冷却用水等杂用水。

按集中供水的生活用水的 1%计，2020 年再生水的需水量为 183 万 m^3/a。

综上，从包头市预测水平年不同用途再生水总需水量预测表表 7-8 可以看出，工业用水所占比例较大，2020年工业用水占总用水量的83.11%。

表7-8 包头市再生水总需求量表

用水项目		2020年再生水需求量/万m^3	占总量的比例/%
			2020年
工业用水		12800	83.11
杂用水	绿化、浇洒用水	2384	15.47
	汽车冲洗	35.3	0.23
	生活杂用	183	1.19
合计		15402.3	

7.4.3 可供量与需求量平衡分析

1. 全国的状况

表7-9为现状年（2010年）与预测水平年（2015年、2020年）的全国再生水的可供量与需求量。从表7-9中可以看出，现状年全国的再生水可供量大于再生水需求量，约有40亿m^3/a的缺口，可见再生水厂和管网配套设施建设没有跟上或者使用率较低。2015年、2020年再生水需求量大于再生水可供量，需求量将分别达到126.85亿m^3和210.87亿m^3，分别超过再生水可供量11亿m^3和12.39亿m^3。

表7-9 全国再生水可供量与需求量

年份	污水处理总量/（亿m^3/a）	再生水可供量/（亿m^3/a）	再生水的需求量/（亿m^3/a）	供需平衡差/（亿m^3/a）
2010	343.79	68.76	44.31	24.45
2015	462.50	115.62	126.85	−11.23
2020	668.23	200.47	210.87	−10.4

2. 典型城市再生水可供量与需求量

表7-10为现状年和预测水平年几座城市再生水可供量与需求量。从表7-10中可以看出，现状年再生水可供量大于再生水的实际需求量，说明再生水厂的生产能力大于需求量，用户和市场需要进一步培育；特别是天津市，虽然再生水厂的生产能力达0.8亿m^3，但是用户比较单一，主要是工业用户，现如今工业需求近4万m^3/d左右。而包头和银川的再生水利用发展较快，现状年需求量与可供量的缺口比较小，分别为693.5万m^3和1603万m^3。预计到2015年和2020年，包头、天津及银川的需水量大于再生水的可供量，相差较大的是包头和天津，2020年再生水可供量低于需求量约4000万m^3/a，需进一步增大污水收集处理率及再生水的利用率才能满足供水要求。

表 7-10　典型城市再生水可供量及需求量

城市	包头			天津			银川		
年份	2010	2015	2020	2010	2015	2020	2010	2015	2020
再生水可供量/（万 m^3/a）	1606	5109	11520	10046	46337	69577	2231	7401	13270
再生水需求量/（万 m^3/a）	912.5	10120.5	15402.3	6450	51611	73920	1095	8835	14873
供需平衡差	693.5	−5011.5	−3882.3	3596	−5274	−4343	1236	−1437	−1603

3. 影响供需量的因素

从以上讨论可以看出，现状年（2010 年）的再生水可供量与需求量之间存在一定的差距，主要表现为：现状年再生水可供量远远大于再生水的实际需求量，而且回用途径也比较单一，主要为景观和工业用水。通过对全国或典型城市的预测水平年（2015 年、2020 年）的再生水的需求量预测发现，特别是在国家执行用水总量红线控制的要求下，未来需求量市场很大，且主要用在工业和景观等用途。

影响再生水供需的因素有很多，包括水资源条件、政策、管网、经济、技术和用户等方面，而政策方面又包括政府层面和地方层面所出台的政策、制度、法律法规和规范性文件等；经济方面包括当地的经济发展程度、水价与再生水价的差值、投融资方式和渠道等；技术方面包括处理工艺的局限性等；用户方面包括用户对再生水接受程度、潜在用户的开发等。这些影响因素又互相关联、交叉影响，呈现一定的复杂性。

1）水资源条件的影响

首先，水资源短缺程度对当地社会经济发展的制约程度不同。中国是一个水资源短缺的国家，缺水已成为每个城市社会经济发展面临的首要问题。据了解，全国 660 多个城市中，缺水城市有 400 多个，其中，严重缺水城市 114 个。在严重缺水城市中，北方城市占 71 个，南方城市有 43 个。中国北方尤其缺水。黄河、淮河、海河、辽河流域所代表的北方地区人均水资源量只是全国平均水平的三分之一，河川流量仅为长江、珠江流域所代表南方地区的六分之一左右。随着全国性的干旱缺水越来越严重，北方地区发生水危机已不是危言耸听。

北京市由于极度缺水，2003 年已开始将深藏于地下的千米岩溶水源纳入供水序列中，作为备用水源。天津市由于连续四年遭受华北干旱影响，为天津供水的潘家口水库水位已接近死库容，于桥水库已无水可供，直接威胁到天津市的生活和生产用水。在水资源短缺地区，缺水对于社会经济发展的制约更为突出。如鄂尔多斯市是一个水资源短缺的地区，水资源人均可利用量为 $1239.4m^3$。目前鄂尔多斯市又处于经济高速发展的时期，随着国家能源战略西移，一批煤炭、电力等重大项目相继落地实施，工业用水量增加很大，但现状水资源条件下已经难以满足工业用水的需求，现状用水中再转换到工业用水的潜力已尽。水资源的短缺已经严重影响了鄂尔多斯市的经济发展。

其次，水资源条件的不同影响了当地开发再生水资源的内在动力。一般情况下，水资源稀缺程度越高，用户使用再生水的内在动力就越强烈。再生水是作为一种替代水源，在再生水事业发展的初期，再生水的建设、运行成本都较高，在可以寻找到备用水源的条件下，往往先考虑使用其他水源。这也是在水资源条件相对丰富的地区，再生水开展相对较慢的原因之一。

根据调查资料，北方再生水事业发展较快，年均再生水量都超过 1 亿 m^3 的省市除去广东、江苏外，其他为北京、河北、山东、辽宁、湖北、四川、新疆等北方地区；在广东、浙江、湖南等水资源较为丰富的地区，再生水率较低；在上海等地，再生水工作尚未开展。截至 2012 年年底，中国再生水厂投资主要集中在淮河以北的各省（自治区、直辖市），主要原因是水资源缺乏，它们具有开发再生水源的内在动力。而在水资源较为丰富地区，由于有备用水源，再生水使用的意识还比较薄弱。

深圳市是一个水质型缺水的城市，但拥有丰富的海水资源。一些工业、企业依海而建，充分利用了当地海水资源较为丰富的自然优势。如大亚湾核电站位于深圳的东部，海水水质比较好，可以直接用于电站的冷却水，已经成为电厂的一个重要水源。但在使用海水的同时，并没有减少污水排放量，对附近海域的水质也造成了一定影响。目前，深圳市经过深度处理的中水主要用于河道景观水，对替代原水资源的效果并不明显。

2）社会经济因素的影响

一方面，再生水公益性较强，在推动城市再生水事业发展的初期阶段，必须要依靠政府才能发展。尤其是再生水新建管网投资巨大，施工难度很大，企业本身负担不起，让再生水利用在相当长一段时间内很难市场化。而在经济较发达的地区，地方财政有能力对再生水提供较多支持，也推动了当地再生水的发展。

北京市的再生水发展较快，2010 年再生水量已达 6.8 亿 m^3。再生水厂建设绝大部分投资来自地方财政投入，再生水管网建设投资的 50%来自于地方财政投入，其余 50%由建设单位自筹。

另一方面，再生水运行费用巨大，需要财政的支持。以北京市为例，再生水水价为 1 元/m^3，而一些再生水厂仅处理成本就达到 2.5 元/m^3 左右，再生水水价与供水是严重背离的。再生水水价与成本之间的差价需要靠政府补贴。如果没有政府的补贴，再生水厂难以良性运行。如北京市某再生水厂的水处理成本，直接成本（不含人员工资和折旧）为 1.9 元/m^3，如果考虑全成本，将达到每立方水 3 元多，而目前的再生水水价为 1.1 元/m^3，再生水厂的运行费用全部由政府每年划拨资金进行补贴。

3）管网配套设施建设的影响

再生水作为一种水源，需要铺设单独的管道才能加以利用，因此，再生水利用要建设另一套给排水系统。如果管网建设滞后，将在一定程度上制约再生水的使用。在传统的规划模式下，为了考虑减少对环境的影响，污水处理厂多建在城市的下游，再生水厂都是依托污水处理厂而兴建的。如果要从下游将再生水输送到中游，甚至上游的用户，要建设很长的再生水管线，不仅增加了难度，也增加了建设和运行成本。管网建设的滞后，适应不了再生水的快速发展，已经成为制约再生水利用的一个最重要的因素之一。一些城市再生水生产能力很高但发挥不出来，造成大量再生水设施闲置，面临着再生水设施“晒太阳”

“有水送不出”的问题。

同时，在老城区新建再生水管网还面临要破坏现有管网系统的问题。目前城市道路的管网布局基本上已经被污水、雨水等管线所占据，如果再增设中水管线，会破坏目前的管线，还将造成资金的浪费。这样，在一些城市利用中水只能依靠运水车。不仅会提高再生水利用的综合成本，也在一定程度上限制了再生水的发展规模和使用范围。对于用户来说，再生水价格便宜，但运费较高，采用运水车供水，每吨水的综合成本也比较高。

4）价格因素的影响

自来水价格越高，使用再生水就越经济，其需求量就越高；反之，再生水价格越高，再生水需求量就越低。当其价格接近自来水价格甚至超过时，再生水需求量为零。中国城市自来水价格一直处于较低的水平，再生水与自来水没有形成合理的价差，对于用户而言，使用再生水并不比自来水在成本上有大的节约。再生水的价格优势没有显现出来，不能激励用户主动地采用再生水。例如，哈尔滨市，太平污水处理厂在“十一五”期间，曾在国家立项建设 5 万 m^3 再生水设施，回用于哈尔滨热电厂循环冷却水。但由于热电厂原来从供水七厂取水，价格为 1.7 元/m^3，而再生水价格约 3 元/m^3（电厂需要再生水中氯化物含量小于 50mg/L），再生水价格较自来水高 1.3 元/m^3，用户无法接受，项目未完成。

从总体看，大部分城市的再生水供给工业价格低于自来水，如银川。银川市是一个水资源比较短缺的城市，在再生水利用方面发展较快。目前再生水的供水能力为 5.2 万 m^3/d，占再生水最大可供量约 30%。银川自来水执行阶梯式水价，2011 年调价后，供给居民生活用水的价格为一级 1.7 元/m^3、二级 2.8 元/m^3、三级 4.0 元/m^3，非居民生活用水 2.60 元/m^3，特种行业用水定额为 18 元/m^3，超定额为 28 元/m^3。而再生水价格：绿化用水为 0.80 元/m^3，第三中水厂与电厂的协议价仅为 0.92 元/m^3。随着水资源缺乏的加剧，自来水的价格会进一步上涨，凸显出再生水在价格方面的优势，经预测，银川 2015 年工业再生水的需求量为 2621 万 m^3，2020 年的工业再生水的需水量为 5666 万 m^3，占总需水量的比例达 30%以上，若有再生水供给，可带来客观的经济效益。

5）技术方面

再生水采用的技术直接影响着再生水厂的供水能力。如膜组合工艺。由于超滤膜、反渗透等技术造价、运行成本较高，运行维护要求也较高，特别是反渗透技术还面临着浓水污染的问题，这些因素都制约着膜法再生水厂的大规模利用。

6）再生水厂良性运行的影响

建好管好用好再生水设施，使其正常和长期发挥作用，是促进再生水工作发展的前提。中国再生水设施在实际运行管理中存在一些弊端：一方面，由于再生水用户有限，再生水厂供水能力普遍达不到设计标准，设施得不到充分利用。另一方面，由于再生水用户有限，供水规模小，工程的运行成本高，单方水运行成本相对较大。工程供水成本较高，如果按照供水成本收费，再生水水价将高于自来水水价，用户使用再生水积极性就会更弱。如果较低的供水价格，但供水单位的运行成本又没有补偿渠道的话，将使得水厂按成本收缴水费十分困难。工程运行管理费用严重不足，再生水厂面临运行难的局面。一般情况下，再生水设施一次性建设投入较自来水高 2～5 倍，且日常运行成本又高于自来水，如果再生水没有市场的话，将使再生水厂面临运行难的局面。

7）公众对再生水认识的影响

公众对使用再生水缺乏了解，认识不足，使得不少人对再生水水质存在疑虑，降低了公众使用再生水的积极性，也造成了再生水市场需求不足。很多人认为，再生水就是“污水处理厂的水”“不干净”。新建小区安装了中水管线，但多数居民仍选择了用自来水冲厕。再生水用于洗车行业，水质是可以满足洗车要求的，但用户难以接受。公众对再生水的认识不完善，影响了对再生水的使用，使得不少小区的中水回用设施几乎处于停用状态。此外，使用再生水需投资进行内部管网配套设施建设，居民用户还需实施一户一表，存在工程建设投资增加、投资回报期长、查表收费麻烦、经济效益不明显等问题，因此，企业单位或居民小区建设再生水工程设施和使用再生水的积极性不高。

参 考 文 献

澳大利亚统计局. 2006.澳大利亚水统计. http：//www.ads.gov aul.
白宇，刘金瀚，甘一萍，等. 2008. 臭氧-活性炭-反硝化生物滤池在污水再生回用中的应用. 给水排水，（08）：49-53.
蔡道飞，黄维秋，王丹莉，等. 2014. 不同再生工艺对活性炭吸附性能的影响分析. 环境工程学报，（03）：1139-1144.
蔡亮，杨建州，王林权，等. 2011. 重力出水式膜生物反应器用于再生水生产的研究. 中国给水排水，（13）：67-69.
曹仲宏，马永民，胡伟，等. 2005. 再生水中内分泌干扰物的初步研究. 环境与健康杂志，（03）：171-173.
陈洪斌，高廷耀，周增炎. 2001. 源水生物接触氧化处理的研究与应用进展. 水处理技术，（02）：63-66.
陈虎，念东，甘一萍，等. 2014. 北京市再生水与地表水中的内分泌干扰物分析. 环境科学与技术，（S2）：352-356.
陈桓. 2010. 谈中水利用在城市绿色建筑规划中的意义. 企业科技与发展，（22）：170-172.
陈琦. 2013. 浅议环境工程中城市污水处理. 黑龙江科技信息，（16）：211.
陈卫平，吕斯丹，王美娥，等. 2013. 再生水回灌对地下水水质影响研究进展. 应用生态学报，（05）：1253-1262.
谌柯，罗培，舒成强，等. 2008. 西部地区小型人工湿地开发思路分析. 西华师范大学学报(自然科学版)，01：96-100.
成振华，贾兰英，刘淑萍. 2007. 天津市城市再生水农业利用现状及存在的问题. 天津农林科技，（02）：26-28.
池勇志，崔维花，苑宏英，等. 2012. 不同源水和回用途径的再生水处理工艺的选择. 中国给水排水，（18）：22-26.
褚俊英，陈吉宁，王灿，等. 2004. 中国污水再生利用潜力的优化分析. 中国给水排水，（08）：1-4.
崔福义，张兵，唐利. 2005. 曝气生物滤池技术研究与应用进展. 环境污染治理技术与设备，（10）：4-10.
大谷敏郎. 1995. 日本能率协会讲演要旨集. 2（1）：1-10.
戴海平. 2009. “双膜法”在市政污水处理应用案例介绍. 给水排水动态，（06）：14-15.
冯博文，郑一生. 2000. 饮水处理与卫生监督（续 1）. 中国卫生工程学，（01）：36-38.
冯运玲，戴前进，李艺，等. 2011. 几种典型再生水处理工艺出水水质对比分析. 给水排水，（02）：47-49.
傅平，谢华，张天柱，等. 2003. 完全成本水价与中国的水价改革. 中国给水排水，19（10）.
傅涛. 2011. 中国的水务市场. 世界环境，（02）：26-27.
傅垣洪，杨成立，白雪梅. 2009. 城市污水回用再生技术现状与发展前景. 科技情报开发与经济，（30）：135-136.
甘庆午，任丽艳. 2012. 浅谈再生水输配系统建设中的几个问题//第七届中国城镇水务发展国际研讨会. 中国浙江宁波.给水排水 28（12）：1-5.
甘一萍. 2003. 北京城市污水资源化及中水回用发展现状. 城市管理与科技，5（04）（160-161）.
甘一萍，白宇. 2010. 污水处理厂深度处理与再生利用技术. 北京：中国建筑工业出版社.
宫飞蓬，张静慧，李魁晓，等. 2011. 城市污水再生利用中病原菌指示微生物及其限值研究. 给水排水，（04）：45-47.
公彦欣，单明军，魏金亮，等. 2013. MBR—RO 工艺深度处理煤化工废水试验研究. 给水排水，（S1）：347-350.
官章琴，藏莉莉，王旭，等. 2014. A～2O-MBR+AO 生物滤池+深度过滤消毒工艺的再生水回用工程案例. 净水技术，（S2）：7-10.
郭淑琴. 2009. 浅谈曝气生物滤池在中水回用中的应用. 科技创新导报，（07）：123-124.
韩晓丽. 2010. BAF 强化人工湿地工艺处理生活污水试验研究. 北京：北京化工大学硕士学位论文.
韩漪. 2014. 再生水脱色处理的试验研究. 天津：天津大学硕士学位论文.
韩玉珠，马青兰. 2011. 混凝沉淀法污水深度处理条件优化. 净水技术，30（1）：42-44.
侯立安. 2003.小型污水处理与回用技术及装备. 北京：化学工业出版社.
胡春玲，付强，王战勇. 2007. 改造型机械加速澄清池对低浊度水的处理效果. 长春理工大学学报（自然科学版），（01）：102-104.
胡洪营，王丽莎，魏东斌. 2005. 污水消毒面临的技术挑战及其对策. 世界科技研究与发展，27（3）：36-41.
胡建英，杨敏. 2001. 自来水及其水源中的内分泌干扰物质. 净水技术，03：3-6.
黄冠华. 2007. 再生水农业灌溉安全的有关问题研究. 中国农业科技导报，（01）：26-35.
黄建洪，莫文锐，田森林，等. 2011. 氧化塘/湿地系统处理城市污染河水的效果. 中国给水排水，（19）：35-38.

纪涛，苏丽娜，西伟力，等. 2007. 天津市再生水利用现状的调查与研究. 环境科学与管理，（06）：30-33.
贾仁勇，孙力平，韦立，等. 2009. 氧化-微絮凝-高速过滤应用于再生水生产的研究. 环境工程，（02）：58-62.
贾哲峰，刘菊芳，常智慧，等. 2014. 再生水灌溉果岭草坪对淋溶水盐分及营养元素的影响. 北京林业大学学报，（01）：94-101.
建设部标准定额研究所. 2007. 市政工程投资估算指标（第三册给水工程）. 北京：中国计划出版社.
蒋岚岚，胡邦，羊鹏程. 2011. 膜生物反应器工艺污水处理厂设计进水水质的确定. 环境污染与防治，（33）：61～69.
蒋以元. 2004. O_3-BAF 城市污水再生利用安全保障技术研究. 重庆：重庆大学硕士学位论文.
蒋以元，柯真山，张昱，等. 2008a. 城市污水再生利用中的消毒问题研究. 环境工程学报，（01）：16-18.
蒋以元，唐运海，廖日红，等. 2008b. 城市第二水源再生利用技术进展. 工业水处理，（02）：5-8.
兰淑澄. 2002. 生物活性炭技术及在污水处理中的应用. 给水排水，28（12）：1-5.
李春光. 2009. 污水再生利用水质标准和处理工艺探讨. 中国给水排水，（06）：5-8.
李春丽，周律，贾海峰，等. 2005. 再生水景观功能保障系统的试验研究. 给水排水，（08）：6-9.
李圭白，梁恒. 2012. 超滤膜的零污染通量及其在城市水处理工艺中的应用. 中国给水排水，（10）：5-7.
李国新，颜昌宙，李庆召. 2009. 污水回用技术进展及发展趋势. 环境科学与技术，（32）：79-83.
李红梅，闵锐. 2007. 浅析给水管道损坏的主要原因及其对策. 甘肃冶金，（01）：37-38.
李健，陈双星. 2003. 天津开发区污水再生利用综合研究和工程示范. 天津：全国城市污水再生利用经验交流和技术研讨会.
李晋. 2013. 氧化沟工艺处理小城镇污水及优化途径探讨. 能源与节能，（11）：120-122.
李晶. 2009. 中国膜企业的“亮剑”——访北京时代沃顿总裁蔡志奇. 新材料产业，（07）：10-12.
李靖，周君. 2010. 浅谈给水工程市政管道设计. 山西建筑，（28）：173-174.
李玲莉，刘威. 2011. 再生水回用对人居环境的影响. 广东林业科技，（05）：83-86.
李娜，杨建，常江，等. 2012. 不同工艺再生水补给对景观湖水质变化的影响. 环境工程学报，（04）：1276-1280.
李伟民，邓荣森，胡锋平，等. 2002. 污水处理厂可行性研究报告评审标准的探讨. 重庆建筑大学学报，（03）：47-52.
李鑫，胡洪营，杨佳，等. 2009. 再生水用于景观水体的氮磷水质标准确定. 生态环境学报，06：2404-2408.
李星文，唐启明，张彬. 2009. 纤维转盘过滤技术在城市污水深度处理中的应用. 中国环保产业，38-40.
李艺，李振川. 2010. 北京北小河污水处理厂改扩建及再生水利用工程介绍. 给水排水，（01）：27-31.
李轶，饶婷，胡洪营. 2009. 污水中内分泌干扰物的去除技术研究进展. 生态环境学报，（04）：1540-1545.
李勇，张晓健，陈超. 2008. 水中嗅味评价与致嗅物质检测技术研究进展. 中国给水排水，（16）：1-6.
李志颖，张统，张鹏卿. 2011. 再生水回用于城市水环境探讨. 给水排水动态，（03）：18-19.
林功波. 2007. 硅藻土高效生物流化床. 中国市政工程，（06）：44-45.
林庆峰，俞威，狄小伟，等. 2008. 反渗透系统的设计与应用. 工业水处理，（04）：74-77.
刘丹松，朱海荣，苏秋霞，等. 2010. 西安市城市污水再生利用规划. 市政技术，（02）：102-106.
刘东澎，刘元璋. 2012. 曝气生物滤池污水处理工艺与设计. 城市建设理论研究，（31）
刘帆. 2008. 城市再生水灌区作物重金属健康风险评估研究. 北京：中国农业科学院硕士学位论文.
刘刚，马金萍，崔成剑. 2009. 水厂经济性综合评价中的主成分分析法. 硅谷，（03）：123-124.
刘继凤，郝醒华，陈卫东. 2001. 生物炭技术在污水处理工程中的应用研究. 北方环境，（01）：42-44.
刘健生. 2004. 简介新型中水过滤设施——滤布滤池. 西南给排水，26（001）：4-6.
刘丽君. 2005. 改进机械加速澄清池对提高水处理能力的作用. 内蒙古科技与经济，16：68-69.
刘爽，王新亮，刘宝山，等. 2014. MBR 处理小区雨、污水并再生回用. 中国给水排水，（23）：88-90.
刘先利，刘彬，邓南圣. 2003. 环境内分泌干扰物研究进展. 上海环境科学，（01）：57-63.
刘祥举，李育宏，于建国. 2011. 中国再生水水质标准的现状分析及建议. 中国给水排水，（24）：23-25.
刘晓黎. 2008. 曝气生物滤池工艺的应用研究. 济宁学院学报，（3）46-48.
刘翊，石凤林，李宝成. 2012. 纤维转盘滤池在污水处理厂深度处理中的应用. 企业技术开发，（16）：55-56.
刘转年，金奇庭，周安宁. 2002. 膜过滤技术在废水处理中的应用研究新进展. 工业水处理，（05）：1-4.
路晓波，冯凯，李魁晓，等. 2011. 污水处理厂尾水再生利用深度处理组合工艺效果分析. 净水技术，（02）：46-49.
吕宝兴，刘文亚. 2003. 纪庄子污水回用工程技术特点. 中国水污染防治技术装备论文集，（9）：216-223.

吕淑清，侯勇，李俊文. 2006. 纤维过滤技术的研究进展. 工业水处理，（10）：6-9.
美国环保局. 2008. 污水再生利用指南. 胡洪营，魏东斌，王丽莎，等译. 北京：化学工业出版社.
孟瑞明，梁小田，吕志成. 2012. 微滤—反渗透双膜工艺在再生水工程中的应用研究. 给水排水，（S2）：83-86.
孟雪征，曹相生，屈庆国. 2006. 健全再生水输配系统. 建设科技，（03）：48-49.
蒙字萍，周涛. 2000. 混凝效果的影响因素及改善措施的讨论. 给水排水技术动态，（02）：2-5.
莫卫松，张金松，黄文章. 2010. 曝气生物滤池在污水处理中的研究及应用现状. 广东化工，（08）：149-150.
潘俊熙，刘洪涛. 2010. 城市用水量预测方法研究. 中国科技纵横，9：127.
彭士涛，张光玉，赵玉杰，等. 2007. 天津典型湿地地表水环境质量分析与评价. 水道港口，（04）：289-291.
齐兵强，王占生. 2000. 曝气生物滤池在污水处理中的应用. 给水排水，（10）：4-8.
乔惠平. 2012. 浅析反渗透技术在供水工程中的应用. 科技创新与应用，（04）：64.
秦国治，田志明. 2001. 高压水射流清洗技术及其应用. 管道技术与设备，（01）：38-40.
仇付国，王敏. 2008. 再生水处理工艺对病原微生物去除效果评价. 水处理技术，（08）：82-84.
仇付国，王晓昌. 2005.常用城市污水再生处理工艺净化效果比较分析. 环境污染与防治，41-44.
曲颂华，严学亿，王妍春，等. 2009. 纤维转盘滤池——先进的污水深度过滤技术. 中国建设信息（水工业市场），（03）：30-33.
饶凯锋，马梅，王子健，等. 2004. 南方某水厂处理工艺过程中内分泌干扰物的变化规律. 环境科学，（06）：123-126.
桑军强，王占生. 2003. BAF 在微污染源水生物预处理中的应用. 中国给水排水，（02）：21-23.
沙中魁，李永河，王同春. 2001. 微滤膜及微滤技术用于反渗透预处理的研究. 电力建设，（10）：26-29.
商放泽，任树梅，邹添，等. 2013. 再生水及盐溶液入渗与蒸发对土壤水盐和碱性的影响. 农业工程学报，（14）：120-129.
沈连峰，乌德，张建新，等. 2007. 城市污水深度处理工艺的设计与运行. 城市环境与城市生态，20（3）：7-10.
沈明忠，韩买良. 2011. 火力发电行业的环境污染与水资源利用. 中国环保产业，（01）：43-48.
石晔，石宝友，蒋玉明，等. 2012. 高品质再生水专用管网材质的选择. 中国给水排水，（19）：59-62.
史成波，张鑫，廖华丰. 2001. 饮用水中内分泌干扰物及防护处理方法浅析. 城市建设理论研究（电子版），（22）.
宋峰. 2006. 城市污水回用深度处理技术概论. 科技资讯，（08）：60-61.
宋仁元. 1997. 输配水管网管材及接口的合理选择. 城镇供水，（02）：12-14.
孙妙祥. 2009. 泵送混凝土的质量控制措施. 企业技术开发，（08）：56-58.
孙启泉，普春燕，王宁. 2010. BAF 应用于市政污水处理厂工艺设计. 青海环境，（04）：192-195.
孙媛媛. 2013. 再生水管网供水的水力水质模拟与经济性分析. 天津：天津大学硕士学位论文.
谭立国. 2013. 预防和减少市政给水管道爆管的建议. 科技与企业，（06）：207.
谭平华，林金清，肖春妹，等. 2003. 膜技术在废水处理中的应用. 江西化工，（04）：33-38.
汤鸿霄. 1990. 无机高分子絮凝剂的基础研究. 环境化学，（03）：1-12.
田雄超，甄丽娟. 2014. 再生水工业回用的水质保障问题研究. 环境与生活，（18）：140-141.
佟魏，林逢凯，郑兴灿. 2003. 制定《再生水景观灌溉水质标准》需考虑的主要问题. 给水排水，（09）：53-55.
童祯恭，刘遂庆. 2005. 供水管网水质安全及其保障措施探讨. 净水技术，24（1）：49-53.
童祯恭，刘遂庆，陶涛. 2006. 供水管网中管材对水质影响的探讨. 城市公用事业，（01）：22-24.
万里. 2013. 合流制城市污水处理厂 CoD、BoD 和 SS 间相关性研究 Low Carbon World. 2013/03. 8～9.
汪琳，胡克武，冯兆敏. 2011. 超滤膜技术在自来水厂中应用的研究进展.城镇供水，（07）：7-10.
汪妮，秦涛，张刚. 2009. 城市再生水需水量预测的研究与应用. 干旱区资源与环境，23（5）：61-64.
王德帅，杨开. 2014. 再生水储存过程中水质变化规律研究. 节水灌溉，（08）：38-41.
王凤. 2011. 浅谈膜生物反应器技术在中水回用中的应用. 山西建筑，（11）：130-131.
王海燕，张秋玲，方自毅，等. 2010. 不同工艺与超滤组合处理地表原水的对比研究. 中国给水排水，（21）：88-90.
王丽亚，郑炜，李伟，等. 2012. 高效好氧生物流化反应器在中小城镇污水处理中的应用. 建设科技，Z1：148-150.
王淑贞，肖亚珍，缪旭光. 2000. 混凝技术在实际应用中常遇到的问题及对策. 煤矿环境保护，（04）：51-52.
王树辉. 2010. 探讨影响混凝效果的因素. 价值工程，（24）：109.
王树谦，陈南祥. 1996. 水资源评价与管理. 北京：水利电力出版社.

王炜亮，毕学军，张波，等. 2004. 曝气生物滤池的特点、应用及发展. 污染防治技术，03：124-128.
王文兵，陆少鸣，易慧，等. 2007. 曝气生物滤池预处理微污染源水的中试研究. 水处理技术，（03）：49-51.
王晓昌，金鹏康. 2012. 浅析再生水工业回用的水质保障问题. 工业用水与废水，（02）：1-5.
王业俊. 1992.水和废水技术研究. 北京：中国建筑工业出版社.
王英. 2003. 北京市居民收入和水价对城市用水需求影响分析. 价格理论与实践，01：49-50.
王永仪. 2011. 污水与再生水消毒工艺的选择. 水工业市场，（05）：50-52.
魏益华. 2009. 再生水灌溉对蔬菜品质和土壤特性的影响研究. 北京：中国农业科学院硕士学位论文.
魏益华，徐应明，周其文，等. 2008. 再生水灌溉对土壤盐分和重金属累积分布影响的研究. 灌溉排水学报，（03）：5-8.
吴彦. 2007. 广州市市政给水管网管材及其附件的应用分析. 科技经济市场，（06）：27-28.
肖锦. 2002. 城市污水处理及回用技术. 北京：化学工业出版社.
谢伟，吴建锋，蔡江波. 2009. BOT 及 BT 水处理厂网特许共建价格模型研究. 巢湖学院学报，（06）：47-53.
谢旭东，何旭，曾静. 2007. 曝气生物滤池的研究现状和发展趋势.低温建筑技术，（3）.
邢秀兰. 2011. 高效曝气生物滤池在中水厂的应用. 甘肃科技，（08）：71-72.
邢奕，鲁安怀，洪晨，等. 2011. 膜生物反应器（MBR）-反渗透（RO）工艺深度处理印染废水的实验研究. 环境工程学报，（11）：2583-2586.
徐建英，魏东斌. 2009. 城镇杂用再生水的水质安全评价关键指标探讨. 环境污染与防治，（01）：97-100.
徐建英，赵春桃，魏东斌. 2014. 生物毒性检测在水质安全评价中的应用. 环境科学，（10）：3991-3997.
徐鹏飞，张兴文，王栋，等. 2010. 污水再生回用深度处理工艺的比较和选择. 环境工程，（S1）：136-138.
徐卫东，尉永平. 2000. 以色列节水技术与水资源管理利用考察及认识. 山西水利科技，（03）：28-32.
徐子华，李健，王树成，等. 2005. 天津开发区污水再生利用综合研究与示范工程. 中国天津，12.
颜翠平，王成端，张明星. 2006. 超滤膜在水处理中的应用. 贵州化工，（02）：25-29.
严煦世，范瑾初. 1999.给水工程. 4 版.北京：中国建筑工业出版社.
晏明全，王东升，曲久辉，等. 2006. 典型北方高碱度微污染水体强化混凝的示范研究. 环境科学学报，（06）：887-892.
杨京生，孟瑞明. 2008. 微滤—反渗透工艺在高品质再生水回用工程中的应用. 给水排水，（12）：9-13.
杨京生，孟瑞明，张韵. 2008. 高品质工业用再生水的实践. 北京水务，（06）：47-50.
杨开，张义超，陈新宇. 1997. 混凝沉淀-气浮过滤工艺生产性试验研究. 给水排水，08：7-11.
杨茂钢，赵树旗，王乾勋，等. 2013. 国外再生水利用进展综述. 海河水利，（04）：30-33.
杨昱，廉新颖，马志飞，等. 2014. 再生水回灌地下水环境安全风险评价技术方法研究. 生态环境学报，（11）：1806-1813.
叶必雄，鄂学礼，应波，等. 2015. 城市生活饮用水卫生监督监测指标优化的研究. 卫生研究，（01）：33-37.
叶雯，刘美南. 2002. 中国城市污水再生利用的现状及对策. 中国给水排水，18（12）：21-33.
岳三琳，刘秀红，施春红，等. 2013. 生物滤池工艺污水与再生水处理应用与研究进展. 水处理技术，（01）：1-6.
章丽萍，郑凡东，程文鹏，等. 2009. 曝气生物滤池+混凝沉淀组合工艺处理地表微污染水技术研究. 北京水务，06：6-8.
张钡，张世英. 2003. 中水价格的构成及其实践意义. 价格理论与实践，（4）：26-27.
张本赫，刘显智. 2009. 我国中水回用存在问题与展望. 黑龙江科技信息，13（16）：27-27.
张芳，王启山，夏海燕. 2010. 再生水回用于电厂循环冷却水指标与处理工艺探讨. 水处理技术，（11）：128-131.
张鸿斌，杨丽丽. 2011. 论述膜技术在中国水和污水处理中的应用. 城市道桥与防洪，（11）：85-87.
张洪涛，王绍刚，刘伟，等. 2010. 膜法回收乙二醇装置中乙烯. 膜科学与技术，（03）：98-101.
张虎成，田卫，俞穆清，等. 2004. 人工湿地生态系统污水净化研究进展. 环境污染治理技术与设备，02：11-15.
张杰. 1998. 水资源、水环境与城市污水再生回用. 给水排水，（08）：1.
张玲玲，顾平. 2008. 微滤和超滤膜技术处理微污染水源水的研究进展. 膜科学与技术，28（5）：103-109.
张朋锋，李晓燕，宋波，等. 2011. 关于再生水消毒技术的探讨. 价值工程，（03）：320.
张同. 2000. 污水处理工艺及工程方案设计. 北京：中国建筑工业出版社.
张薇，史开武，孔惠. 2005. 曝气生物滤池（BAF）的发展与现状. 北京石油化工学院学报，（03）：24-30.
张伟. 2011. 膜生物反应器（MBR）技术研究及其在国内应用现状. 北方环境，（11）：192-194.

张文超，张建新，白宇，等. 2010. 国内外污水再生利用发展分析. 中国建设信息（水工业市场），(08)：32-34.
张文超，张建新，石磊，等. 2008. 超滤膜—活性炭工艺在大型再生水工程中的应用. 给水排水，(02)：32-35.
张文艺，翟建平，郑俊，等. 2006. 曝气生物滤池污水处理工艺与设计. 环境工程，(01)：9-13.
张雅君，刘全胜. 2001. 需水量预测方法的评析与择优. 中国给水排水，17 (07)：27-29.
张亚勤，熊建英，沈振中. 2008. 唐山市西郊污水处理二厂污水再生回用工程设计. 给水排水，(02)：35-38.
张永锋，王郁，许振良. 2002. 膜技术在废水处理中的应用. 上海环境科学，(02)：71-74.
张昱，刘超，杨敏. 2011. 日本城市污水再生利用方面的经验分析. 环境工程学报，(06)：1221-1226.
张宇，唐小我，马永开. 2003. 规制定价研究. 软科学，17 (5)：2-4+15.
赵卷. 2009. 反渗透技术在放射性废水处理中的应用//中国核学会. 中国核科学技术进展报告——中国核学会 2009 年学术年会论文集. 中国核学会：8.
赵奎霞，李晓粤，张传义. 2003. 微絮凝——直接过滤技术的研究与应用进展. 环境保护科学，05：12-14.
赵乐军. 2011. 城市污水再生利用规划设计. 北京：中国建筑工业出版社.
赵乐军，刘琳，唐福生，等. 2007. 关于现行再生水水质标准和规范执行情况的讨论. 给水排水，(12)：120-125.
赵正江，谭长富，刘迎，等. 2004. 需求侧新型环网供水模式的研究及其应用. 湘潭师范学院学报（自然科学版），(02)：48-50.
郑兴灿，孙永利，尚巍，等. 2011. 城镇污水处理功能提升和技术设备发展的几点思考. 给水排水，(09)：1-5.
《中国城市统计年鉴-2013》编委会与编辑部. 2014. 中国城市统计年鉴-2013. 北京：中国统计出版社.
中华人民共和国国家统计局. 2013. 国民经济和社会发展统计公报. http：//www.stats.gov.cn/tjsj/tjgb/ndtjgb/.[下载 2014-10-10].
中华人民共和国环境保护部. 2013. 国务院办公厅关于印发实行最严格水资源管理制度考核办法的通知. http：//zfs.mep.gov.cn/fg/gwyw/201301/t20130107_244756.htm [下载 2014-10-10].
中华人民共和国水利部. 2010 年中国水资源公报. 中华人民共和国水利部网站. [下载 2012-04-26].
中华人民共和国水利部. 2013. 中国水资源公报. http：//www.mwr.gov.cn/zwzc/hygb/szygb/. [下载 2014-10-10].
中华人民共和国住房和城乡建设部. 2013. 中国城乡建设统计年鉴. 北京：中国计划出版社.
中华人民共和国住房和城乡建设部. 2013. 住房城乡建设部关于全国城镇污水处理设施 2013 年第二季度建设和运行情况的通报. http：//www.mohurd.gov.cn/zcfg/jsbwj_0/jsbwjcsjs/201309/t20130911_215019.html. [下载 2014-10-10].
周彩楼，尚琦，尹洪江. 1999. 净水厂沉淀池淤泥超轻陶粒的研究. 热固性树脂，(04)：83-86.
周海东，黄霞，文湘华. 2007. 城市污水中有关新型微污染物 PPCPs 归趋研究的进展. 环境工程学报，（12）：1-9.
周海东，黄霞，王晓琳，等. 2009. 两种工艺对污水再生水中微量有机物的去除效果. 中国环境科学，08：816-821.
周鸿，张晓健，王占生. 2002. 水中内分泌干扰物在中国的研究进展. 中国给水排水，(09)：26-28.
周军，于德淼，白宇，等. 2008. 再生水景观水体色度和臭味控制研究. 给水排水，（01）：47-49.
朱佳，姜威，张麟，等. 2015. 再生水中影响加氯消毒的因素探讨与对策分析. 供水技术，(01)：39-42.
朱乐辉. 2000. 污水处理新工艺——曝气生物滤池. 世界环境，(01)：34-37.
朱乐辉，朱衷榜. 2000. 水处理滤料——球形轻质陶粒的研制. 环境保护，(01)：35-36.
朱石清. 1998. 上海市 2020 年污水量预测. 上海市政工程，11：17-20.
朱云，肖锦. 2001. 给水处理中的混凝设施新进展. 水处理技术，(01)：5-8.
住房城乡建设部标准定额研究所. 2008. 市政公用设施建设项目经济评价方法与参数. 北京：中国计划出版社.
祝超伟，章非娟. 1995. 絮凝-澄清池的设计与应用. 给水排水，(03)：46-48.
庄宝玉，于佳瀛，孙井梅，等. 2011. 再生水厂原水水质在线预警系统研究与应用. 环境工程学报，(06)：1232-1236.
邹伟国，李春森. 2000. 加强混凝对有机物的去除//中国土木工程学会水工业分会. 第四届全国给水排水青年学术年会论文集. 中国土木工程学会水工业分会：4.
財団法人日本水環境学会. 2009.日本の水環境行政（改訂版）.日本東京：ぎょうせい.
国土交通省都市・地域整備局下水道部. 2009. 新たな社会的意義を踏まえた再生水利用の促進に向けて. 日本東京：処理水の再利用のあり方を考える懇談会.
国土交通省土地・水資源局水資源部. 2009. 平成 21 年版日本の水資源について.日本東京：国土交通省.
折目考子，石原充也，七里浩志. 2009. 水処理水再生水の利用状況について一他都市の現状と比較して一.本横浜横浜市環境創造局水再生水質課，3.

Andersen H，Siegrist H，Hailing-Sorensen B，et a1. 2003. Fate of estrogens in a municipal sewage treatment plam. Environ Sci Technol，37（18）：4021-4026.

Beatty R，Bliss P J，Vintage D C. 1996. Analysis of factors influenceing chlorinedecay in piped distribution systems. Water Research，30（8）：159-165.

Boccelli D L，Tryby M E，Uber J G，et al. 2003. A reactive species model for chlorine decay and THM formation under rechlorination conditions. Water Research，37（11）：2654-2666.

Chang S J，Jang N J，Yeo Y H. 2006. Fate and transport of endocrine-disrupting compounds（oestrone and 17 beta-oestradiol）in a membrane bioreactor used for water reuse. Water Science and Technology，53（9）：123-130.

Chowdhury Z K，Rossman L，James U，et al. 2006. Assessment of chloramine and chlorine residual decay in the distribution system. Colorado：AWWARF.

Clark R M，Sivaganesan M. 2002. Predicting chlorine residuals in drinking water：Second order model. Journal of Water Resources Planning and Management，128（2）：152-161.

Edwards M. 2004. Controlling corrosion in drinking water distributionsystems：A grand challenge for the 21st century. Water Science Technology，49（2）：1-8.

Fang H，West J R，Barker R A，et al. 1999. Modelling of chlorine decay in municipal water supplies. Water Research，33（12）：2735-2746.

Funamizu N，Iwamoto T，Takakuwa T. 2003. Decline of residual chlorine in artificial stream flow sustained by reclaimed wastewater：field study in Sapporo. Water Sci Technol：Water Supply，3（3）：79-84.

Gonzalez Susana，Petrovic Mira，Barcelo Damia. 2007. Removal of a broad range of surfactants from municipal wastewater-Comparison between membrane bioreactor and conventional activated sludge treatment. Chemosphere，67（2）：335-343.

Hallam N B，West J R，Forster C F，et al. 2002. The decay of chlorine associated with the pipe wall in water distribution systems. Water Research，36（14）：3479-3488.

McNeill L S，Edwards M. 2001. Iron pipe corrosion in distribution systems. American Water Works Association Journal，93（7）：88-93.

Metcalf&Eddy. 2007. Water Reuse . USA：McGraw-Hill.

Mutoti G，Dietz J D，Arevalo J，et al. 2007. Combined chlorine dissipation：Pipe material，water quality，and hydraulic effects. Journal of American Water Works Association，99（10）：96-106.

Nicholas B H，Fang H，West J R，et al. 2003. Bulk decay of chlorine in water distribution system. Journal of Water Resources Planning and Management，129（1）：78-81.

Noack M G，Doerr R L. 1978. Reactions of Chlorine，Chlorine Dioxide and Mixures Theeof with Humic Acid：An Interim Report. In：Jolley et al. Water Chlorination：Environmental Inpact and Health Effects. Ann Arbor Science，2：49-58.

Sarin P，Snoeyink V L，Bebee J，et al. 2001. Physico-chemical characteristics of corrosion scales in old iron pipes. Water Research，35（12）：2961-2969.

Sarmah A K，Northcott G L，Leusch F D L，et a1. 2006. A survey of endocrine disrupting chemicals（EDCs）in municipal sewage and animal waste effluents in the Waikato region of New Zealand. Sci Total Environ，355（1-3）：135-144.

U.S.Environmental Protection Agency.2012.Guidelines for Water Reuse . USA.

Urkiaga A，L de las Fuentes，Bis B，et al. 2008. Development of analysis tools for social，economic and ecological effects of water reuse. Desalination，218（5）：81-91.

Wang Y，Hu W，Cao Z，et al. 2005. Occurrence of endocrine-disrupting compounds in reclaimed water fromTianjin，China. Analytical and Bioanalytical Chemistry，383（5）：857-863.

Wintgens T，Gallenkemper M，Melin T. 2002. Endocrine disrupter removal from wastewater using membrane bioreactor and nanofiltration technology. Desalination，146（1-3）：387-391.